"十二五"国家重点图书出版规划项目
交通运输建设科技丛书·水运基础设施建设与养护
交通运输建设科技项目经费支持

长江上游干支流汇合口水沙特性及整治技术

王平义 刘怀汉 张华庆 喻 涛 李 晶 著

人民交通出版社

内 容 提 要

本书针对干支流汇合口整治的主要技术难题，结合该区域港口码头的建设与运行，揭示了长江上游干支流汇合口航道水沙变化特征及滩险演变的规律，提出了汇合口航道及滩险整治技术、港口码头布置及航道维护管理技术等，可为干支流汇合口河段的航道整治和维护管理等方面提供技术支持。

本书介绍的干支流汇合口水沙特性及整治技术不仅适用于长江上游航道系统整治和维护管理，对其他山区河流干支流河口河段的航道整治及维护也具有借鉴意义。本书可供大专院校、科研单位、工程设计和管理部门相关人员参考使用。

图书在版编目(CIP)数据

长江上游干支流汇合口水沙特性及整治技术 / 王平义等著. —北京 : 人民交通出版社，2013.6

(交通运输建设科技丛书·水运基础设施建设与养护)

ISBN 978-7-114-10666-8

Ⅰ. ①长… Ⅱ. ①王… Ⅲ. ①长江—上游—河道整治—研究 Ⅳ. ①TV882.2

中国版本图书馆 CIP 数据核字(2013)第 117254 号

"十二五"国家重点图书出版规划项目

交通运输建设科技丛书·水运基础设施建设与养护

书　　名: **长江上游干支流汇合口水沙特性及整治技术**

著 作 者: 王平义　刘怀汉　张华庆　喻　涛　李　晶

责任编辑: 曲　乐　周　宇

出版发行: 人民交通出版社

地　　址: (100011)北京市朝阳区安定门外外馆斜街 3 号

网　　址: http://www.ccpress.com.cn

销售电话: (010)59757973

总 经 销: 人民交通出版社发行部

经　　销: 各地新华书店

印　　刷: 中国电影出版社印刷厂

开　　本: 787×1092　1/16

印　　张: 13.25

字　　数: 300 千

版　　次: 2013 年 6 月　第 1 版

印　　次: 2013 年 6 月　第 1 次印刷

书　　号: ISBN 978-7-114-10666-8

定　　价: 40.00 元

总　　序

"十一五"以来，交通运输行业深入贯彻落实科学发展观，加快转变发展方式，大力推进交通运输事业又好又快发展。到2010年年底，全国公路通车总里程突破400万公里，从改革开放之初的世界第七位跃居第二位，其中高速公路通车里程达到7.4万公里，居世界第二位；公路货运量从世界第六位跃居第一位；内河通航里程、港口货物和集装箱吞吐量均居世界第一。交通运输事业的快速发展不仅在应对国际金融危机、保持经济平稳较快发展等方面发挥了重要作用，而且为改善民生、促进社会和谐作出了积极贡献。

长期以来，部党组始终把科技创新作为推进交通运输发展的重要动力，坚持科技工作面向交通运输发展主战场，加大科技投入，强化科技管理，推进产学研相结合，开展重大科技研发和创新能力建设，取得了显著成效。通过广大科技工作者的不懈努力，在多年冻土、沙漠等特殊地质地区公路建设技术，特大跨径桥梁建设技术，特长隧道建设技术和深水航道整治技术等方面取得重大突破和创新，获得了一系列具有国际领先水平的重大科技成果，显著提升了行业自主创新能力，有力支撑了重大工程建设，培养和造就了一批高素质的科技人才，为发展现代交通运输业奠定了坚实基础。同时，部积极探索科技成果推广的新途径，通过实施科技示范工程，开展材料节约与循环利用专项行动计划，发布科技成果推广目录等多种方式，推动了科技成果更多更快地向现实生产力转化，营造了交通运输发展主动依靠科技创新，科技创新更加贴近交通运输发展的良好氛围。

组织出版《交通运输建设科技丛书》，是深入实施科技强交战略，加大科技成果推广应用的又一重要举措。该丛书共分为公路基础设施建设与养护、水运基础设施建设与养护、安全与应急保障、运输服务和绿色交通等领域，将汇集交通运输建设科技项目研究形成的具有较高学术和应用价值的优秀专著。丛书的逐年出版和不断丰富，将有助于集中展示交通运输建设重大科技成果，传承科技创新文化，体现交通运输行业科技人员的智慧，促进高层次的技术交流、学术传播和专业人才培养，并逐渐成为科技成果转化的重要载体。

"十二五"期是加快转变发展方式、发展现代交通运输业的关键时期。深入实施科技强交战略，是一项关系全局的基础性、引领性工程。希望广大交通运输科技工作者进一步增强做好交通运输科技工作的责任感和紧迫感，团结一致，协力攻坚，努力开创交通运输科技工作新局面，为交通运输全面、协调和可持续发展作出新的更大贡献！

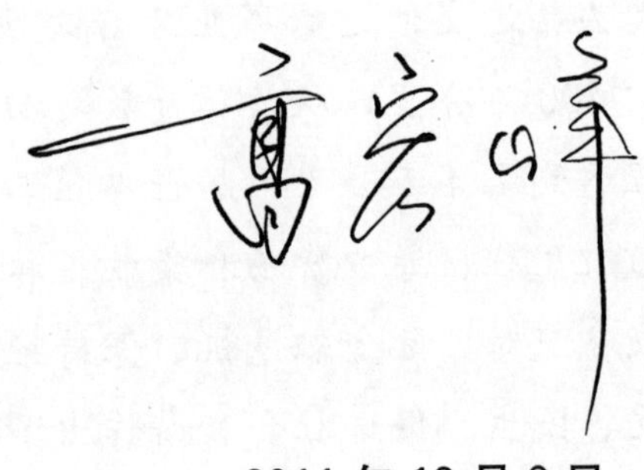

2011 年 12 月 6 日

前　言

长江作为我国第一大河流，主干流6 350多km，大小通航支流3 600多条，通航里程近11万km。自古以来，在长江上游干流与支流交汇之地多建有重要的城市与乡镇，如位于岷江河口的宜宾、沱江河口的泸州、嘉陵江河口的重庆、乌江河口的涪陵等。这些城镇依江而建，依港兴城，水陆运输占有重要的地位。长江上游流经我国西南地区，属典型的山区河流。山区河流交汇河口有其独特性质，天然情况下在干支流交汇河段，无论是水流现象、泥沙特征、河床形态都具有复杂多变的特点。在干支流相汇处，由于干支流两股水流相互顶托，入汇处水流发生紊动掺混，其能量必然发生损失，使得泥沙颗粒，尤其是粗颗粒卵石易在汇合口处淤积成河口滩而产生碍航现象。此外，受长江上游水利枢纽运行的影响，干支流汇合口各种滩险的水力特性和冲淤变形将发生变化。因此，研究干支流汇合口上游水利枢纽修建前后汇合口航道通航水流条件的变化，滩体的各种水力特性和冲淤变形特点、碍航特征具有重要的意义。

2008年交通运输部批准由重庆交通大学承担，长江航道规划设计研究院、交通运输部天津水运工程科学研究所和长江泸州航道局等单位参加，开展“长江上游干支流汇合口通航水流条件及整治技术研究”项目的研究工作。项目组历经近三年的时间，采用调研观测、理论分析、水槽模型试验、河工模型试验和数学模型计算等研究手段，针对长江上游干支流汇合口水流特性与泥沙运动规律、干支流汇合口航道碍航特征、汇合口航道及滩险整治技术、汇合口区域港口码头选址及航道维护技术等关键问题进行了系统深入的研究。在传统的干支流汇合口分类方法基础上，根据长江上游河道资料和干流河型，首次提出将干支流汇合口分为弯曲干流型汇合口、顺直干流型汇合口和分汊干流型汇合口三种类型；通过水槽概化模型试验，首次系统研究了弯曲干流型汇合口附近区域水流特性及淤积碍航机理；分别建立了贴体正交曲线网格下汇合口二维水沙及基于非静压假定的三维水流数学模型，揭示了长江沱江汇合口的三维水沙特性；通过依托工程——长江与沱江汇合口金钟碛滩整治河工模型试验，就整治工程方案及有关设计参数的合理性进行了研究论证；分析了上游建库后干支流汇合口河段河床冲淤和航道条件的变化趋势，提出了汇合口航道整治及维护、港口码头布置应采取的相关措施建议。研究成果已在长江与沱江汇合口航道维护管理和泸州港规划与布置前期工作中应用，为长江上游干支流汇合口河段的治理提供科学依据和技术支持，对类似山区河流汇合口航道整治及维护具有参考意义。

本书为该项目的主要研究成果。全书共分7章：第1章“概述”，包括研究背景及目的意义，国内外研究现状等。第2章“长江上游汇合口形式及碍航特征”，主要介绍长江上游各干支流汇合口的形式及新的分类方法，汇合口碍航特征及成因分析等。第3章“干支流汇合口水沙运动规律”，介绍针对长江上游干支流汇合口绝大部分为支流入汇弯曲干流的特点，采用水槽概化模型试验，形成针对弯曲干流型汇合口三维水流特性和泥沙输移规律方面的理论研究成果。第4章“长江与沱江汇合口水沙特性”，主要介绍依托工程——长江与沱江汇合口水沙特性的河工模型试验成果，包括模型设计与验证、试验方案的确定、水力特性和河床变形规律等。第5章“长江与沱江汇合口金钟碛滩整治”，包括滩险成因、碍航特征、整治标准、整治原则、通航水位的确定、整治参数的确定、整治方案试验、整治效果分析、上游水利枢纽修建对通航条件的影响等河工模型试验及理论分析成果。第6章“干支流汇合口水沙数学模型”，包括二维水沙数学模型的建立与验证、三维水流数学模型的建立与验证、上游水利枢纽建成前后汇合口河段的水沙运动规律及通航水流条件的计算分析等。第7章“干支流汇合口港口码头布置及航道维护技术”包括汇合口船舶航行、航标配布、航道维护技术、码头布置及港址选择的原则等。

参加本项目研究的重庆交通大学的主要人员有：王平义、杨成渝、赵世强、喻涛、张秀芳、刘倩颖、张强、杨忠超、周华君、王高山、胡小卫、王伟峰、梁碧、李晓玲等；长江航道规划设计研究院的主要人员有：刘怀汉、付中敏、李文全、黄社华、黄纪忠、李琼、郑惊涛、詹才华、谷祖鹏、熊渊、雷国平、朱静萍等；交通运输部天津水运工程科学研究所的主要人员有：张华庆、张明进、王建军、康苏海、岳翠平、王晨阳、檀会春等；长江泸州航道局的主要人员有：李晶、赖珍宝、肖勇、毕方全、唐诚、夏贵林等。本项目在研究过程中得到了交通运输部科技司、西部交通建设科技项目管理中心、交通运输部水运局、长江航道局、交通运输部三峡办、南京水利科学研究院等单位领导和专家的关心及大力支持，在此深表感谢。

囿于撰写时间仓促，加之作者和研究者水平所限，书中难免存在错误和不足之处，敬请有关专家和广大读者批评指正。

作 者

2013 年 4 月

目　录

第 1 章 概 述

1.1 研究背景及目的

长江作为我国第一大河流，是横贯我国东西的水上运输大动脉，也是我国规划的“三横一纵”内河交通运输网的重要组成部分，特别是长江上游河段位于我国西部地区，其航运的发达程度将直接关系到沿江经济的发展。随着国家西部大开发战略的实施，西部经济快速发展，长江上游水运业呈现出良好的发展势头，交通运输部及时实施了“深下游、畅中游、延上游”的战略方针，到 2020 年，长江水运要实现现代化，适应沿江经济社会发展需要，为沿江经济社会全面协调可持续发展提供高效、畅通和有竞争力的水运服务。可以预见今后相当长一段时期，长江航道的建设步伐将加快，整治力度将加大。

长江上游流经我国西南地区，属典型的山区河流。从宜宾到湖北宜昌 1 030km 长的河段，通常称为川江。最著名的川江支流是左岸的岷江、沱江、嘉陵江，右岸的赤水河、乌江等。中小支流有 67 条，其中一级支流有 34 条，面积大于 1 000km^2 的支流有 23 条。中小支流中比较有名的有南广河、綦江、龙溪河、龙河、小江、磨刀溪、梅溪河、草堂河、朱衣河、墨溪河、大宁河和香溪。自古以来，在长江上游干流与支流交汇之地建有重要的城市与乡镇，如位于岷江河口的宜宾、沱江河口的泸州、嘉陵江河口的重庆、乌江河口的涪陵等。受干支流来水来沙不同组合的影响，干支流汇合口及其附近都形成了一定碍航的浅滩（见图 1-1），如位于长江与沱江交汇处的金钟碛滩，位于长江与嘉陵江交汇处的金沙碛浅滩及长江与乌江交汇处的乌江河口区，水流复杂，流态紊乱，泥沙冲淤变化大，严重影响这些特殊河段的航行和泸州港、朝天门港及涪陵港区的正常作业。

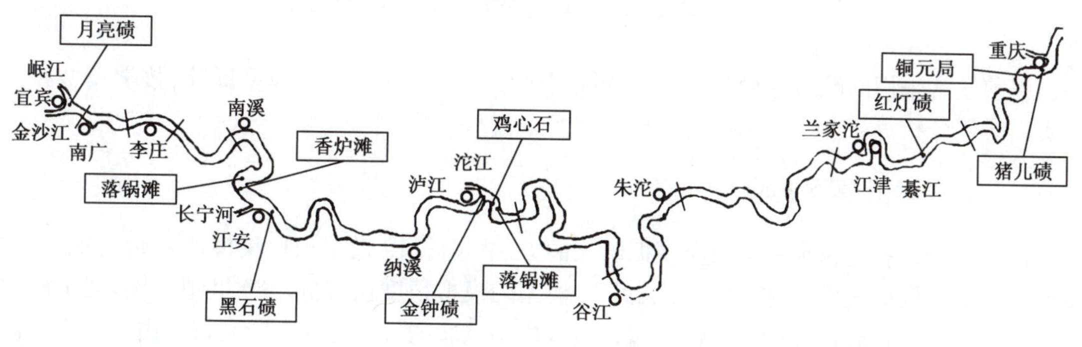

图 1-1 长江上游汇合口滩险

近年来国家加大了对长江上游及乌江、嘉陵江、沱江和岷江水能资源开发的建设力度，在干支流汇合口上游，已建、在建和规划拟建的有金沙江向家坝、溪洛渡水利枢纽，沱江流滩坝电航枢纽，长江朱洋溪、小南海水利枢纽，嘉陵江草街、井口航电枢纽，乌江彭水、银盘和白马水利枢纽等。这些水利枢纽修建后，来水来沙条件将发生重大改变，原天然情况下干流与支流水位相互顶托、流速减小、水流挟沙能力下降，大量泥沙淤积的现象将变得更加复杂，受枢纽运行的影响汇合口航道的水流结构与泥沙运动如何变化，无章可循；受上游水利枢纽运行的影响，汇合口各种滩险的水力特性和冲淤变形将更加复杂，原有整治建筑物将不能发挥其应有的功能，尚未进行整治的滩险碍航条件可能会进一步恶化，还可能产生新的碍航滩险，碍航问题将进一步加剧，在新的边界条件下，对汇合口航道规划、整治设计和航道维护提出了更高、更新的技术要求；上游水利枢纽修建后，汇合口港口码头水域的水流、泥沙条件也将发生改变，对港口码头运行也将带来不利影响。因此，弄清干支流汇合口上游水利枢纽修建前后，汇合口航道通航水流条件的变化，滩体的各种水力特性和冲淤变形特点、碍航特征是非常必要的。

本书为交通运输部西部交通建设科技项目“长江上游干支流汇合口通航水流条件及整治技术研究”主要研究成果。该项目研究内容包括以下4个专题：

专题一：干支流汇合口通航水流条件及碍航特性研究。通过原型观测、现场调研、理论分析和水槽概化模型试验，对干支流汇合口附近区域的水流特性、碍航特性及滩险演变关系进行了系统深入研究。

专题二：干支流汇合口水沙数学模型研究。通过现场调研、原型观测资料分析、数学模型计算等手段，并结合专题一研究成果，对长江沱江汇合口水沙特性及上游建库条件下依托工程河段的河床冲淤及航道条件的变化进行了初步研究。

专题三：干支流汇合口航道整治技术研究。通过现场调研、原型观测资料分析、河工模型试验等手段，并结合专题一、专题二研究成果，对上游建库前后依托工程河段河床冲淤和航道条件变化趋势及航道整治技术进行了较全面的研究。

专题四：干支流汇合口港口码头布置及航道维护技术研究。通过调研并结合物理模型试验和数学模型计算成果及原型观测资料分析，对依托工程河段航道维护技术及码头布置进行了研究。

1.2　航道整治研究的方法及其发展

目前通常采用的航道整治及河床演变预测研究方法主要有河工模型试验、数学模型和实测资料对比分析等。

1.2.1　河工模型试验

河工模型试验是较早用于河流模拟研究的方法[1~4]。19世纪初比尺模型开始出现，当时试验和测量手段比较落后，控制由人工调节，模型的模拟精度比较低。20世纪中期，河工模型试验有了较大的发展，量测手段有了显著改善，模型试验的方法也在不断完善。由正态定床模型试验，发展到变态定床模型试验，再到后来的动床模型试验。随着现代科学技术和泥沙研究的发展，特别是计算机的出现和迅猛发展，近10年来，河工模型研究从设计方法到试验技术都取得了显著进展。河工模型试验手段发生了巨大的变化,实现了计算机控制下的数字采集与控制,如重庆交通大学自行研制的瞬时流速(谱)采集系统等河工模型智能化采集控制系统,这些系统的研制和应用不仅节省人力、物力,而且提高了试验成果的质量。在模型几何变率、比降二次变态、模型沙的选择、宽级配非均匀沙模拟等方面也提出了新的理论和模拟方法。李昌华、窦国仁等提出了模型最小水深比尺判据,以保证模型水流处于阻力平方区。李保如、张红武等对黄河等模型提出以河流综合稳定性指标作为河流相似准则,比较好地复演了原型的演变特点。谢鉴衡等提出表达河道水流二度性的模型变态指标。模型试验的规模也在不断扩大,出现了诸如葛洲坝、长江口整治工程、三峡这样的大比例尺模型。因此,到目前为止,重要浅滩河段的冲淤研究和整治工程措施研究,都要应用河工模型试验。尽管河工模型试验取得了成绩、发挥了作用,但是,由于挟沙水流运动规律十分复杂,各种相似条件之间存在的矛盾较清水水流大,动床河工模型不容易做到像清水水流那样能满足各种相似条件,模拟的时段越长则难度越大。因现有泥沙运动基本理论的不完善,若以较高标准来衡量,相当一部分已经完成和正在进行的泥沙动床模型在设计及试验过程中存在这样或那样的问题。例如:

(1)模型尺寸的限制。模型尺寸的上限受实验室的现实可能性的限制,下限受各种相似条件的约束,另一个限制是最小模型比尺(由表面张力、黏滞性和糙率的影响所规定)。一般而言,当原型水流为紊流时,要求模型的雷诺数必须保持足够大,以确保模型的紊流条件。

(2)对于推移质模型,泥沙起动相似条件难于把握,模型沙起动与实际是否相似无法确切判断,河床阻力和进口加沙难于准确确定。

(3)时间变态问题。水流运动时间与河床变形时间比尺相差的时间变态难于解决。

(4)几何变态问题。严格的正态模型的模型沙也应遵守几何相似原理,对悬移质泥沙动床模型,若不采用变态模型则模型沙很难选择,而模型沙运动失真,难以保证研究成果的可靠性。

模型的变态意味着偏离几何相似,所以模型比尺只是近似地应用于变态模型。这种变态尽管可用增加模型糙率来抵偿,从而可对断面平均水位和流量正确地加以模拟,但是对水流条件细节的模拟不再正确,即这种对严格模型相似的偏离可能导致原型水流情况和模型水流情况的显著差别。由于河工模型必须遵守模型律所给的条件,因此只能模拟有限的流动过程。此外,动床河工模型试验周期长、费用高、缺乏灵活性,这也是限制河工模型大范围应用的原因之一。

1.2.2 数学模型

数学模型是将已知的水动力学基本定律用数学方程进行描述,在一定的定解条件下求解这些数学方程,从而达到模拟一些水动力学的理论问题及实际问题。描述水流运动的控制方程组,多具有非线性和非恒定性,定解条件复杂多变,用解析法求解几乎不可能。因而长期以来,水利工程问题的解决主要借助于物理模型实验。但在大型水利、水运工程的规划设计时,不能仅考虑邻近区域的水利条件及其影响,还必须考虑该工程对整个流域或邻近流域的影响,物理模型对此一般难以解决。同时物理模型存在周期长、费用高等缺点,促使许多学者和工程技术人员寻求数值求解水流运动方程的方法和理论。1928 年,Courant、Friedrichs 和 Lewy 提出了有限差分理论,但因计算量太大而未能推广应用。直到电子计算机的问世,为求解水流运动方程提供了强有力的计算工具,数学模型受到重视并得到迅速发展。1952～1954 年,Lsaacson 和 Twesch 建立了俄亥俄河和密西西比河部分河段的数学模型,并进行了实际洪水过程的模拟。20 世纪 60 年代中期，为解决各种各样的设计和规划问题，建立了大量用途单一的数学模型。20 世纪 70 年代后，许多功能更加完善的数学模型先后出现，特别是紊流模式的不断完善，三维数学模型也进入实用阶段。今天，数值计算已广泛应用于水利、航运、海洋、环境、流体机械和流体工程等各个科学研究领域。

由于数学模型在求解过程中存在参数或系数确定的问题，如糙率、阻力系数、挟沙力公式及系数、推移质输沙率公式及系数等，这些经验公式如果应用不当就会脱离实际。在利用数学模型进行河床变形预测时，从理论上讲，可以在这些资料的范围内对未来进行准确的预报，但并不一定能够外延。另外，现阶段的数学模型计算结果的表达不直观，用户无法对模型计算进行跟踪操作，模型计算结果与其他信息集成、交流困难，也影响了数学模型的进一步发展。

1.2.3 实测资料分析法

实测资料分析法[5]是一种最古老，也是最常用的基本方法，它定性合理、可靠，是河工模型试验和数学模型结果检验的最有效方法之一。实测资料分析的目的在于掌握浅滩演变的规律，区别影响浅滩演变的主要因素和次要因素，通过专家对河流过去演变的认识，预测浅滩今后变化的趋势。现阶段主要是对天然河道实测资料进行研究分析，具体做法有以下几个方面。

(1)水深分析。水深是反映浅滩冲淤变化的基本资料。一般利用浅滩的水位与水深关系作为反映浅滩冲淤变化的基本特性。

(2)河床形态分析。不论是长时期河床形态分析还是短时期河床形态分析，主要是利用实测地形资料，绘制平面叠合图，分析河床平面形态如岸线变迁、沙滩、浅滩、边滩的移动以及主流的摆动。绘制横断面形态，了解横向移动、水深变化及其冲淤变化情况。绘制纵向冲淤变化图，了解浅滩平均冲淤情况。绘制河床冲淤变化分析图，了解冲淤变化的平面分布。

(3)水沙因素分析。河床的冲淤变化与来水来沙量的变化关系密切。来水来沙资料主要取自于浅滩河段附近的水文站。为了便于分析，将取得的资料整理成图表、曲线等以显示其变化过程的特征，再与河道、浅滩冲淤变化相对比分析它们之间的相互关系。

随着计算机的普及，实测资料分析法中各种图表的绘制变得简单易行，统计计算也很方便。这一方法能够对河流演变的过去历史、现状进行全面分析，总结出规律预测将来的发展趋势。但是，这种方法依赖于研究者的水平和经验，受人的认识水平和主观因素左右。从定性分析看基本上能够做到合理、可靠，从定量角度看，对演变预测的定量结果把握则困难。因此，如何利用实测资料，在综合水流、泥沙、地形资料的分析基础上实现预测结果定量化，实现对历史序列的预测，是浅滩演变实测资料分析的发展方向。

总体来讲，目前实践中较成熟的河流研究方法为数学模型和物理模型，它们各有其优缺点。物理模型相对较成熟，具有现象直观、概念简单等优点，在模型设计及运行方面也积累了非常丰富的经验，试验成果较为可靠。但物理模型往往要占用巨大的试验场地，耗费大量设备、材料和人力，费用较高；物理模型建造难以满足模型在外界条件变化时多方案比较的要求，就是设法改建模型进行多方案的比较，其周期也相当长。另外，为了满足场地要求，物理模型一般要做成变态模型，而变态模型在比尺的确定、模型沙的选择等方面仍存在很多问题且至今尚未解决。数学模型近几十年来获得了长足的发展，首先随着计算机存储量的增加和计算速度的加快，数学模型计算过程中的河段和时间可以划分得比较细，从而大幅度地提高计算精度;其次它可以根据实测资料对模型进行反复调试,通过正确的选择计算模式和参数来保证计算结果的合理性;再者数学模型可以采用较复杂但计算精度较高的计算模式,扩大其适用范围;同时用数学模型能够在短期内计算多种方案,通过对修建整治建筑物后的河床变形情况作出预测,以便于选择合理的工程方案。数学模型具有投资少、周期短、灵活性大且不受场地、仪器设备限制等优点,在水利泥沙工程研究中越来越被广泛地应用。航道整治的研究在基于河流模拟之上充分利用和发展了这两大类方法。

在航道整治工程研究中运用较早的是物理模型,大量的航道整治工程都是通过模型试验的方式对工程效果进行预估,从而选择整治方案的。物理模型需要较完整的地形、泥沙等资料。而在河网区地形、水文资料观测相当困难,物理模型试验的运用难度很大。

二维数学模型在工程实际中的应用效果较好,尤其在应用于航道整治工程中可以通过加密计算网格反映出整治建筑物的位置,具有一定的灵活性。模型利用一组完整的地形资料作为初始地形条件进行计算,计算结果既可以利用完整资料进行整体验证,也可以充分利用分散的资料进行局部验证,因此数学模型能够做到灵活充分地利用实测资料。目前已有很多航道工程应用了数学模型,并收到了较好的效果。许光祥等(1995)[6]根据航道整治工程中所面临的复杂的、重复的、冗长的水力计算问题,采用数学模拟的方法,编制了水力计算程序,并加以计算机绘图。高凯春等(1998)[7]在已建河床水流泥沙数学模型的基础上,针对土脑子河段的河道特性,修改并建立了能够反映该河段水沙运动特性的平面二维水流泥沙数学模型;用土脑子河段 1995 年河床冲淤及水位、流速等方面的实测资料对所建模型进行了验证,结果表明计算值与实测值吻合良好;并在此基础上,进行了三峡建库后,土脑子河段 135m 蓄水期及 156m 蓄水期整治前后的二维水沙运动及河床冲淤计算。陆永军等(2001)[8]在运用北江下游清远至石角河段的水沙实测资料对二维泥沙数学模型进行验证的基础上,比较了学堂洲左、右槽方案的整治效果,并推荐右槽方案。王义安等(2002)[9]运用松花江依兰至佳木斯河段水沙实测资料对二维泥沙数学模型验证的基础上,进行了多分汊浅滩河段——五股流航道整治方案的比较,得出整疏结合的整治措施能达到预期整治要求的结论。武汉大学水沙科学教育部重点实验室应用平面二维数学模型对武汉河段长江隧道工程进行了模拟计算研究。数学模型在航道治理工程中的应用表明二维数学模型能够反映一定的工程效果,且已经具有了较成熟的技术。

1.3 干支流汇合口水沙特性研究现状

1.3.1 国外汇合口研究进展

H. Rouse(1957)[10]是第一位对平面二维侧射流重新附壁问题进行研究的学者。之后,Strazisar(1973)[11]在 Carter(1969)[12]的基础上运用动量积分法分析了示踪显示得到的侧流轨迹。Mikhail(1975)[13]和 Anestis(1979)[14]等对侧射流进行了示踪试验,分析了回流区的几何特征尺度的变化规律。在数值计算方面,McGuirk 和 Rodi(1978)[15]对全水深侧排放进行了数值模拟,计算得到的回流区几何形状和试验值吻合较好。Best(1984)[16]等打破了在明渠交汇处有意或无意放弃对回流区几何特征研究的传统,得到了等宽水槽中回流区几何特征尺度的经验公式。Taylor(1944)[17]首次对矩形明渠水流入汇问题进行试验研究,采用支流斜接于干流的入汇方式，研究了汇流角为45°和135°时的水深变化，并认识到汇合口横向水流分离区的重要性。Webber和Grwated(1966)[18]考虑了阻力的影响，通过保角变换的方法提出了入汇区域的理论水流模式，利用这种方法可以定位入汇口上游的水流停滞点和下游的分离区，并提出了一种估计断面相对能量损失的方法。Mosely(1974)[19]采用自然河工模型对Y形交汇河段的水沙问题进行了研究，认为汇流角及流速比对汇流河段的水流结构及河床地形发展有控制作用。Modi等(1981)[20]依据摩擦力损失对明渠交汇区域的水流结构进行了研究。Best和Reid(1984)[21]通过试验研究了多种入汇角情况下，入汇区纵横向回流区尺度与流量比及动量比的关系，并从物理机理方面探讨了分离区的成因。Best(1988)[22]较系统地研究了入汇区沉积物搬运和床面形态的问题，提出了三个表示汇流河口河床形态的独立要素，并得出这三个要素受控于河道汇流角(干支流几何轴线交角)及汇流比(支流流量与干流流量之比)的结论。Gaudet(1995)[23]对水沙交汇区域的泥沙运动特征和河床演变进行了研究。Brion(1996)[24,25]通过水槽试验研究了以前人们一直忽视的床面不平整对汇流区水流结构的影响，发现干支流河床的高差不一致对明渠汇流区流动结构及水的影响。Hsu等(1998)[26]利用入汇口上下游深泓线的变化来确定分离区的位置及水流流经分离区时的收缩量，从而研究了分离区末端的能量和动量的变化。Bradbrook等(2001)[27]进一步研究了干支流河床高程不一致对河段汇合口水力特性的影响，提出干支流河床高程不一致会使次生环流加强，分离区增大。R. Ettema等(2001)[28]研究了汇合口河道发生冰阻塞现象的控制因素问题。Huang和Weber[29](2002)利用模型试验数据研究了明渠交叉点处的三维流速。

1.3.2 国内汇合口研究进展

国内大致分为两种交汇形式进行研究，一种是斜接入汇，另一种是Y形交汇。研究汇合口必须对这两类进行区分，这主要是由于河道平面形式的差异产生了汇合口流场的根本变化，通过试验研究和数值计算两种研究手段。近年来提出影响汇合口的主要控制因素有：汇流比、汇流角、河床高差、汇合口下游干流傅汝德数等，并取得了相应的一些研究成果，见表1-1。

汇合口物理模型试验与数学模型计算研究概况

表1-1

<table>
<tr><th colspan="2">模型</th><th>作者</th><th>文献</th><th>交角变化(°)</th><th>$B_{干}/B_{支}$</th><th>汇流比 $Q_{支}/Q_{干}$</th></tr>
<tr><td rowspan="8">物理模型试验</td><td rowspan="8">斜接形</td><td>罗保平</td><td>汇流河段干支流分界线的试验研究</td><td>30,60,90</td><td>2.67</td><td>0.048～0.343,0.5</td></tr>
<tr><td>徐孝平等</td><td>直角交汇河段流场特性分析(物理模型和数学模型)</td><td>90</td><td>5</td><td>0.04,0.09,0.22,0.42,0.83,0.17,0.34,0.45</td></tr>
<tr><td>奚斌等</td><td>T形河道汇流口模型试验研究</td><td>90</td><td></td><td></td></tr>
<tr><td>兰波</td><td>干支流交汇水面形态特征分析</td><td>30,60,90</td><td>1.5</td><td>0.05,0.11,0.18,0.25,0.33,0.09,0.5,0.71,1,3</td></tr>
<tr><td>曾剑辉</td><td>工程控制下T形明渠汇流口表层水流特性研究</td><td>90</td><td>干流等腰梯形
支流矩形</td><td>支流与干流的流量范围0～11L/s</td></tr>
<tr><td rowspan="3">屈孟浩等</td><td rowspan="3">黄河中游干支流汇流壅水高度计算方法的探讨</td><td>张国生30,45,60</td><td>1.24</td><td></td></tr>
<tr><td>黄河科学院
90</td><td>0.67</td><td></td></tr>
<tr><td>α固定</td><td>1.49,0.75,0.37</td><td>0,0.47,0.63,0.81,1.05,1.95</td></tr>
</table>

续上表

模型		作者	文献	交角变化(°)	$B_干/B_支$	汇流比 $Q_支/Q_干$
物理模型试验	斜接形	茅泽育等	明渠汇流口三维水力特性试验研究	45	1	0.11～1
		王协康等	明渠水流交汇区流动特征试验研究	30	2.5	0.76
		陈德明等	泥石流入汇对河流影响的试验研究	90,60,30	2.5	0.25,0.27,0.37,0.45,0.61,2.33,2.84
		郭志学	泥石流入汇交汇区水沙运动特性	成都山地灾害与环境研究所30,60,90,120	4	0.41,0.64,1,1.5,2.13
				西南交通大学30,45,60,90	3	0.61,1.38,1.86,2.85
				交通运输部水运科学研究院30,60,90	2.5	0.33,0.41,0.52,0.72,1.22,2.03,2.13
		郭志学等	泥石流入汇主河情况下汇流口附近变化规律的试验研究	30,60,90,120	4	0.42,0.65,0.98,1.53,2.08
		敖汝庄等	泥石流入汇主河淤积规律的水槽试验研究	30,45,60,90	3	主槽0～15L/s支槽阀门控制基本不变
		刘同宦等	入汇角为30°时交汇区水流结构试验研究	30	2.5	0.76,1.43
		王协康等	受支流入汇作用主河推移质运动演化特征试验研究	30	2.5	0.35,0.36,0.71,0.72
		刘同宦等	支流水沙作用下干流床面冲淤特征试验研究	30	2.5	0.35,0.72
	Y形	冯亚辉等	明渠交汇水流的螺旋度分析	90	1.33	0.35,0.6,0.8
		郭维东等	Y形汇流口水流水力特性试验研究	90	1.33	0.35,0.6,0.8
		吴迪 等	复式断面河道Y形汇流河口水流水力特性	90	1.33	0.6
		王晓刚等	河床高差对Y形汇合口水流水力特性的影响	90	1.33	0.35,0.6,0.8
数学模型计算	斜接形	茅泽育等	等宽明渠汇合口水流一维数学模型	30,45,60,90	1	0.111 1～1
		赵升伟等	等宽明渠交汇水流数值计算	90	1	0.09,0.33,0.72,1.40,3
		范平 等	交汇、分流河道洪水演进模型及其应用	30,60,90,120,150	2,1.33,1,0.8,0.67	0.11,0.43,1,2.33
		茅泽育等	交汇水流三维数值模型	90	1	0.33,0.72,1.40,3
		杨胜发等	支流入汇干流交界面数值模拟方法研究	30～60	3	0.33,1,3
	Y形	冯亚辉	Y形明渠交汇水流数值计算	90	1.33	0.35,0.6

1)水槽试验

罗保平(1994)[30]在对汇流河段干支流分界线进行较为系统的试验研究基础上,得到了各种汇流比和入汇角组合情况下的干支流分界线及其曲线形式。周华君、王绍成(1994)[31]在原型实测资料和模型试验成果基础上,研究了嘉陵江斜接长江汇合口的水力特征,得出了干支流汇流比是控制两江交汇点位置和支流入口回流(分离)区宽度的主要因素。合流掺混区水面坡降与干流流量和干支流汇流比有关,汇合口上游干流段水面坡降取决于支流顶托影响和滩槽地形的非线性作用。刘建新(1996)[32]通过模型试验研究和实测资料分析对山区河流干支流汇流特性进行了研究,结果表明干支流的汇流比是影响交汇角大小、汇流面坡降、输沙率变化等的主要因素。同时,利用汇流比这一特征值,建立了它与汇合口的水力和泥沙运动变化的部分相关关系,从而揭示了山区河流干支流相汇后的变化特性。兰波(1997)[33]根据收集的若干山区河流入汇河口资料,分析了山区河流交汇河口的综合特性,并通过分析概化试验资料得出汇流比和入汇角是控制交汇区域的水面特征的主要因素。研究结果表明,汇流比 R 和交汇角对交汇河口的水面形态特征起控制作用。R 一定,不同的干流流量直接关系到交汇河口的水面特征。布置挑流坝改变了两江交汇角,必将引起汇合口水面特征的改变。陈德明(2002)[34]对泥石流与主河水流交汇机理及其河床响应特征进行了试验研究,模拟了汇流角分别为 90°、60°和 30°时在各种汇流比条件下泥石流与主河交汇及河床响应过程。归纳出了泥石流与主河交汇的两种模式,提出了堵河判别式。考虑不同汇流比对交汇时泥石流沉积地形的影响,定义了“脊线”、“轴线”和“冲刷角”三个概念。奚斌等(2003)[35]就送水河与南官河汇合口模型试验研究,探讨了这一问题,提出了较为合理的满足通航要求的 T 形河道汇合口布置形式和交汇角度。茅泽育(2004)[36]采用试验手段探索干支流汇合口的三维流动结构。结果表明,对于给定汇合口形状及尺寸,分离区形状基本保持不变,尺寸随主支渠流量比变化并具有较好的相关关系。在和主渠轴线正交的横断面上交汇水流存在横向分速,水面附近横向分速指向汇合口对侧固壁,临底附近横向分速指向汇合口一侧。对于流量比较大的汇流流动,断面环流是汇合口水流三维流动的一个重要特征。郭志学等(2004)[37]分析了泥石流入汇主河后,汇合口附近各水力参数的变化规律。探讨了泥石流入汇后下游水位相对壅高与流量比以及交汇角的关系,得出相对壅水高度随流量比及交汇角的增大而增大的结论。分析了主河在入汇口附近的淤积变化规律。在 30°、60°和 120°斜接交汇情况下,淤积量随支流流量及流量比的增大而增大;淤积率则随总流量增大而减小,在主支流量相当时出现最大值。90°交汇时,淤积量随支流流量及流量比的增大而减小;淤积率随总流量增大而增大,在主支流量相当时出现最小值。平均及最大淤积深度在主支流量相当时出现最大值。顺河向交汇时,淤积深度最大值随交汇角增大而增大,120°交汇时淤积深度与 30°交汇时相当。敖汝庄(2004)[38]研究了泥石流入汇主河后淤积规律,主要探讨了淤积量及淤积分布问题。通过试验分析认为,泥石流入汇主河后的淤积量基本随流量比的增大而增大,就其淤积速率而言,有先增大后减小的变化规律。淤积量在流量比大约为 0.5 时出现峰值,在流量比为 0.65 时出现谷值,淤积量与流量比关系变化曲线以倾斜向上的直线为对称轴,呈倾斜向上的正弦波形。各工况下淤积范围基本不变,但试验中反映出淤积范围有随交汇角增大而增大的趋势。茅泽育(2005)[39]采用水力学基本理论及试验手段,对等宽明渠汇合口水流分离区的形状及尺寸进行了理论分析和试验研究,提出了分离区收缩系数及能量损失系数的理论表达式。研究结果表明，随交汇角或主支流流量相对大小不同，分离区尺寸发生变化，对于给定汇合口几何形状及尺寸，分离区形状基本保持不变，但分离区尺寸随流量比变化并具有较好的相关关系，并随交汇角增大呈有规律增加。郭维东(2005)[40]对Y形汇合口水流三维水力特性进行模型试验研究。结果发现，与支流斜接干流型汇合口水流一样，Y形汇合口也存在流动停滞区、流速偏转区、分离区、流速加速区等区域。Y形汇合口水流总体向下游呈螺旋流，随着汇流比的增大，河床高差的存在，这种螺旋流趋势减弱。河床高差的存在会大大增强支流侧水流脉动强度。王晓刚等(2005)[41]利用三维多普勒流速仪ADV对Y形汇合口进行模型试验研究，结果表明Y形汇合口水流为螺旋流，河床高差的存在对Y形汇合口水流分离区，流速加速区等主要区域影响不大，但会减弱螺旋流的旋转趋势，增加汇合口水流的脉动强度。王协康(2006)[42]通过水槽试验，观测了入汇角为30°时支流斜接主流入汇型河道的三维水流结构。试验表明入汇上游受支流顶托影响，产生一定的壅水，出现低速区，而对侧由于束水作用产生高速区。在入汇一侧下游较短的距离产生回流现象，并形成分离区，而在下游一定范围内，靠支流入汇侧出现水流高速区，并形成二次流结构。交汇区水流流动主要有水流分离区、高流速带、低流速带及剪切面等。刘同宦等(2007)[43]通过水槽试验，应用声速多普勒测速仪(ADV)研究了入汇角为30°时，支流斜接主流交汇区及其附近的三维水流结构，获得了不同主支汇流比下的三维流场及其脉动特性。试验表明：在交汇区三维流场中，产生了回流分离区，其中并伴随环流结构，大大改变了单一明渠中的流速分布及脉动特性。在入汇口下游主流右侧(入汇口一侧)水流脉动强度在$z/h=0.2$处易出现极大值，其形成机理还有待验证。冯亚辉等(2007)[44]基于物理模型试验的实测资料，通过引入螺旋度详细分析了Y形明渠汇合口的螺旋流分布情况，定量地反映出螺旋流强度沿水流方向的变化规律。吴迪等(2007)[45]通过制作交汇角为90°的复式断面河道Y形交汇河口模型，对支流河口处的水流流态包括水面形态、水流流速和水流分区进行分析。结果表明复式断面河道汇合口处流场具有很强的紊动特性，其中分离区问题是航道整治和有关环境部门应重视的部位。

2)数学模型

范平(2004)[46]引入水深连接方程，耦合了干、支流河道的水流运动，给出了它们的流量分配关系，建立了交汇、分流河道洪水演进模型。对交汇河道中水流顶托作用随河道参数的变化规律进行了研究。茅泽育(2004)[47]对等宽明渠缓流交汇水流进行了研究。对汇合口流动的各种影响因素进行了量纲分析，确定表征流动特性的主要物理量。根据水力学基本理论，建立了汇合口上下游水深比的普遍方程。赵升伟(2005)[48]针对明渠汇合口缓流流动特性，分别应用水深平均H-L模型及k-ε模型建立了二维数值模型。水深方向采用静压假定，可模拟自由面和河床地形变化；应用交错网格上的有限体积法对方程组进行离散并采用水深速度校正算法求解；每个代数方程求解采用TDMA逐行扫描法；针对汇合口几何特征，分区进行网格划分。应用实测资料对两种模型进行了验证比较，结果表明两种模型均可模拟明渠汇合口基本流动特性，但H-L模型所得的分离区计算结果比k-ε模型更为准确。张革联(2006)[49]运用有限分析法的基本思想，自主开发了适用于汉江入汇段的平面二维数学模型。该模型采用了曲线四边形9点等参单元法，任意剖分计算区域，构造出形函数，并实行坐标变换，在划分网格技术中使用了适体河流边界将计算区域任意划分成多个曲线四边形的有限单元技术，在模型前后期处理技术如计算网格的任意划分技术、地形高程的插值技术上进行了改进,吸取了有限元法对河道不规则岸线有较好适应性的优点,发挥了有限差分方法成熟的数值方法技术。冯亚辉(2006)[50]针对Y形明渠汇合口的水流特性,应用水深平均—雷诺应力模型,采用交错网格有限体积法离散控制方程以及SIMPLE算法,求解交汇水流的水深—速度场。朱木兰(2007)[51]建立了一个既能处理干支流汇流,又能考虑泥沙粒度分布以及流线曲率的二维河床变形数学模型,并通过两个算例对汇流处的河床变形以及粒径分选情况进行了讨论。分别考虑了干支流的泥沙粒度分布为相同和支流的泥沙平均粒径为干流的一半两种情况。计算结果表明:对于汇流处的冲淤情况两种情况基本相同,受支流河床泥沙组成的影响不大,但汇流处的河床平均粒径,却深受支流来沙的影响,两种情况差异较大。当支流泥沙细小时,受其直接流入影响,汇流处左岸未呈现出冲刷与河床粗化的对应关系。茅泽育(2007)[52]应用显式代数应力模型建立了交汇水流三维数值模型。针对汇合口几何特征分区进行网格划分,应用实测资料对计算结果进行了验证,同时与应用k-ε紊流模型的三维数值计算结果进行了比较。所提出的数值模型可以更好地模拟交汇水流独特的三维流动特性。

1.3.3 存在的问题

目前对Y形汇合口的研究相当有限。国内的研究相当少,国外专门针对Y形汇合口的研究也不多。目前的研究结果表明,Y形汇合口也存在类似于非对称型汇合口的一些水流分区。由于Y形汇合口类似于两个弯道环流的叠加,随着干支流水流汇流比、汇流角的不同,Y形汇合口水流非常复杂,有待进行更深入的研究。非对称型汇合口水面形态的研究存在争论[53]。

水面形态一定程度上能够反映水流的内部流场结构[54],例如,2002年Biron等发现,汇合口停滞区与混合层以水面超高为特征。另外,分离区通常出现水面跌落。因此针对汇合口水面形态的研究也颇多。由于汇合口水流的强三维性,汇合口水面形态较为特殊,横向、纵向水面形态都有变化。在非对称型汇合口,1997年兰波通过模型试验详细研究了横向、纵向水面形态的特征,认为汇合口横向水面形态呈中间高两边低的马鞍形,Ashmore等2002年的研究结论也肯定了这一点。但有其他研究者却认为非对称汇合口水流横向水面形态呈单一坡度,汇合口支流入口侧出现水面下降(对应于分离区),汇合口对岸干流侧出现超高。这说明非对称型汇合口横向水面形态的研究依然存在争论,更系统全面的研究有待进一步开展。对于Y形汇合口,研究资料较少,目前资料显示横向水面形态的研究结果为呈中间高,两边低的马鞍形水面形态。目前汇合口水流研究中争议最大的是螺旋流问题。螺旋流是一种三维流体,不同研究者对螺旋流的研究成果不一致与其对螺旋流的描述方法不同有关。目前试验室水槽试验与野外实测汇合口水流特征存在较大差异。同样,天然河流中汇合口分离区通常很少存在,而试验室水槽中却可以明显观测到分离区的存在。

第 2 章　长江上游汇合口形式及碍航特征

长江作为我国第一大河流，主干流 6 350 多 km，大小通航支流 3 600 多条，通航里程近 11 万 km。自古以来，在长江上游干流与支流交汇之地都建有重要的城市与乡镇，如位于岷江河口的宜宾、沱江河口的泸州、嘉陵江河口的重庆、乌江河口的涪陵等。这些城镇依江而建，依港兴城，水陆运输占有重要的地位。长江上游流经我国西南地区，属典型的山区河流。山区河流交汇河口有其独特性质，其汇流问题更加复杂化。天然河流中存在着大量的干支流交汇河段。在干支流交汇河段，无论是水流现象、泥沙特征、河床形态都具有复杂多变的特点。在干支流相汇处，由于干支流两股水流相互顶托，干支河流原有的水沙平衡状态被打破，在汇合口下游附近形成复杂的流动现象，对确定河道有效过流断面、泥沙及含有物质输移及淤积、河底及边壁冲刷等产生重要影响。在汇流掺混区内，始终存在能量互换现象，以产生新的平衡，但由于入汇处水流发生紊动掺混，其能量必然发生损失，使得泥沙颗粒尤其是粗颗粒卵石可能在汇口处淤积成河口滩[55,56]。

2.1　长江上游汇合口交汇形式及重新分类

2.1.1　汇合口交汇形式

根据天然河道的实际观测资料，干支流的交汇形式可概括为以下两种：

(1)非对称型汇合口，即支流斜接干流，汇合口上下干流斜接平顺、支流的汇入没有改变干流的流势。如岷江口、长宁河口、沱江口、嘉陵江口、涪江口均属此类交汇形式，见图 2-1。

(2)对称型汇合口，即 Y 形交汇河口，汇合口上游干支流相对于下游干流呈对称分布，如青衣江口、大渡河口、乌江口、白龙江口、东河口、渠江口等都为 Y 形交汇河口，见图 2-2。据统计，两种交汇形式的交汇河口数量大致相等。分析交汇河口平面形态不难发现，属 Y 形交汇的两江汇合口处几乎都存在江心洲，而且汇合口处还伴随有浅滩，其主要原因是 Y 形交汇河口的交汇角较大，干支流顶托作用增强，两江水流在汇口处发生强烈的紊动掺混，水流能量损失很大，流速急剧降低，引起泥沙落淤，长期发展就会形成江心洲。由于江心洲的阻水作用和分流作用，使得流速减小，泥沙淤积，又会成为河口浅滩或浅滩群。支流斜接形式的汇合口交汇形式与两江流量组合、交汇角、支流入汇位置有关，通常会出现两种情况：一种情况是汇合口处无江心洲(嘉陵江口)；另一种情况是江心洲在汇合口上游干流(涪江口)或支流(沱江口)内。当然也有例外，如长宁河口，长宁河于凸岸汇入长江，长江的流量远大于长宁河流量，汇合口处长江的水沙运动占有绝对优势，由弯道水沙运动规律可知泥沙会在汇口凸岸大量淤积从而形成江心洲。总之，不管是何种交汇形式，都易在汇合口附近形成江心洲，其位置主要与交汇形式，两江流量组合、交汇角、支流入汇位置等有关，这是山区河流的重要特性[57]。

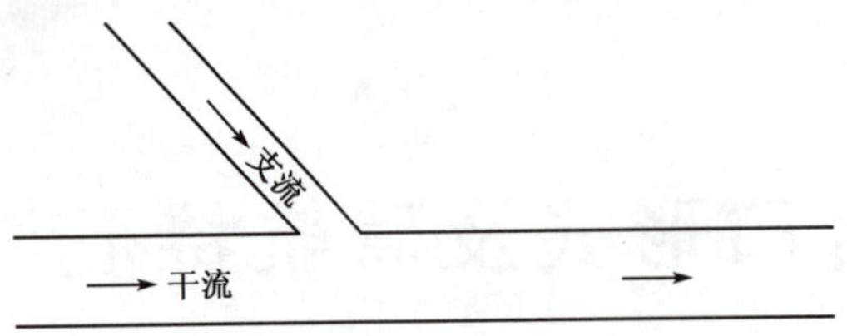

图 2-1 非对称型汇合口示意图

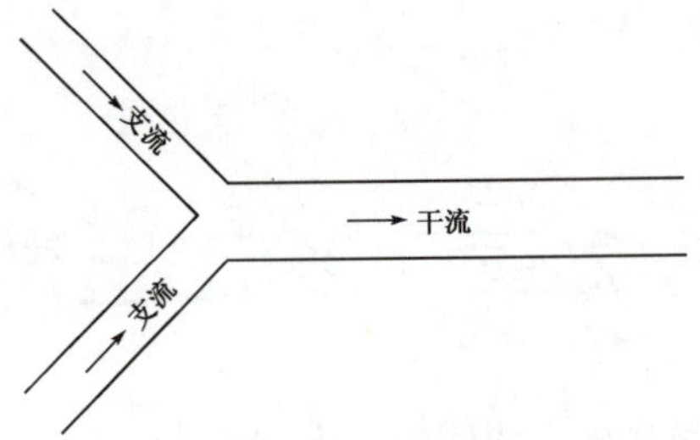

图 2-2 对称型汇合口示意图

2.1.2 汇合口交汇形式的重新分类

从长江上游的一些支流入汇情况来看，实际河道并非那么规则，而是干流呈弯曲状，支流在入汇段大部分呈顺直状，支流在凹岸或凸岸汇入主流的情况屡见不鲜，例如，长江干线上凹岸入汇长江的有黄沙河入汇、大溪口入汇、永宁河入汇、沱江入汇、赤水河入汇、乌江入汇等；凸岸汇入典型的有嘉陵江入汇长江。自然界中斜接交汇和Y形交汇大致各占一半，目前的划分方法并未考虑干支流的实际河型。诸多的天然河道资料显示，支流在交汇段基本上属顺直型，干流在交汇段则呈现出弯曲、顺直或分汊的河型特征。因此，从河型的角度对干支流汇合口进行分类能真实地反映实际情况。

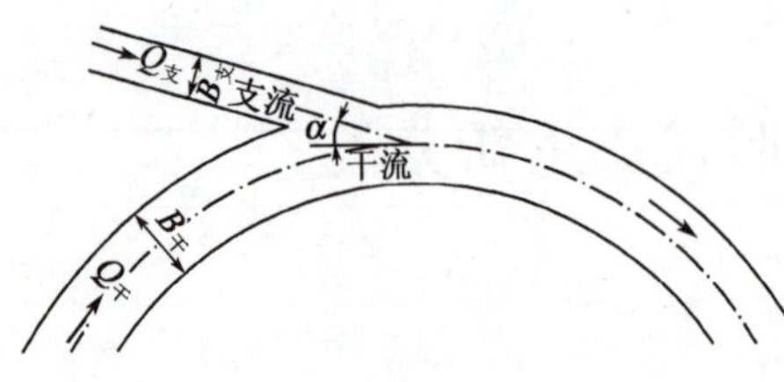

图 2-3 弯曲干流型汇合口示意图

以支流入汇不同河型的干流可将汇合口分为以下三种：①支流入汇弯曲干流汇合口（简称"弯曲干流型汇合口"，见图 2-3），如沱江与长江汇合口（图 2-4）、赤水河与长江汇合口（图 2-5）等。该交汇形式最为普遍，但研究工作不是很多，总的来说两江汇合口平面形态与两江流量组合、交汇角、支流入汇位置有关。②支流入汇顺直干流汇合口（简称

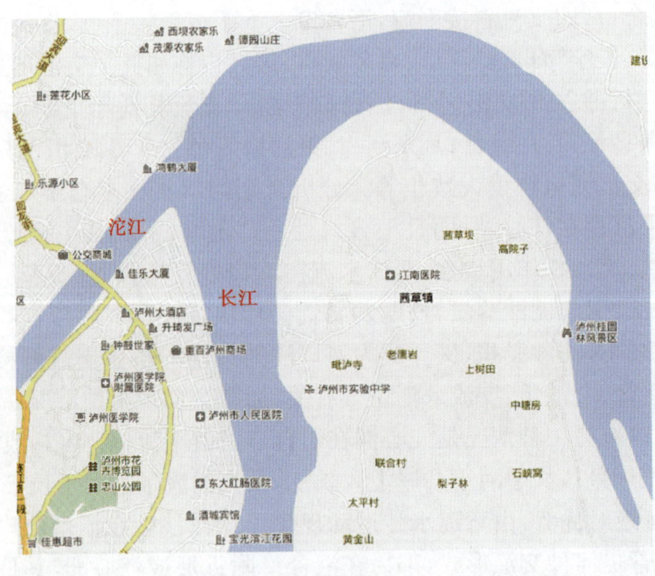

图 2-4 沱江汇合口

“顺直干流型汇合口”，见图 2-1 和图 2-2)，如汉江与长江汇合口(图 2-6)等。该交汇形式研究的最多，大都是通过水槽试验完成的。③支流入汇分汊干流汇合口(简称“分汊干流型汇合口”，见图 2-7)，如朱家河与长江汇合口(图 2-8)等。该交汇形式在自然界中很少见，故研究成果也相对较少，这是一种集分汊和交汇于一体的交汇形式，水沙条件更为复杂，在今后有待进一步研究。

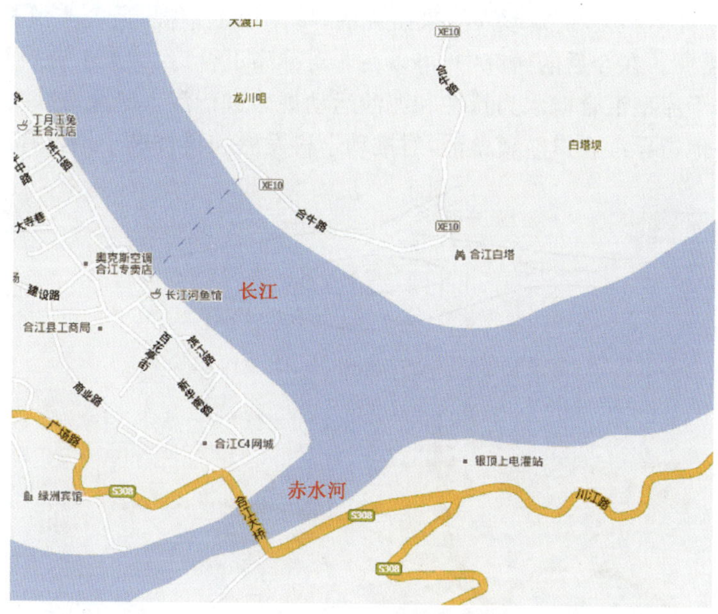

图 2-5　赤水河汇合口

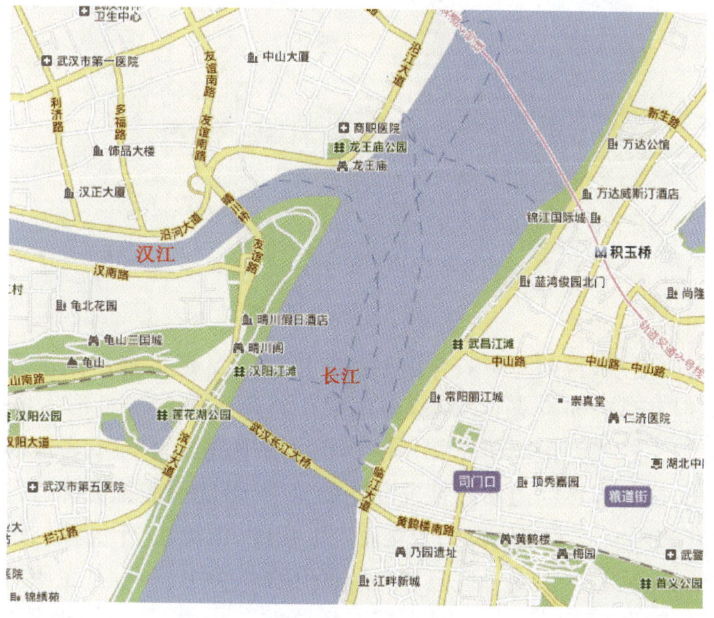

图 2-6　汉江汇合口

此三种类型的交汇河口以第一种最常见，第二种比较少，第三种很少见，而第一种类型中尤以支流由弯曲干流凹岸弯顶上游侧入汇居多。支流在凹岸汇入，干支流的交汇角是关键因素，由于干支流水量的大小不一定同期，更不会同步，汇流角大，必然迫使主流线游荡，航道水深很难维持。支流在凸岸汇入，对稳定航道水深有利。支流在直段汇入，一般可以借助它去改善航道条件。用河道自身的力量去治理航道，比单纯用工程建筑物更有利。现在研究工作者们大部分是基于单纯的斜接和 Y 形入汇来研究的，鉴于以上情况，研究支流从凹岸和凸岸入汇的情况也迫切需要。在今后的研究中，可以在非对称型汇合口、Y 形汇合口及弯曲河道研究的基础上，对弯曲干流型汇合口水力特性和泥沙运动规律进行深入研究，这些研究成果也将丰富学科知识，更好地指导汇合口航道整治，对推动学科发展和科技进步均具有重大意义。

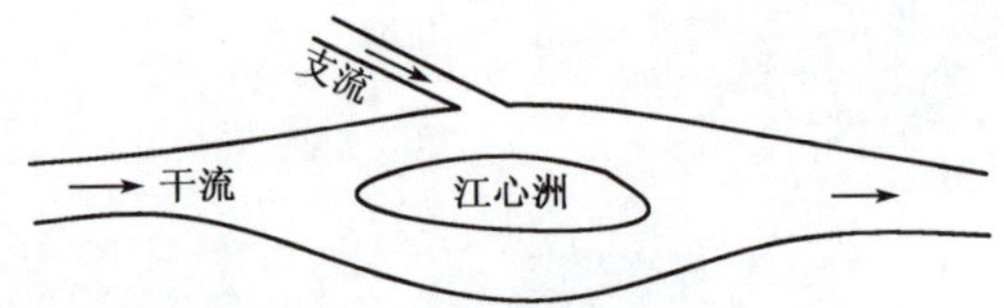

图 2-7　分汊干流型汇合口示意图

图 2-8　朱家河汇合口

结合 1.3.2 可以发现，目前对单一弯道型和斜接式或 Y 形汇合口的水流运动特性的研究已做了不少工作，但从试验研究条件来看，多局限于将干支流的交汇形式概化为斜接式或 Y 形交接式两种，且大多数模型试验研究都是在矩形水槽中进行的，没有考虑断面几何形态变化对水流运动的影响，这与天然河道实际情况存在的差别，可能引起汇流河口区域水流运动发生重要的改变。现有的研究成果都认识到干支流入汇角度、汇流比、干支流河床高差是影响汇合口河段水流特性的重要因素，但对一些具体问题尚存在认识上差别，甚至于对一些试验条件的界定还未统一[58]。弯曲干流型汇合口因为弯道环流的存在，水流结构极其复杂，目前相关研究文献尚未见到。

2.2 长江上游汇合口碍航成因分析

2.2.1 汇合口水流流动特征及分区

为了说明干支流交汇区的水流流动特性，研究者们把汇合口段分成了几个区域。兰波[33,59]将交汇河段（干支流交汇相互影响的整个范围）分为三个区域：壅水区（Ⅰ区）、合流区（Ⅱ区）、集流区（Ⅲ区），如图 2-9 所示。其中壅水区包括干流段、支流段。在该区内，干支流都受到对方不同程度的顶托，使流速减缓、泥沙沉积。在此区域内，水流平稳，流线平行于边壁。干支流在合流区开始混合。由于两股水流汇合时相互冲击、摩擦和挤压作用，水流现象混乱，水流结构极其复杂。水流进入集流区，由于折冲分离损失一大部分能量，在下方右侧形成漩涡区，造成一个低流速区，使泥沙落淤；支流来水从表面顶冲，然后插入河底折回右岸，形成横向平轴环流，水流到下方一定距离后才完全掺混。之后国内外进行的研究大致把汇合口分成六个区域（图 2-10）：支流与干流交汇，两股水流间存在一个剪切面，在汇合口干支流河道上游交汇角点，水流由于边壁的阻滞作用，存在一个水流

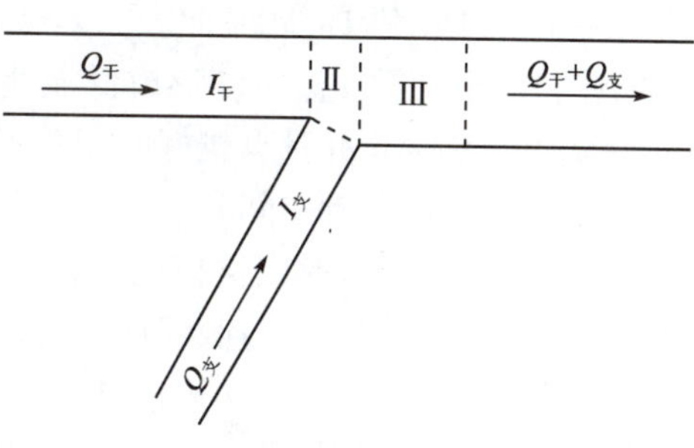

图 2-9 汇合口水流分区图

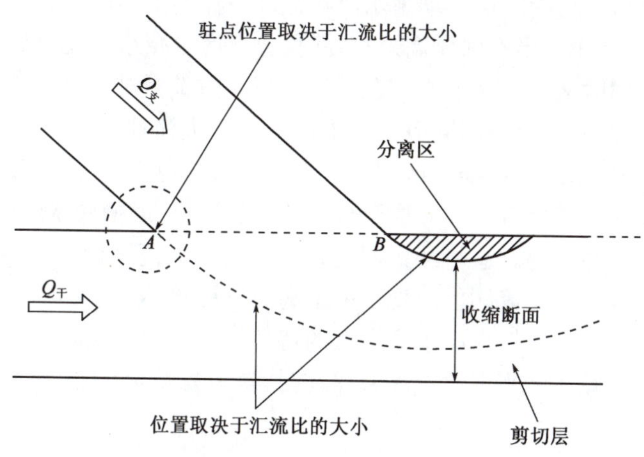

图 2-10 汇合口水流流动特征示意图

流速很小甚至停滞的区域，这个区域便是停滞区。该区域以干支流河道上游交汇角点为起点，以干支流水流交汇点为终点。这样，干支流水流交汇点横、纵向位置的确定也就确定了停滞区的长度及位置。该点的位置主要受干支流水流的交汇角、汇流比、来流强度所控制。由于干支流的相互顶托作用，在汇流区和集流区的一部分水域内干支流的水流急剧掺混，支流向主流方向挤压，形成水流偏向区。对于非对称型汇合口，支流水流受河道固壁边界约束，发生流线弯曲，而支流水流的入汇通常迫使干流水流发生偏向。由于汇合口水流的三维性，这种水流的偏

转远不像汇合口河道平面形式那样简单。通常情况下，汇合口上下层水流动量不同，分离区的大小不同，上下层水流流路受到的压迫也不同，因而会出现上下层水流流向不一致。在河床不整合（自然界中通常支流河床高程大于干流河床高程）的河道中，河床高差的存在会产生二次流，受到二次流的影响，水流偏向也会发生变化。随着其他汇合口水力控制因素的变化，流速偏向区水流更为复杂。确定了流速偏向区水流的流向也就可以判断汇合口水流是否为单一的螺旋流或是背对背的两个螺旋流，或者水流就是简单的汇聚与扩散。目前对此依然存在许多争议。由于入汇口处流量急剧增加，支流自表面插入主流底部，而在入汇口下游主流右侧（靠近入汇口一侧）的水流自河底升向表面。这种流态与纵向正流结合在一起，便会在邻近汇合口下游 B 点附近、干流靠支流一侧形成低流速、低紊动强度、低压强的回流漩涡区（分离区）；分离区尺寸随流量比变化并具有较好的相关关系，并随交汇角增大呈有规律增加。河床高差的存在可使下层分离区受到空间限制，甚至消失，上层水流分离区依然存在。由于分离区存在，外部水流产生收缩现象，形成折偏向干流外侧边壁的收缩区，最大断面平均流速出现在收缩区，形成最大流速区；水流通过收缩区（分离区）后，由于水流的掺混会在分离区末端附近发生水跃使水深加大，再下去水面和流速分布逐渐恢复为典型的明渠流形态。

Y 形汇合口水流根据斜接入汇型水流的分区方法也可分为流动停滞区、流速偏向区、分离区、最大流速区等区域。此类型汇合口水流基本特征有：汇合口干流侧存在分离区，该区域内甚至有逆向流速出现。中间层分离区最大，表层分离区次之，底层分离区最小。原因主要是由于汇合口干支流水流交汇，相互撞击、掺混，流速进行重分布，垂线流速分布规律不再符合一般明渠水流垂线流速分布规律，形成中间层水流流速大于表层水流流速的情况。最大流速出现在中下层，而不是表层，使得中间层大动量水流在惯性力作用下形成的分离区最大。随着汇流比的增大，分离区逐渐减小。当有河床高差存在时，分离区也减小。流速加速区是由于干支流水流交汇，流量增大，同时又由于靠干流侧有不过流量或过流量非常小的分离区的存在，减小了水流有效过水断面面积，两个原因同时作用下形成一个大流速区域。中间层水流流速加速区范围较大，超过了表层水流流速加速区。这一现象还与汇合口水流掺混后流速重新分布、水流垂线流速分布规律发生变化有关。Y 形汇合口水流近边壁、近槽底水流脉动性大，而远离水槽边界的中间水体脉动性较小。这与经典理论是吻合的。分离区内水流紊动强度特别大，水流紊乱。河床高差的存在使支流侧也出现了一个高脉动强度区，说明河床高差的存在会加强汇合口水流的脉动强度。Y 形汇合口水流最大的特征是向下游呈螺旋流，随着汇流比的增大，这种螺旋流的旋转趋势减弱。当有河床高差存在时，这种螺旋流的趋势减弱。当汇流比较小时停滞区会消失。

2.2.2 汇合口水面特征

总的来说，对同一交汇河段，汇流比是影响交汇段水面形态的主要因素，汇流比的改变直接表明干、支流的水流受阻情况。对于支流斜接干流型交汇河段，由于水流汇合时相互冲击、摩擦和挤压，水流相互顶托，上游形成壅水，壅水区水流较平稳。干支流同步升降；干流来水一定，随汇流比的增大水面抬升，由于受支流的顶托作用，在干流内形成局部隆起，其位置随回流比增大而上移；干流流量的增大也会使隆起位置上移；交汇角增大，隆起位置也上移。合流区水面波动剧烈，由上至下产生大幅度跌落，两股水流交界处形成水面脊线。由于支流的挑流和水流在下方的折冲,下游为很不规则的扭曲面。对Y形交汇河口,当汇流比较小时,在干支流汇合口上游交汇角点附近出现中间高两边低的横向水面形态,汇合口水流主要横向水面形态还是类似于弯道水流单一比降的横向水面形态,靠汇合口支流侧角点处形成超高,靠汇合口干流侧水流则有一个水面跌落[60]。当汇流比较大时,汇合口横向水面形态为马鞍形,且汇合口上游干支流交汇点的马鞍形横向水面形态有向下游发展的趋势。这种现象产生的主要原因是:汇流比较小时,干流对支流顶托作用很大,支流水流被一下推至支流侧边壁,所以中间水面突起程度不高,范围不大,主要表现出来的还是类似于弯道水流的水面形态特征,即一边形成水面超高,一边则形成水面跌落的单一横向水面形态;而汇流比较大时,干支流水流在汇流交界面处相互顶托,以两者的顶托面为界,干支流水流在水面形态上形成两股类似于"湾道"的水流,汇合口横向水面形态形成中间高两边低的马鞍形水面。

2.2.3 汇合口水沙运动特性

1)长江上游典型支流河口水沙运动特性

(1)赤水河口。赤水河是长江南岸的一级支流,属小型山区性河流,它于四川省合江县入汇长江,见图2-11。

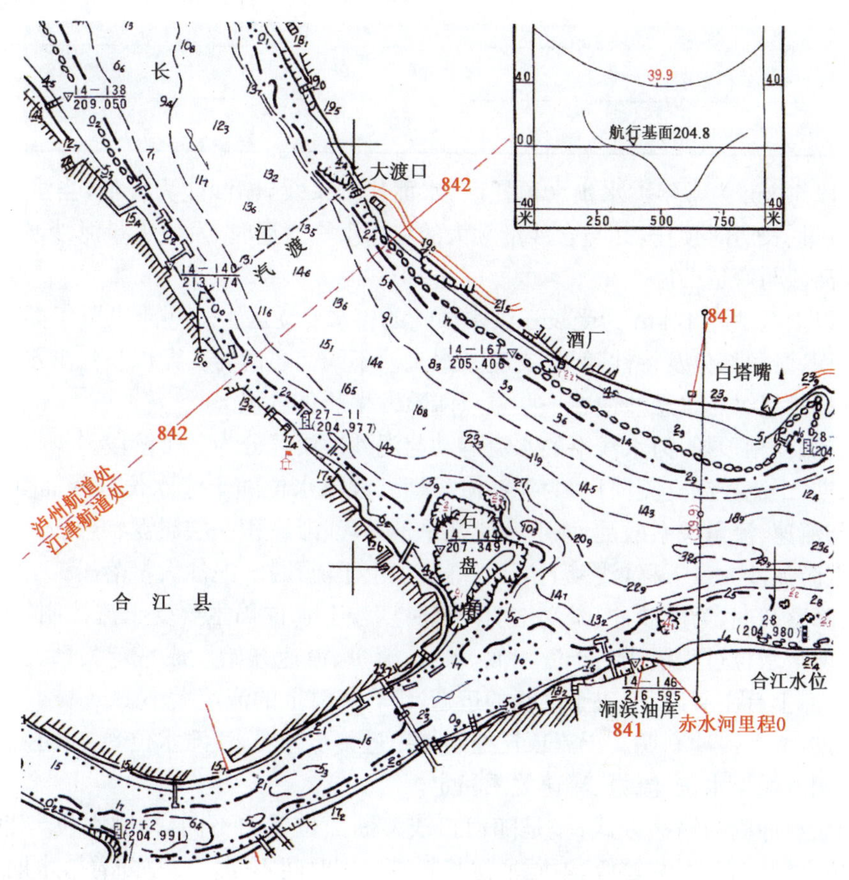

图2-11 赤水河入汇长江示意图

赤水河多年平均径流量仅为长江的2%，汇流比多年平均为0.037，洪水期平均为0.028，汇流比$R=0.01\sim0.035$占48%。由此，势必发生长江对赤水河大幅度长历时的顶托。受长江水流顶托，赤水河口洪水期多年平均壅高为7.25m，最大壅高值达18.6m。影响范围常年发生段12km，经常发生段26km，特殊年份可达距河口52km的赤水市。洪水期长江对赤水河口段水位影响范围随与河口的距离增加而逐渐减弱，河口壅高值越大，影响距离越长，参见表2-1。长江对赤水河口段比降的影响随壅高值的增加而增加，比降明显变缓。长江对赤水河口段比降影响范围随与河口的距离增加而逐渐减弱，壅高值越大，影响距离越长。同一壅高值下，长江对赤水河口段流速影响随赤水流量的增加而减弱；不同壅高值下，长江对赤水河口段流速影响随壅高值的增加而增加，流速明显降低。

受长江顶托赤水河口壅水影响范围 表2-1

河水壅高值(m)	赤水流量(m^3/s)	壅高值影响范围(km)
>1.5	<300	8
>2.5	<400	12
>3.0	<500	14
>4.5	<600	18
>6.5	<700	22
>8	<800	26

近河口段12km为常年洪水壅水顶托区，水面比降平缓，输沙能力极低，当洪水期受长江高水位、大流量、长历时顶托，并与含沙量颇大的赤水洪峰遭遇时，发生大量泥沙淤积。主要淤积在各顺直河段与弯道凸岸。

新开滩以上至楚滩14km为受长江洪水顶托的壅水变动区。一些滩段历年都发生不同程度的泥沙淤积，淤积部位及特性随干、支流来水来沙不同遭遇而异。尤以长江洪水与含沙量颇大的赤水洪峰遭遇时赤水悬沙便在一些重点滩险发生严重淤积。

受干、支流互相顶托，河水浅滩的水流运动与泥沙冲淤可分为三个阶段。

①洪水期，干流控制支流河口，为泥沙淤积期。浅滩水位随干流水位升降而变，滩上水流平缓，水位与流速、流量关系散乱，滩上水流几乎不动，浅滩淤积一层淤泥状悬沙。当支流洪水涨落频繁，上游泥沙大量下移，浅滩上河面开阔，加上干流顶托，泥沙大量落淤。

②水位降落初期，为泥沙冲、淤变化期。该时期滩上水位仍主要受干流控制，而支流作用逐渐明显。滩上水位过程线仍与干流相似，水位、流量、流速开始形成一定关系。比降随水位下降而增大，滩上有淤有冲，取决于洪峰的遭遇、组合和滩上的流速大小。

③落水期，为泥沙冲刷期。干流顶托控制作用进一步减弱，浅滩水位受支流控制，已不受、少受干流作用。滩上水位、流量、流速关系稳定。

落水期淤沙冲刷与输移方式：一是随河口浅滩断面位置的不同，冲刷水位与冲刷时间不同；浅滩水位上游较高，下游较低，不同水位其起始冲刷时间不同。二是随着落水期水位下降，一般先冲浅滩头部，泥沙淤积在其下游，先冲淤积高的，将泥沙输移至下游处，由此，淤积泥沙向下游直至河口推移。

(2)嘉陵江河口。该类支流河口，支流相对水量较大，洪水期不仅支流受干流的顶托，并且干流也受支流顶托，视两江水、沙条件的组合和洪峰的遭遇，在支流口的干流或支流发生泥沙淤积，并且受干、支流“洗河水”发生先后，决定泥沙冲刷与枯期碍航程度。

嘉陵江是长江较大的支流，见图 2-12，汇流比多年平均为 0.24，洪水期平均为 0.27。洪水期两江水流互相顶托，视各年水、沙组合与洪峰遭遇，可分别在支流河口干流长江月亮碛或支流嘉陵江金沙碛发生泥沙淤积。据分析，当 $R<0.20$ 时，嘉陵江淤积；$R>0.60$ 时，长江淤积。

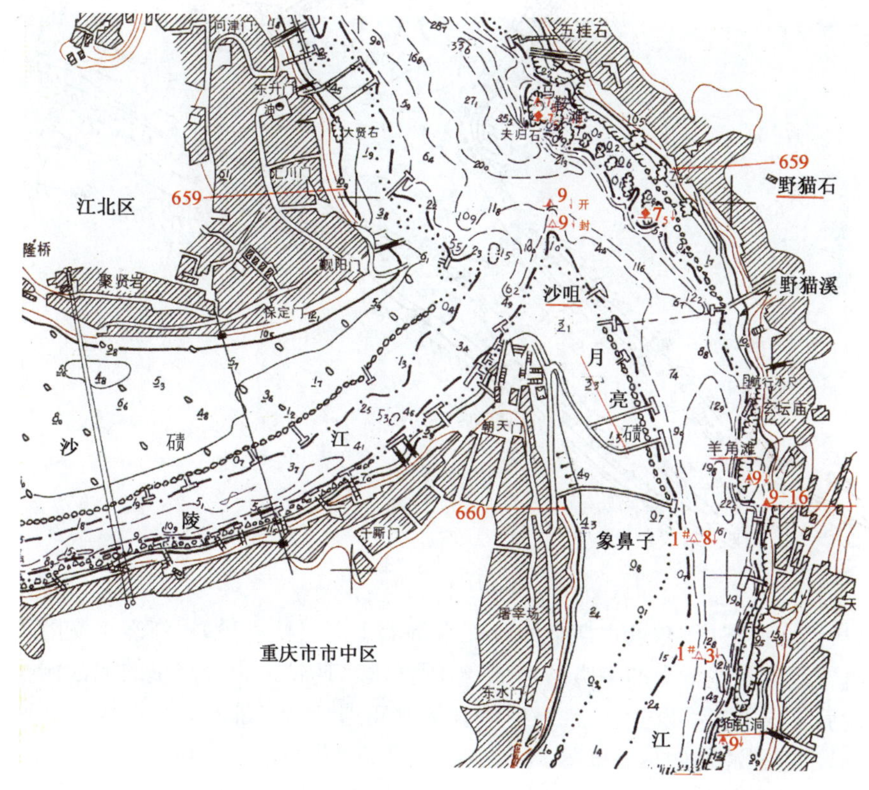

图 2-12　嘉陵江与长江汇合口示意图

泥沙淤积部位主要发生在汛期河道宽阔段或主槽缓流区，如嘉陵江右槽月亮碛缓流区，长江猪儿碛左槽缓流区。泥沙淤积与两江来水、来沙，尤其汇流比关系十分密切。尽管 1960 年、1961 年汛期平均流量基本相同，而 1960 年来沙量(3.19 亿 t)比 1961 年(2.69 万 t)要大 20%。长江猪儿碛河段 1961 年汛期淤积量 130 万 m^3 是 1960 年 30 万 m^3 的 4.5 倍，这主要是由于 1961 年汛期比 1960 年大 43%。两江淤沙能否在汛期后落水期冲走，很大程度上取决于洗河水发生的顺序。

(3)岷江河口。尽管某些支流河口支流水量的相对较大，但不利的洪水期相位差特性可使其转化为受干流强顶托型支流河口，发生严重泥沙淤积并在枯水期严重出浅碍航。岷江与长江汇合口如图 2-13 所示。

岷江水量较大，岷江、金沙江的多年平均流量分别是 2 671m³/s 与 4 386m³/s，汇流比多年平均为 0.61，洪水期平均为 0.58，分别要比嘉陵江的 0.24 和 0.27 大得多。偏窗子、杨家滩紧邻两个河口浅滩，兼具河口浅滩与峡谷上游浅滩特性，并且都是汊流浅滩。

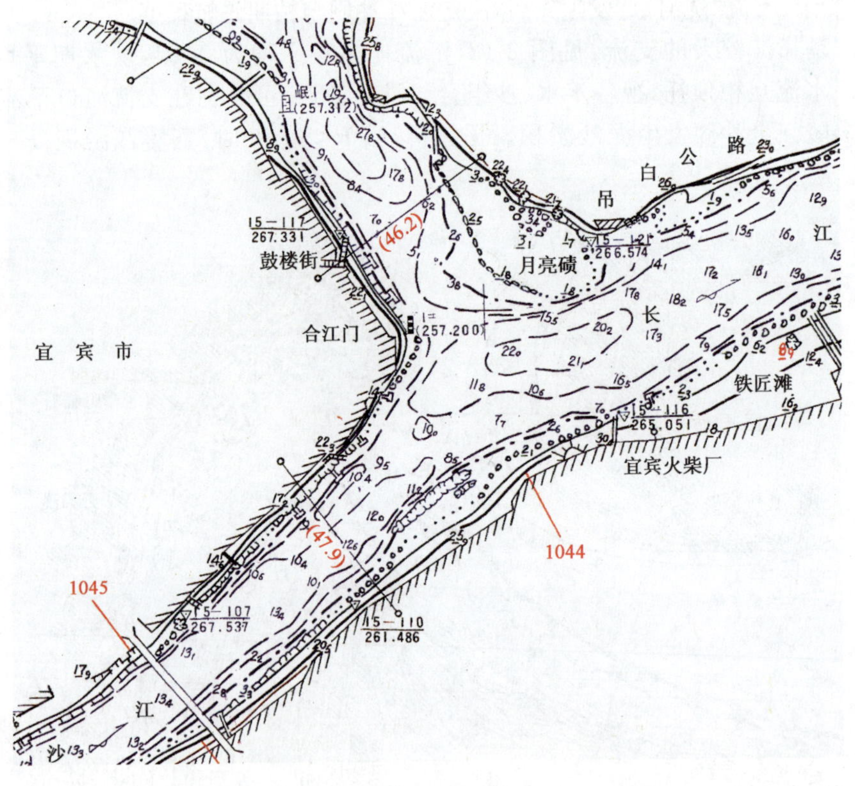

图 2-13　岷江与长江汇合口示意图

受地形与河床形态影响，洪水期金沙江涨水倒灌于河口峡谷段，岷江涨水受阻于峡谷而在浅滩壅塞，由于浅滩上宽下窄的喇叭形地形，给岷江洪水期带来十分严重的泥沙淤积。

此外，最后一次洪峰都发生在金沙江，岷江退水正遇金沙江涨水，由此，洪水期所淤泥沙不可能在岷江退水过程冲刷殆尽。

由此，尽管支流岷江入汇流量较大，并且河岸、河道比较稳定，但上述水文组合特性与特殊的河道形态特征，决定了岷江成为受干流金沙江强顶托型支流河口。泥沙淤积严重，落水冲刷十分困难，该类型河口滩险治理难度极大。

2)长江上游支流河口水沙运动特性分析

长江上游段属山区河流，它的交汇河口的泥沙运动以推移质为主。由于干支流来水来沙往往不同步，干支流河床地质也不完全相同，交汇区及其下游床面形态在水流和泥沙的共同作用下会呈现千姿百态的床面地形。因此，对交汇区的水沙运动特征进行研究，对了解交汇区的冲淤变化及河床演变具有积极的作用。

推移质由上游进入交汇段，其运动形式以群体的长沙波运动为主[61]。沙波的波脊线与水流方向垂直，为带状沙波。沙波是河床表面的一种形态，它的发生发展与床面的水流条件有关，沙波面上的水流极不稳定，流线并不与沙波表面平行，近底的水流经坡底而上，到达波峰发生分离形成漩涡区，这种不稳定造成了水流与床面交界层的不稳定，对泥沙的推移运动极为有利。在这样的水流条件作用下，迎水面上的泥沙颗粒沿着坡面滚动和跳动前进，整个沙波的移动就是这种单颗粒到了波峰以后，由于重力作用落入背水面的涡流中，在那里沉积下来，被后面来的颗粒淹埋，直到再次暴露在迎水坡的起点，完成一个运动周期。结果，整个沙波就徐徐向前移动。推移质在交汇段运动过程及沉积部位都与颗粒的大小有关。在中垂线附近水流强度大的地方，颗粒群以尖刀形沙峰挺进。起初后边的颗粒沿沙峰前缘走过的路线运动，当在沙峰上停留的颗粒多了，使河床阻力增大，水流分散，泥沙颗粒向边缘方向发展。这种大颗粒泥沙多停留在离主流线较近的地带。由于沙波对床沙的分选作用，粗颗粒泥沙堆积在下，细颗粒泥沙堆积在上，形成了上细下粗的分层淤积。

在一定的干支流来水来沙条件下，汇流比、输沙率比、交汇角、下游水位等因素对于交汇河段的水沙运动和冲淤特性都有影响[62]，其中汇流比是影响交汇河段水沙运动性态的关键性参数。汇流比增大时，汇合口干流上游河段水位壅高，水面比降变缓，流速降低，泥沙淤积增加，支流则相反。而干支流流量和汇流比的不同水情组合对交汇河段河床演变起着主导作用。水位、流速、水面比降、淤积断面积及河段淤积量等均可表示为流量和汇流比的函数。

2.2.4 汇合口河床演变与碍航成因

汇流河段的河床演变决定于干支流两者动力条件的相互作用和流量的大小，其影响因素主要有两方面[62]：①干支流的来水来沙条件。干流和支流的来水来沙条件常是变化的。支流和干流的汇流比、输沙率比以及干支流的流量都是交汇河段河床演变的主要影响因素。其中汇流比和输沙率比之间又常存在一定的关系。②交汇河段的地形和地貌条件。该方面主要是干支流的交汇角度和河床形态。以干支流来水来沙的条件为一方与具有某一交汇角和河床形态的边界条件为另一方构成了交汇河段河床演变的主要矛盾。

由于干支水流相互顶托，壅水区的流速减小，而一般推移质输沙率与流速的四次方成正比，这样必定有推移质淤积在壅水区内。

当汇流比为零时，即无支流入汇，由于无泥沙补给，单一主河中推移质呈波状输移，冲刷自上游往下游发展且冲刷量自上游往下游递减。支流仅来水时，主流的输沙率和累积输沙量在初始阶段均比单一主河的值大，但在河床冲刷稳定后，前者的值比后者的值小。随着冲刷的继续，汇合口下游的冲刷深槽向下游和汇合口对侧发展。随着汇流比的加大，冲刷深槽的范围随之增大。支流来水来沙时，在初始阶段，主流输沙强度小于单一干流和支流来清水时的值，随着泥沙的进一步补给，主流输沙强度随之增大。当汇流比较小时，汇合口下游干流断面由于支流来沙淤积而使其过水面积变化很大，甚至减小。当汇流比较大时，干流上游断面输沙能力减弱，若干流挟沙能力超过了支流和干流上游来沙能力，在汇合口下游的收缩区内仍会出现冲刷深槽，当干流挟沙能力不足以全部带走支流的来沙和干流自身的输沙时，就会在汇合口下游造成淤积。由于汇合口下游回流分离区的存在，在汇合口下游干流右侧会出现局部推移质淤积三角洲，其尺寸随着干支汇流比的增大而变小[63~65]。

沱江汇合口，主航道改为右槽后，由于在进口段受月亮碛和二郎滩两个突出节点控制，河宽由 350m 放宽至 650m 左右，在弯道的阻水作用且受金钟碛滩尾左侧沱江入汇的影响，沱江水流顶托作用下，滩段流速和比降有所减小，水流挟沙能力减弱，加上两江来水来沙不同步，泥沙大量在滩段落淤。航槽内最浅水深仅 2.1～2.4m，枯水期出浅碍航，船舶航行至此极易触底搁浅，发生海损事故。

月亮碛在长江与嘉陵江汇合口上游，是长江左岸的一个大卵石边滩。该滩所在河段为微弯形，右侧为凹岸深槽与较陡的岩岸。天然情况下其泥沙淤积受弯道水流与嘉陵江来水顶托影响，淤积部位主要在左岸月亮碛一带。

第 3 章 干支流汇合口水沙运动规律

3.1 汇合口模型设计

结合长江上游干支流交汇形式的主要特征，重点研究针对支流入汇于弯曲干流河段，且入汇口位于弯道干流的弧顶附近的弯曲干流型汇合口（参见图 2-3），入汇角约为 50°。同时根据长江与沱江交汇区的地形特点——凹岸为深槽，凸岸为广阔的边滩，概化试验模型设计采用弯道进出口水槽互为平行的矩形水槽，弯道段横断面为偏 V 形，且凹岸为深槽，凸岸为浅槽，支流在弯顶处与干流相交汇（圆心角为 90°断面处）。见图 3-1。

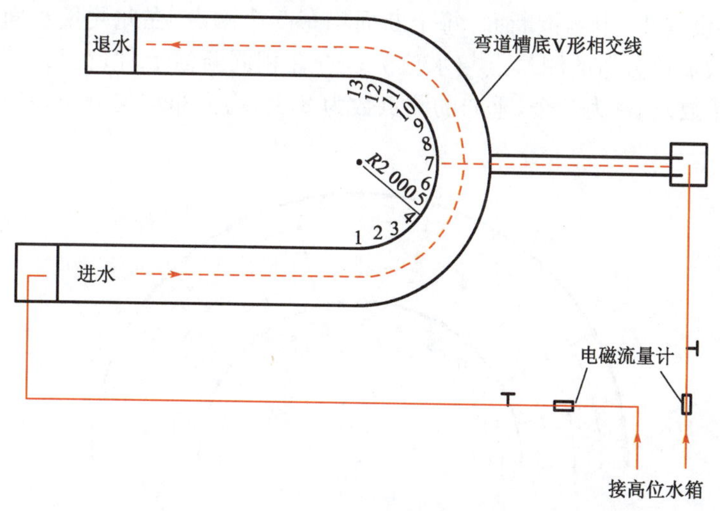

图 3-1 弯道干流与支流汇合口模型系统平面简图（90°入汇角）

为从理论上深入探索干支流汇合口水沙运动规律，本模型试验系统是一个明渠水力学模型，由水流循环系统、流量调节系统、量测系统及辅助设备组成，模型概化按重力相似和阻力相似考虑。根据以往研究工作的经验及本项目的研究内容，选择模型主槽宽为 1m，支槽宽为 0.3m，主槽弯道中心线半径 $R=2$m，弯道转弯 180°角，设弯道进口断面为 0°圆心角断面。支流与干流几何轴线的夹角分别取为 30°、60°和 90°。支流和干流进口分别设有稳流栅，下游出口设尾门控制水位。支槽为平直矩形断面水槽，其进口至汇合口距离约 3.5m，弯道进口上游段和弯道出口下游段均为平底矩形直槽，长约 4m。模型底坡设计为：主槽进出口直槽坡度为 1/2 000，弯道段平均坡度为 1/1 250，支槽为 1/1 000。

根据上述设计参数制作汇合口水力模型，弯道段及支槽采用全有机玻璃制作，弯曲部分采用预先制模的方法，有机玻璃模型部分的糙率约为 0.008。对弯道进口上游和出口下游的平底矩形直槽段，采用混凝土结构制作且表面抹平，控制混凝土模型部分的糙率约为 0.015。弯道汇合口模型段通过 PVC 管与高水箱平水池连接，PVC 管的直径(d)为 150mm。在主槽和支槽首部与高水箱平水池之间的 PVC 管道上分别串入两个节制阀和两台电磁流量计。90°入汇角时模型系统平面布置如图 3-1 所示，弯道汇合口模型段的实际照片如图 3-2 和图 3-3 所示。

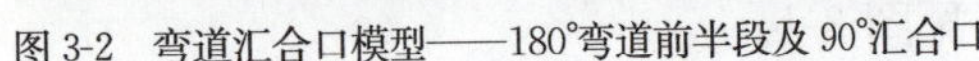
图 3-2　弯道汇合口模型——180°弯道前半段及 90°汇合口

图 3-3　弯道汇合口模型——180°弯道后半段及下游出口

在弯道段共设有 13 个测量断面，每个断面均布 5 个测点，在此测量水面高程(水位)，如图 3-4所示。垂线流速分布的测量点与水位测点选在相同断面上，但在每一断面上沿径向的测量点数(垂线条数)加密为 7 个，垂向的测点数为 8 个，均为非均匀分布，各点的径向位置坐标如表 3-1 所示。

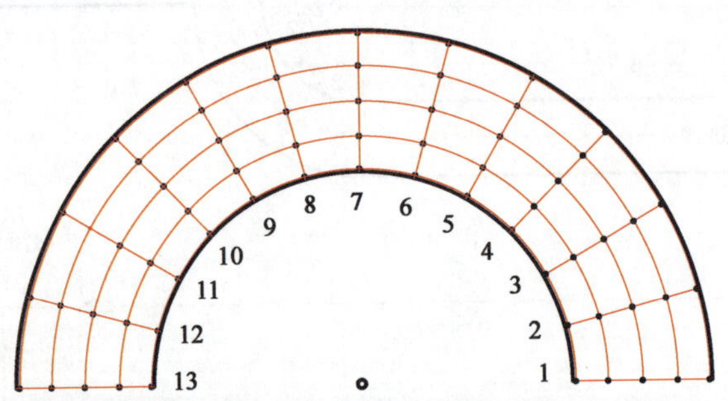

图 3-4　弯道汇合口区域断面编号和测点布置

速度测点径向位置坐标布置　　表 3-1

编　号	a	b	c	d	e	f	g
R(cm)	155	171	188	205	222	234	245

3.2　主要测量仪器简介

试验采用美国 SONTEK 公司生产的声学多普勒测速仪(ADV)进行流速测量，图 3-5 为 ADV 流速仪测量探头在弯道中测流速时的照片。该仪器虽为接触式流速仪，但对所测的取样点没有干扰或干扰很小，能够直接测量三维流速，其测量精度较高。ADV 主要由测量探头、信号调理和信号处理 3 个部分组成。测量探头由 3 个 10MHz 或 16MHz 的接收探头和一个发射探头组成，3 个接收探头分布在发射探头轴线周围，它们之间的夹角为 120°。接收探头与采样体的连线与发射探头轴线之间的夹角为 30°，采样体位于探头下方约 5cm，这样可以基本上消除探头对水流的干扰。信号调理器由检测微弱反射信号的模拟电路组成，数字信号处理由一个单独电路板完成，主要针对输出频率为 25～50Hz 的实时三维流速测量值的计算。ADV 的信号采集和各种流动参数处理由与 ADV 相连的计算机完成，它提供的数据文件为文本文件，可方便地由 Excel 进行处理。

在实际测量中需要对 ADV 的几个参数进行设置：采样频率、采样个数和最大流速。经过试验发现，当设置采样频率为 50Hz，采样个数为 3 000 时，采集的样本可以很好地反映水流状况。对于 10MHz 的 ADV 来说，标准的流速范围是±10～±50cm/s。在同一点选择同样采样频率时，不同流速范围对实验点流速值的影响规律为，当最大流速设定为比实测流速高一级别的流速时，流速测量数据的收敛性为最佳，最大流速的设定值与实际流速偏离越大，测量的流速数据离散性也就越大。

主槽和支槽流量分别采用两台电磁流量计测量，布置在主槽和支槽首部前的连接直管段（参见图 3-5）。流量计由中德合资上海光华·爱而美特仪器有限公司生产，型号为 IFM4080K＋F，量程为 0～50L/s，测量精度为±0.3%。

水面线测量系统由水位测针、量筒和测压管组成，包括 25 支量筒、50 根测压管和 2 支水位测针，其中水位测针安装在可移动的坐标架上。坐标架有效移动距离约 1.2m，其滑动导轨水平度为 1/10 000。移动测针、测压管及量筒排的布置外形如图 3-6 所示。

图 3-5　ADV 声学流速仪工作照

图 3-6　滑动测针、测压管及量筒排

3.3　模型试验内容

3.3.1　清水定床试验

主槽和支槽的进口流量分别由两台电磁流量计进行控制，水槽内的水位由水位测针测读，并通过尾门对水位进行调节，控制水深约为 0.12m，水流流速采用声学多普勒测速仪（ADV）进行采样，试验中采样频率为 50Hz。取特征尺度为主槽水深，由此可以计算得到模型试验时的傅汝德数和雷诺数范围大致为：$Fr=0.23\sim0.41$，$Re=3\times10^4\sim5\times10^4$。

清水定床试验主要观测的内容及分析的问题如下：

(1)汇合口水面线。绘出各试验组次、纵横向水面线，分析汇流比和入汇角的变化对水面线及比降的影响。

(2)汇合口三维流速分布和紊动强度。用ADV仪器测量汇合口三维流速分布和紊动强度,并绘图分析汇流比和入汇角度变化对其影响。

(3)水流动力轴线变化。根据测得的流速分布资料,绘出水流动力轴线的变化图,并分析汇流比和入汇角变化的规律。

(4)汇合口切应力分布。根据所测资料绘图分析河床切应力随汇流比和入汇角度变化的规律。

具体试验工况见表3-2。

清水定床试验工况表 表3-2

工况	$Q_{支}$(L/s)	$Q_{主}$(L/s)	汇流比$R(Q_{支}/Q_{主})$	入汇角(°)
1	0.9	30	0.03	30
2				60
3				90
4	3		0.1	30
5				60
6				90
7	9		0.3	30
8				60
9				90
10	18		0.6	30
11				60
12				90

3.3.2 清水冲刷试验

清水冲刷试验预先在弯道主槽和支槽底部铺沙,铺沙厚度约1cm。用小流量缓慢放水,调整尾门控制水深约为0.12m,保证主槽和支槽底部铺沙地形不变。之后施放主槽流量约30L/s,按汇流比施放支槽流量,并根据试验情况于主槽和支槽上游适量加沙,稳定流动工况冲刷地形约30min后停机,最后进行拍照记录。试验沙为细白矾石沙,密度2.6kg/L,根据梅耶-彼得公式估算推移质起动流速,选取白沙中值粒径为0.5mm。取特征尺度为主槽水深,由此可以计算得到模型试验时的傅汝德数和雷诺数范围大致为:$Fr=0.23\sim0.41$,$Re=3\times10^4\sim5\times10^4$。

清水冲刷试验主要观测推移质运动规律:根据河底示踪沙运动观测资料,结合所测流速分布、水流动力轴线变化以及水面比降、流态等因素,定性分析随着汇流比的变化,推移质运动特征、河床冲淤部位等。具体试验工况见表3-3。

清水冲刷试验工况表

表 3-3

工　况	$Q_{支}$(L/s)	$Q_{主}$(L/s)	汇流比 $R(Q_{支}/Q_{主})$	入汇角(°)
1	0.9	30	0.03	60
2	3		0.1	
3	9		0.3	
4	18		0.6	

3.4　干支流交汇区水流基本特征

在干支流以及汇合口河段，由于交汇河口边界条件各异，以及这一问题所包括的变量如入汇角、河床组成、水沙条件等因素的影响，使河道交汇区的水流流动现象变得相当复杂。这些影响因素大体可归纳为两大类：第一类为汇合口附近河道的边界条件，包括汇合口的尺寸、形状、入汇角、河床组成、床面糙率、床面坡降、河底连接情况等；第二类是干支流来水来沙条件，包括干支流上游来水来沙量的相对大小及其过程、水流雷诺数和傅汝德数及流体的物理特性等。前者受地质构造运动影响较大，后者主要受流域地貌条件和气象条件影响。

入汇角对交汇河口的水流形态特性起着重要控制作用。入汇角的增大，加剧了两江水流的紊动掺混作用，导致水流现象更加复杂，增大了两江顶托作用，使上游干流段比降减缓。因而入汇角成为研究汇河口水流特征的一项重要指标。但对于入汇角定义问题，目前存在着两种不同的观点，一种认为入汇角应为干支流水流动力轴线的夹角；另一种认为入汇角为干支流几何轴线的夹角。前者用干支流水流动力轴线的夹角来定义入汇角，虽然抓住了其力学本质，实际应用时宜采用这种观点，但这样对同一个交汇河口而言，水流动力轴线的位置随着干支流流量的变化而变化，其入汇角应该是一个变数，量测也存在一定的难度，不易把握，也使得对交汇河口的描述变得较为困难；后者不随水流条件变化而改变，也能体现汇流河口的交汇形式，定量说明一个交汇河口入汇角的大小。本项目试验采用第二种观点。一方面，由于在山区河道干支流汇合口处航道整治中，如欲改变支流入汇角度，不可能移动支流口门位置，只能在原汇流位置附近通过工程措施，改变入汇角度。本试验汇合口段干流为180°的弯道，弯道几何轴线与内外边界线平行，支流从弯顶处汇入，在支流入汇点位置不变的情况下，入汇角度实际上也等于支流与干流凹岸边界的夹角，另一方面，因在弯道顶部水流动力轴线靠近凹岸一侧，本试验采用的干支流入汇角也接近第一种观点，即与干支流水流动力轴线的夹角接近。

为了便于分析干支流交汇区的水流特性，兰波将干支流交汇河段整个范围初步分为3个区域：壅水区（Ⅰ区）、合流区（Ⅱ区）、集流区（Ⅲ区），如图3-7所示。壅水区表示壅水较为明显的地方；合流区是干支流交汇处区域；集流区为合流区后的下游区域，在该处支流流速对干流流速影响较小。而国外对水流内部结构进行了更为细致的研究，Best通过研究将交汇河口段细分为6个区：停滞区、流速偏向区、分离区、最大流速区、流速恢复区、剪切层区，如图3-8所示。

根据以往的研究资料，将支流斜接干流型交汇河段水流基本特征归纳为：支流进入干流后，由于干支流相互顶托作用，在汇流区和集流区的一部分水域内干支流的水流急剧掺混，支流向主流方向挤压，形成折向主槽外侧边壁的收缩区；汇合口上游角附近存在一个停滞区；而在邻近汇合口下游干流一侧形成低流速、低紊动强度、低压强的回流漩涡区（分离区）。由于分离区存在，外部水流产生收缩，在两股水流间形成一个剪切面；汇合口上游主、支槽中水流出现壅水现象。最大断面平均流速出现在收缩区，形成最大流速区。水流通过收缩区（分离区）后，水面和流速分布逐渐恢复为典型的明渠流形态。

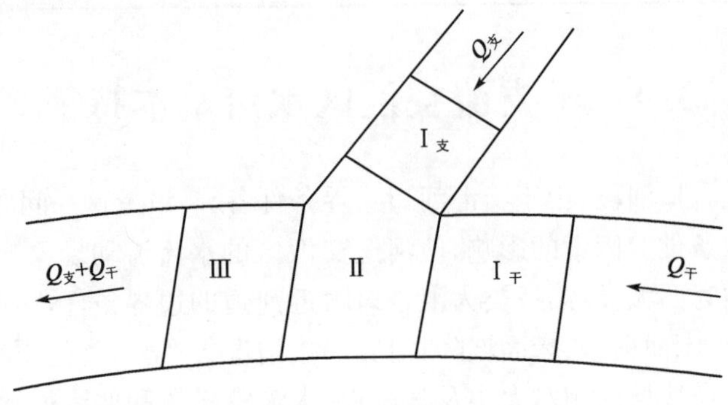

图 3-7 汇合口水流分区示意图

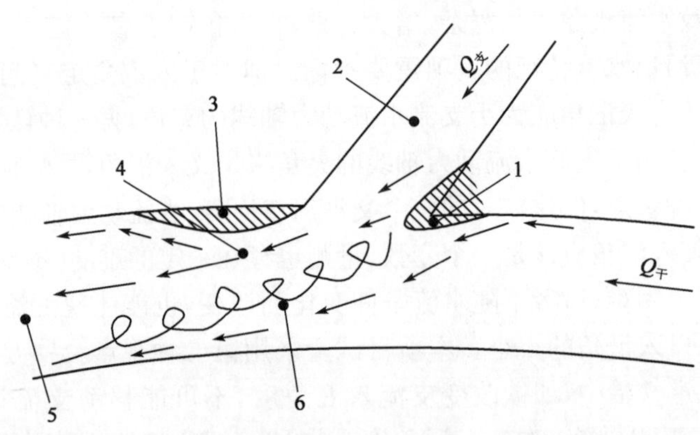

图 3-8 非对称型汇合口水流区细分图

1-停滞区；2-流速偏向区；3-分离区；4-最大流速区；5-流速恢复区；6-剪切层区

对于干支流接近正交型的汇合口水流基本特征可归纳为：①中下层水体存在大流速区域，而底层与表层水体流速较小。该现象产生有两个原因：一是干支流进入汇流区域，水流相互掺混、撞击、挤压，在汇合口下层水流流速增大；二是干支流水流交汇后大部分水流流向是偏向下的，这样上层水流就给下层水流不断地补充动量，从而出现了下层水流的大范围大流速区域。②靠近支流侧的下游一直有大流速区，靠近干流一侧水面附近出现较低流速区域。近支流侧的大流速区是由于干流水流在惯性力作用下不断冲向支流一侧的结果。干流侧上层水流出现小流速区则是由于干流侧上层水流过流量减少，获得的动能补充就少，且这部分水流由于边壁黏滞性作用，流速必然减小。③在干流侧，近表面小流速区范围向下游沿程增大。该现象产生的原因有三点：大部分水流流向是偏向下的，由于缺乏动量补给，表层水流大流速范围必然减小，相应小流速范围沿程增大；干流侧边壁具有阻滞作用，水流沿程能量损失；干流侧近表层水流与相邻水体发生紊动掺混，能量交换，而那部分水体的动能也是沿程减小的。④汇合口以下，中间层和近支流侧水流方向偏向下。⑤汇合口以下，近干流侧水流方向偏向上。⑥过汇合口后，上层水流偏向支流侧，下层水流偏向干流侧，总体呈螺旋流趋势。干支流接近正交型汇合口水流最大的特征是向下游呈现逆时针流动的螺旋流（支流在左侧，干流在右侧的情形），随着汇流比的增大，这种螺旋流的旋转趋势减弱。由于整体水流流速均有下偏的趋势，螺旋流中轴线向下游偏向槽底。当有河床高差存在时，这种螺旋流的趋势减弱。

在干流为弯道的条件下，关于弯道干支流汇合口水流特性的研究资料基本上还是空白，本项目对此开展了相应的试验研究。为了便于研究，将汇合口河段分为壅水区、合流区、集流区及分离区，见图 3-9。

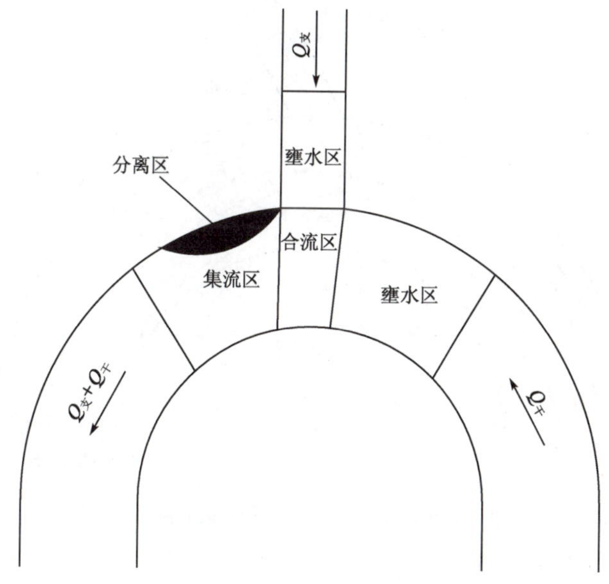

图 3-9　汇合口河段分区示意图

3.5　弯曲干流型汇合口表面水流运动特性

弯道干支流交汇区水流运动纷繁复杂，这在其水面形态上的反映也是十分复杂的。对这类交汇河段区域，入汇角和汇流比是影响交汇段水面形态的主要因素，汇流比的改变则直接影响干支流水流运动特性和水面形态的变化。

3.5.1　汇合口水流表面流速特征

1）定汇流比（R=0.3）、不同入汇角下的表面流速特征

图 3-10～图 3-12 是汇流比 R=0.3 的汇合口表面流速矢量图。

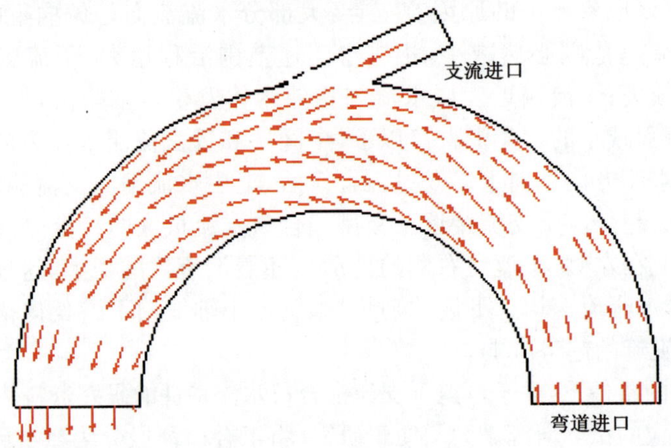

图 3-10　30°入汇角时汇流比 $R=0.3$ 的汇合口表面流速矢量水平投影图

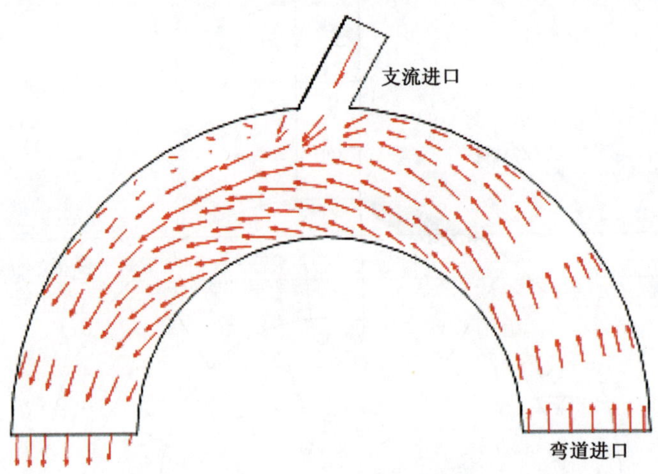

图 3-11　60°入汇角时汇流比 $R=0.3$ 的汇合口表面流速矢量水平投影图

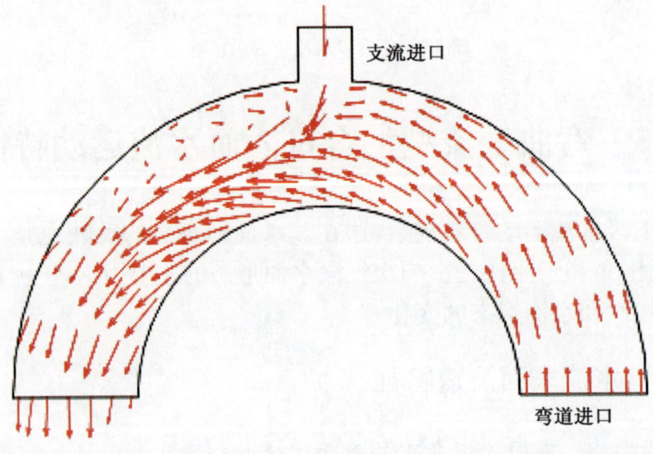

图 3-12　90°入汇角时汇流比 $R=0.3$ 的汇合口表面流速矢量水平投影图

由图 3-10～图 3-12 可知，在弯道进口处，表面流速在靠近凸岸侧有加速的趋势，在凹岸附近流速有减小的趋势。干流的横向流动方向从凸岸流向凹岸。在 30°入汇角的情形时，干支流衔接较为平顺，表面流速矢量方向比较规则，在汇流区域下游基本不存在漩涡分离区。在 60°、90°入汇角的情形时，汇流区域的相互顶托作用加强，表面流速矢量变化加大，在汇流区域下游产生明显的漩涡分离区，分离区的大小随入汇角的增加而增大。受分离区的影响，汇流区下游弯道的有效过水断面减小，在此附近凸岸表面流速增大。在弯道的后半段，表面流速重新调整，并随着入汇角的增大，最大流速的位置由凹岸侧逐渐向弯道中部转移。

2)定入汇角($\alpha=90°$)、不同汇流比下的表面流速特征

90°入汇角下的汇合口区域水流表面流速矢量分布如图 3-13～图 3-16 所示。

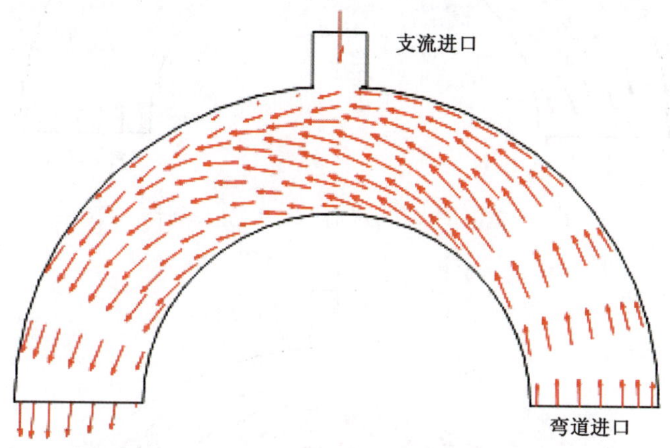

图 3-13　汇流比 $R=0.03$ 的汇合口表面流速矢量水平投影图

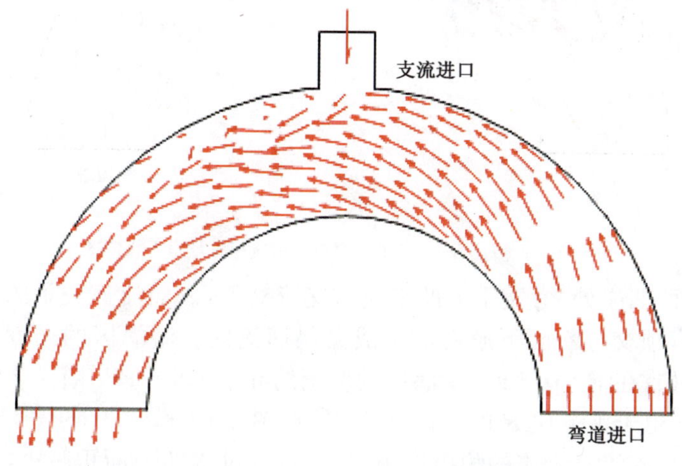

图 3-14　汇流比 $R=0.1$ 的汇合口表面流速矢量水平投影图

由图 3-13～图 3-16 分析可知，干支流在 180°弯道的弯顶处正交、汇流比较小的情形，在弯道进口段，靠近凸岸侧的表面流速大于凹岸一侧的流速，在水流进入弯道后，至汇流区上游，凸岸侧的表面流速不断加快，而靠近凹岸一侧的表面流速初始逐渐增大，在接近汇流区上游，流速又有略减。在汇流区下游，而凸岸表面流速则相应减弱。从流速矢量的方向看，表面水流有

离开凸岸流向凹岸的趋势。当汇流比 R 较小时(参见图 3-13 和图 3-14),在弯顶断面附近,凸岸处表面流速开始迅速减弱,而凹岸侧最大流速位置并未靠近边壁,而是略向河心偏离,在汇合口下游凹岸侧出现分离区;在其下,最大流速位置有向凹岸偏转的趋势。

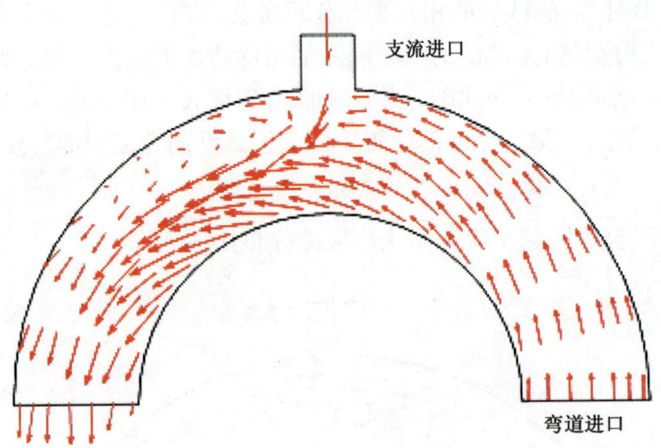

图 3-15　汇流比 $R=0.3$ 的汇合口表面流速矢量水平投影图

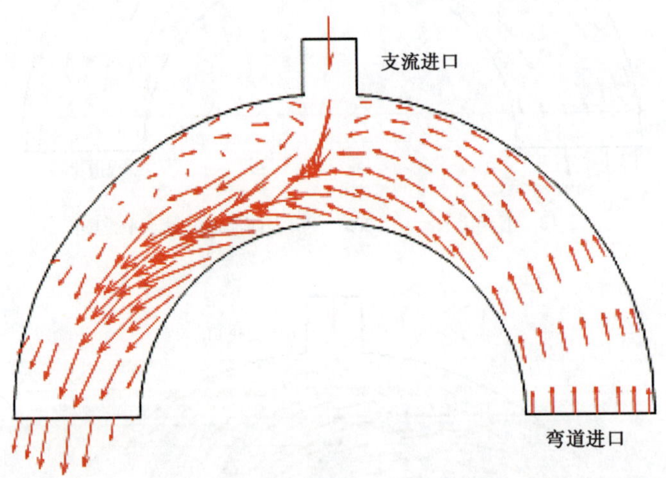

图 3-16　汇流比 $R=0.6$ 的汇合口表面流速矢量水平投影图

在 90°弯顶断面凹岸处,弯道干流的来流与支流交汇,表面流速矢量的大小和方向均急剧改变,并在 90°弯顶交汇断面下游右侧形成漩涡回流区。漩涡区的尺度大小随汇流比 R 的增加而增大,例如,在 $R=0.6$ 时,漩涡区的范围约介于 90°～135°断面之间,可达到约 45°的圆心夹角范围。由于汇流比 R 的逐渐增大(参见图 3-15 和图 3-16),靠近汇合口下游分离区范围不断增大,支流对干流的积压作用增强,有效过水断面面积减小,凸岸附近表面流体不断加速的过程可以一直发展到汇流区下游,约到 150°圆心角断面处才开始减速。在漩涡区下游一直到弯道出口断面,表面流速重新调整,逐渐形成主流向河心靠近的对称分布状态。

由上述试验可以看出,干支流汇合口处是否会产生水流分离现象以及水流分离区范围的大小,与干支流入汇角度和汇流比的大小密切相关。当汇流比、入汇角较小时,支流与干流水流衔接较为平顺，在汇合口下游基本不产生水流分离现象。当汇流比、入汇角逐渐增大时，在干流中汇合口下游的近凹岸一侧逐渐会产生水流分离现象，且分离区的范围随着分流比和入汇角的增大而加大。

3.5.2 汇合口水面线特征

1）定汇流比（R=0.3）、不同入汇角下的水面线特征

图 3-17～图 3-19 是汇流比 R=0.3 时，不同入汇角下的水面等高线。

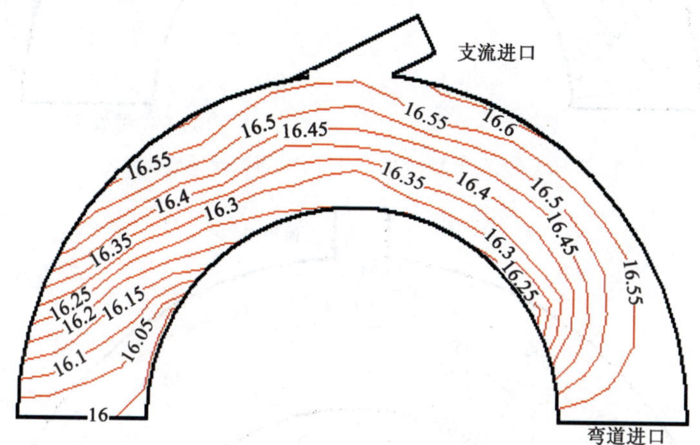

图 3-17 入汇角为 30°的汇合口水面等高线（R=0.3）

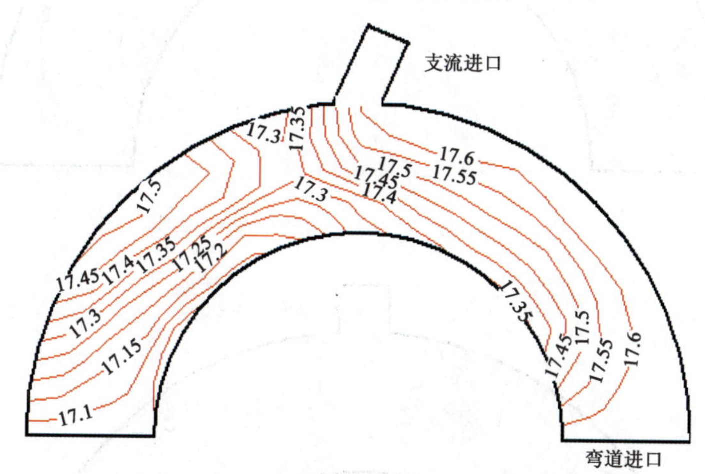

图 3-18 入汇角为 60°的汇合口水面等高线（R=0.3）

由图 3-16～图 3-19 可见，入汇角的变化引起汇流区水面形态急剧变化，30°入汇角时呈凸岸低凹岸高的状态，到 90°入汇角时，在弯道前半部分凸岸和凹岸几乎水平、支流入汇处沿流向水面急剧跌落，并在大约 150°圆心角断面凸岸附近水面形成最低点。然后水面高程逐渐回升，这种趋势一直延续到弯道出口，并逐渐恢复成凸岸低凹岸高的形态，但两岸水位差减小，水面有向水平调整的趋势（见图 3-19）。

2）定入汇角（α=90°）、不同汇流比下的水面线特征

90°入汇角、不同汇流比下的水面等高线如图 3-20～图 3-23 所示。

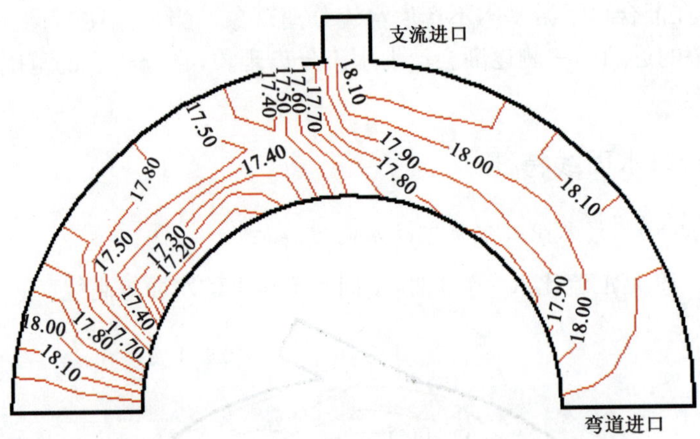

图 3-19　入汇角为 90°的汇合口水面等高线(R=0.3)

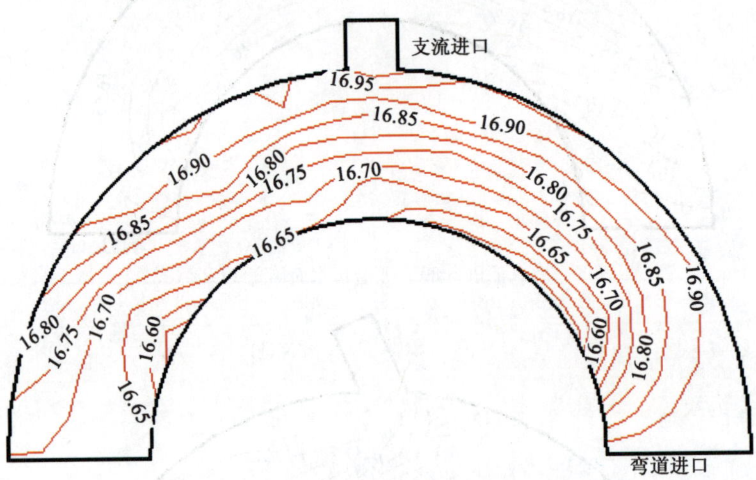

图 3-20　汇流比 R=0.03 的汇合口水面等高线

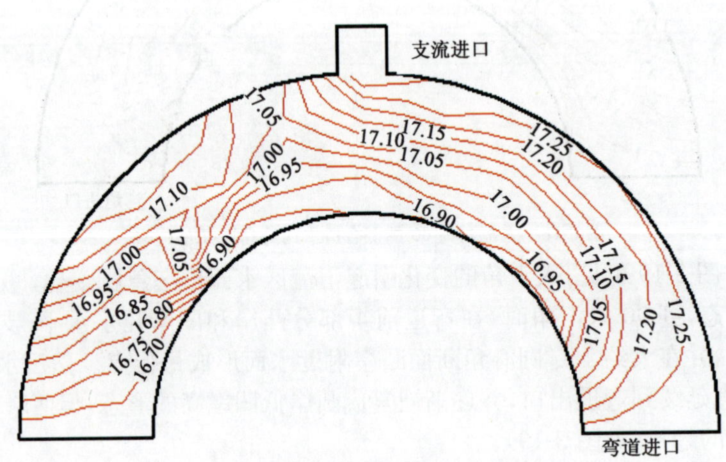

图 3-21　汇流比 R=0.1 的汇合口水面等高线

由等高线图 3-20～图 3-23 可知，弯道汇合口区域的水面几何形态是十分复杂的三维扭曲面。汇流比的变化对该曲面几何形态的影响较大。在汇流比较小时，支流汇入对干流水流影响较弱，干流弯道水流运动特征表现的较为明显，水面线沿横向呈曲线变化，凹岸一侧的水位恒高于凸岸一侧水位，形成横比降，凹岸水位最高点出现在弯顶汇合口处，向上游水面较为平缓，向下游逐渐降低；在弯道凸岸一侧，上半段水面高程急剧下降，过弯顶后，水面高程下降速度趋缓。整个弯道凹岸一侧水面线呈上凸形式，凸岸一侧呈下凹形式(图 3-20)。而当汇流比 R 增大时，在弯道前半段，即汇合口以上，因支流入汇顶托作用增强，水面高程增加，凸岸和凹岸水面高差减小，水面纵横向坡度减小(图 3-23)。在弯道后半段，总体来看，沿纵向水面高程均呈降低之势，水面横比降相应减小，但由于汇流比相对较大时，汇合口下游凹岸出现回流区(分离区)和支流对干流的挤压作用，在凹岸水流分离区水位略有下降，大约过分离区后水位升高，然后逐渐下降，在凸岸一侧，水位出现先急剧下降，然后再升高的现象。在弯道出口段，凹凸岸水面高程出现逐渐调平的趋势。

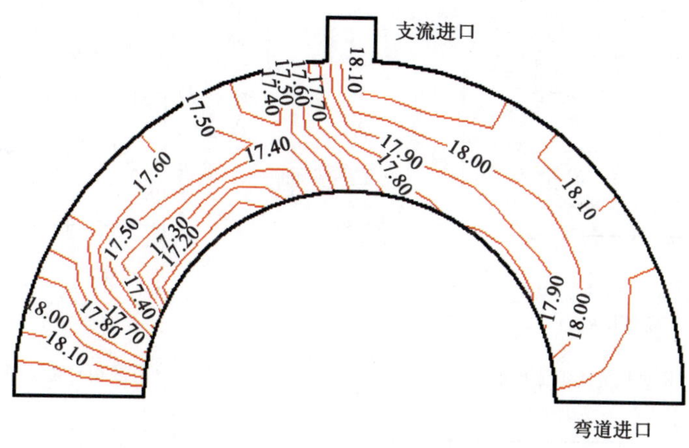

图 3-22　汇流比 $R=0.3$ 的汇合口水面等高线

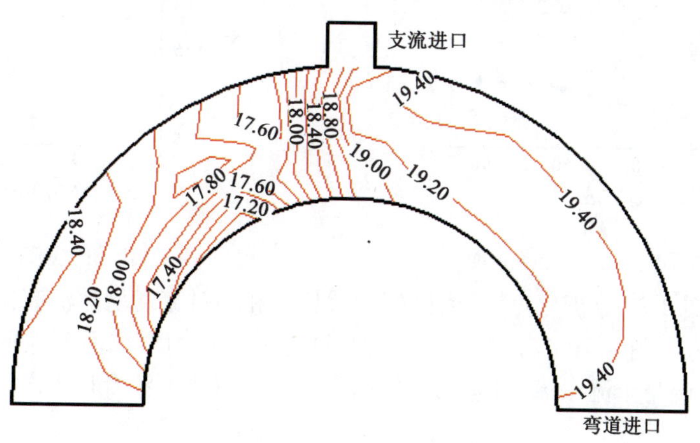

图 3-23　汇流比 $R=0.6$ 的汇合口水面等高线

这种水面纵横比降的变化，使得在汇流比较小时，在汇合口上游干流进口靠近凸岸一侧和在汇合口下游分离区以下干流凹岸一侧，均会出现水流加速区，河床产生冲刷；在汇流比较大时，在汇合口上游干流断面流速减缓、调匀，而在汇合口下游分离区以下，干流凸岸一侧出现水流加速区，河床产生冲刷，使弯道出口断面流速分布变得较为均匀。

3.5.3 汇流比和入汇角对汇合口下游分离区范围的影响

根据上述表面流速矢量的测量结果，对不同汇流比和入汇角的各组流动工况下汇合口下游分离区的大小进行定量计算。设分离区的相对长度 L_r 和相对宽度 b_r 分别为

$$L_r = \frac{l}{B}, b_r = \frac{b}{B}$$

式中：l——分离区在圆周方向的绝对尺度（长度）；

b——分离区在半径方向的绝对尺度（宽度）；

B——弯道水面宽度。

将结果整理成相对长度 L_r 和相对宽度 b_r 与汇流比和入汇角的关系，如图 3-24～图 3-27 所示。

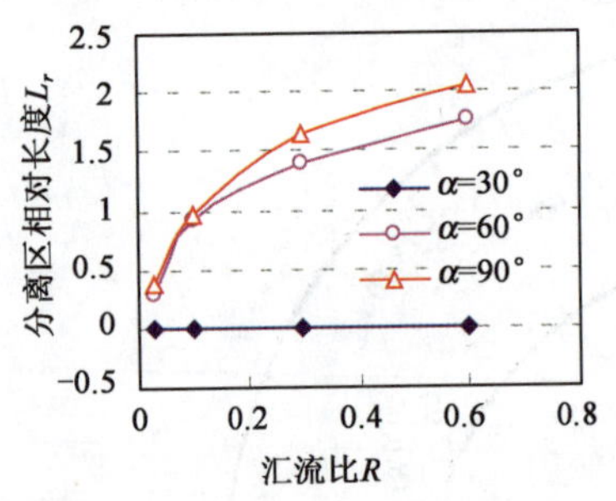

图 3-24 分离区相对长度随汇流比的变化

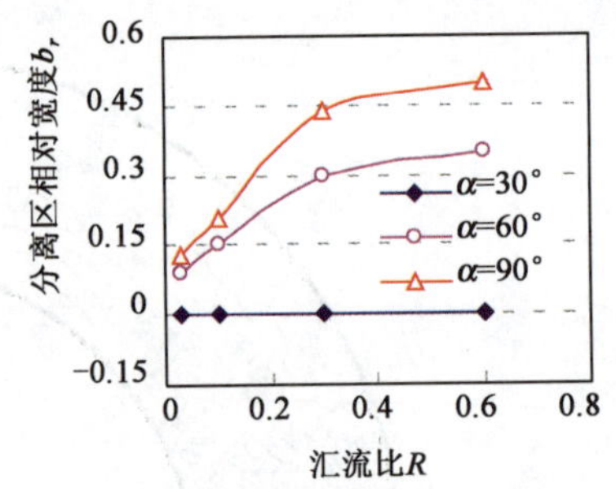

图 3-25 分离区相对宽度随汇流比的变化

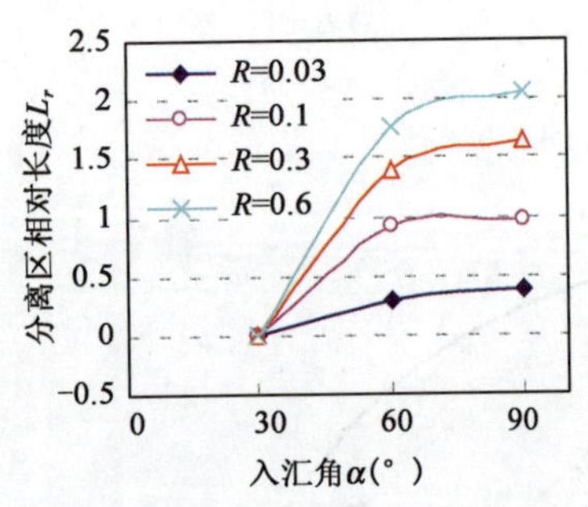

图 3-26 分离区相对长度随入汇角的变化

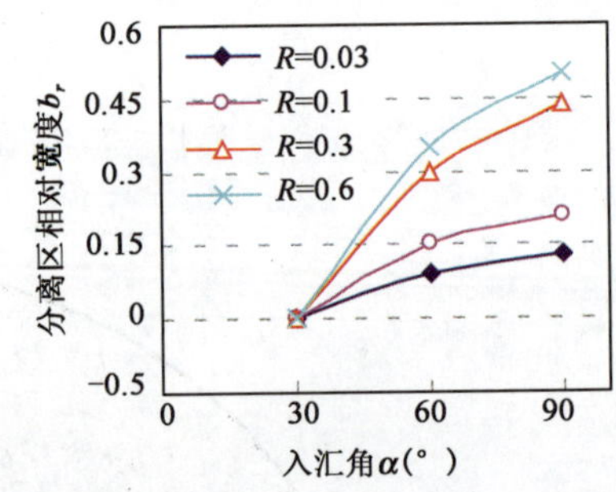

图 3-27 分离区相对宽度随入汇角的变化

从图 3-24～图 3-27 分析可见，分离区的相对长度和相对宽度均随汇流比 R 和入汇角 α 的增加而增大。当入汇角 $\alpha>60°$后，分离区相对长度随入汇角的增加而变大的趋势变缓。在入汇角 $\alpha\leqslant30°$时，支流与干流水流衔接较为平顺，在试验汇流比下汇合口下游凹岸侧均不存在明显的流动分离区。

3.5.4 弯道干支流交汇河段的水面横向比降

定义水面横向比降 J_r 为沿半径方向单位尺度水面高程的增量，即

$$J_r = \frac{\mathrm{d}z}{\mathrm{d}r}$$

则根据此定义，横向比降为正时，表明沿半径增加方向水面升高，反之，表明沿半径增加方向水面降低。

1)定汇流比(R=0.6)、不同入汇角下的水面横比降

图 3-28～图 3-30 为定汇流比下，不同典型弯道断面的水面横比降图。

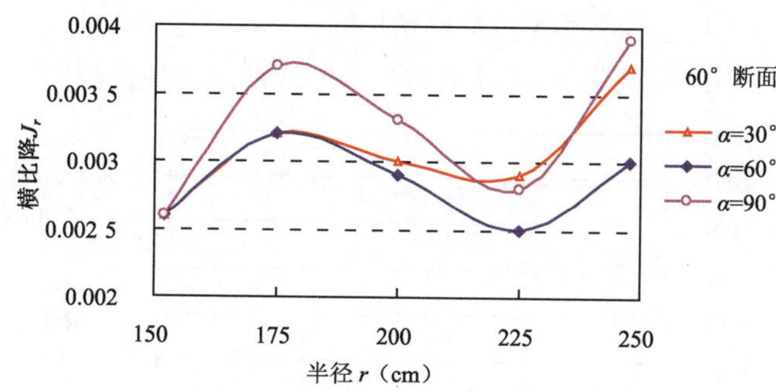

图 3-28　60°断面上不同入汇角的水面横比降

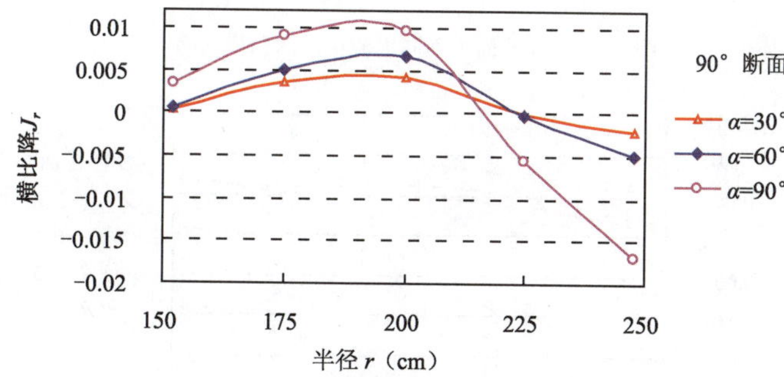

图 3-29　90°断面上不同入汇角的水面横比降

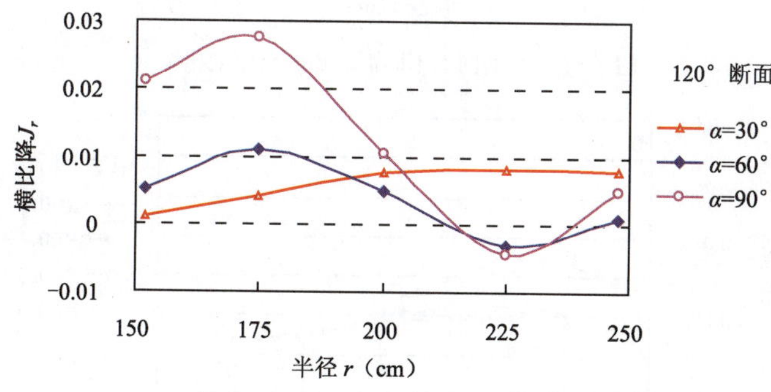

图 3-30　120°断面上不同入汇角的水面横比降

由图 3-28～图 3-30 可知，入汇角的变化对各典型弯道断面水面横比降产生一定的影响，且横比降变化沿着汇流区上游、汇流区、汇流区下游的顺序逐渐增强。在弯道凸岸侧，水面横比降随着入汇角的增加而增大，在弯道的凹岸侧，横比降随入汇角的增加而减小。

在60°断面，受支流对干流的顶托作用和弯道水流自身特性，断面的横比降为凹岸高、凸岸底。在90°断面，干流在支流的直接顶托作用下，干流中部偏凹岸侧局部水面壅高，因此，在凸岸侧至干流中部偏右区域横比降为正值，在干支流交汇区域为负值。在120°断面，由于入汇角在60°和90°时凹岸侧产生回流区，回流区内水面呈中心低四周高的形态，因此，横比降在凹岸靠近深泓附近区域出现负值，其余区域为正值，同时由于30°入汇角没有产生明显的回流区，水面横比降在凹岸侧基本保持不变。

2)定入汇角(α=90°)、不同汇流比的水面横比降

图3-31～图3-33为定入汇角下，不同典型弯道断面的水面横比降图。

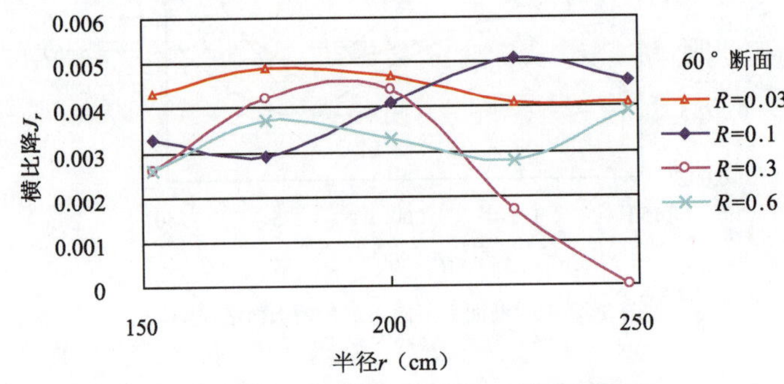

图3-31　60°断面上不同汇流比的水面横比降

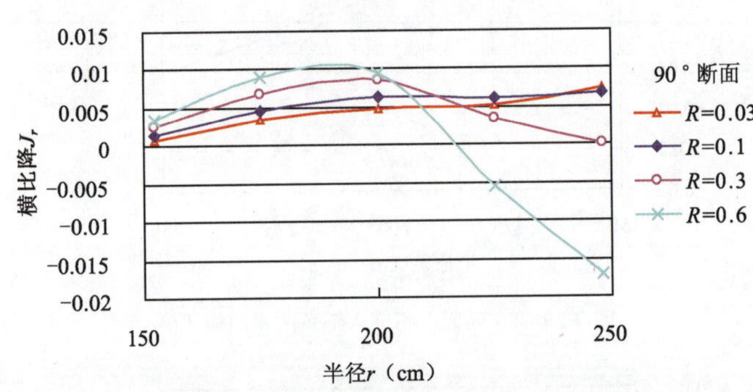

图3-32　90°断面上不同汇流比的水面横比降

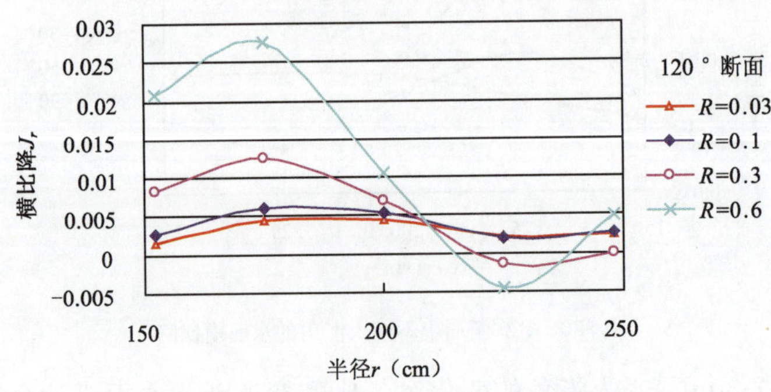

图3-33　120°断面上不同汇流比的水面横比降

由图3-31～图3-33可知，在90°入汇角下，不同弯道断面上水面横比降的特点是，小汇流

比($R\leqslant 0.1$)时，横比降值均大于零，说明在各弯道断面上水面均呈凸岸低、凹岸高的形态，横比降值沿径向变化不同，表明水面是凸凹不平的扭曲面。当汇流比大($R\geqslant 0.3$)时，在弯道前半段(90°圆心角断面之前)，横比降值仍然大于零，说明在弯道前半段，水面亦是凸岸低、凹岸高的状态。当水流进入弯道后半段，即在120°圆心角断面之间的凹岸侧区域，横比降出现负值，说明沿半径增大方向，此区域的水面从凸岸开始先是升高，在经过弯道中心线后达到最高点，之后则是逐渐下降。可见在此区域水面形态是中间高两边低的形态，类似山脊或者驼峰的形状。

汇流比 R 的变化对断面横比降的影响主要是改变了横比降的大小，汇流比增加，断面横比降绝对值增大。在凸岸侧，横比降随汇流比 R 增加而增大；在凹岸侧，横比降随汇流比 R 增加而减小。

3.5.5 弯道干支流交汇河段水面纵向比降的沿程变化

定义水面纵向比降 J 为：沿流动方向单位流程长度的水面高程降低量，即

$$J=-\frac{\mathrm{d}z}{\mathrm{d}l}$$

根据此定义，纵向比降为正时，表明沿流动方向水面降低，反之相反。

1)定汇流比($R=0.6$)、不同入汇角下的水面纵比降

为研究定汇流比、不同入汇角下的水面纵比降的变化特性，分别选取弯道凸岸、弯道中心、弯道凹岸3个典型弯道纵剖面进行分析。图3-34～图3-36是各典型纵剖面的水面纵比降变化图。

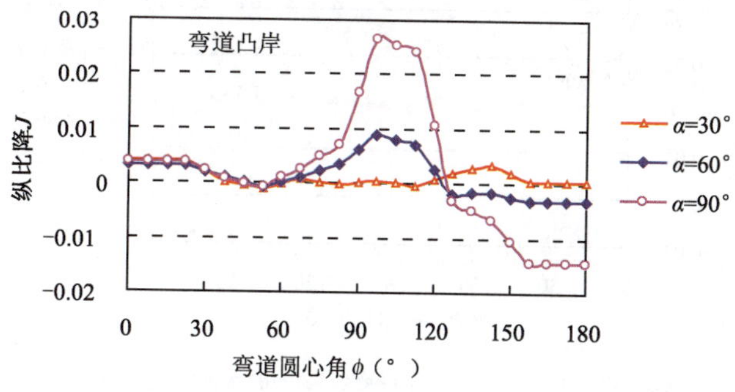

图3-34 不同入汇角的水面纵比降(凸岸)

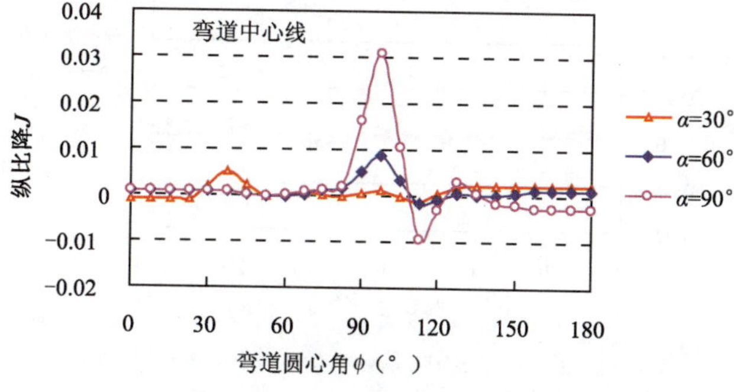

图3-35 不同入汇角的水面纵比降(弯道中心线)

由图 3-34～图 3-36 可知，在汇合口上游弯道前半段，入汇角 α 变化对水面纵比降的影响不大。在汇流区域(90°圆心角断面附近)，入汇角 α 增加，水面纵比降增大。可见入汇角 α 增加使得该处水面降低程度加大。在弯道 120°圆心角断面以后下游区域，水面纵比降值随入汇角 α 增加而减小。在凸岸和中心线上(图 3-34 和图 3-35)，水面纵比降值小于零，水面高程沿程上升直到弯道出口；在凹岸边(图 3-36)水面纵比降值大于零，水面高程沿程下降。

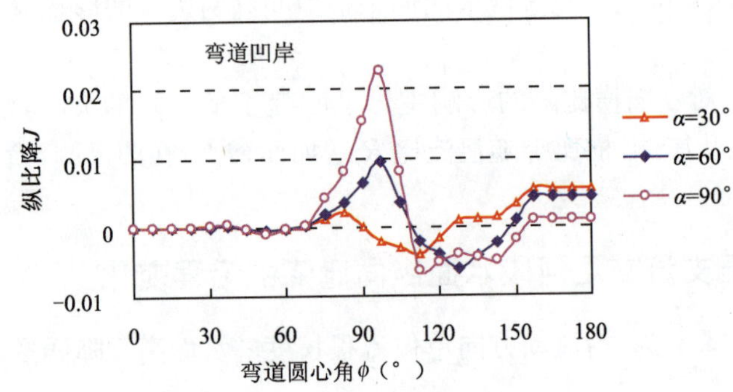

图 3-36 不同入汇角的水面纵比降(凹岸)

2)定入汇角(α=90°)、不同汇流比的水面纵比降

图 3-37～图 3-39 是 90°入汇角下，在各典型纵剖面内不同汇流比的水面纵比降变化图。

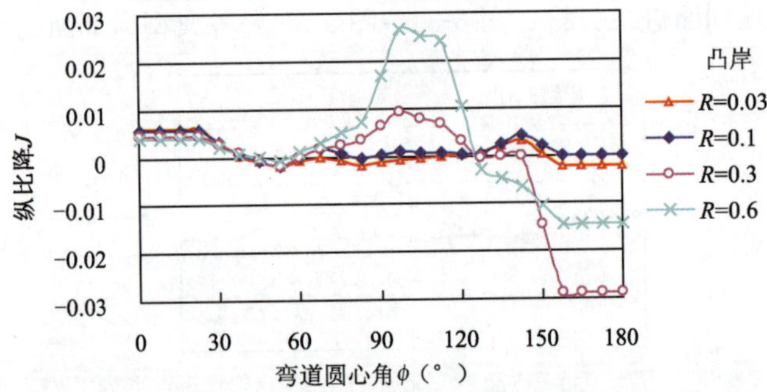

图 3-37 汇合口弯道凸岸(r=1.52m)的水面纵比降变化

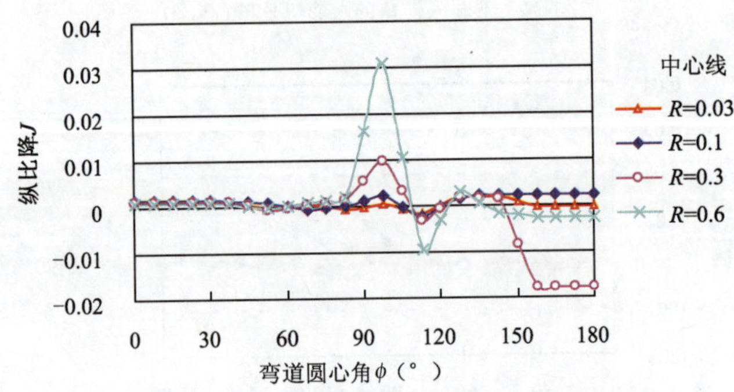

图 3-38 汇合口弯道中心线(r=2.0m)的水面纵比降变化

水面纵比降的最大值出现在汇合口所在的 90°圆心角断面附近下游区域，在此处水面纵

比降值急剧震荡，先在大约90°圆心角汇流断面处达到最大，然后急剧减小为负值。这说明在汇合口及其上游弯道区域水面都是下降的顺坡，在弯道下游（如120°断面附近），受回流区的影响，水面升高出现逆坡现象。

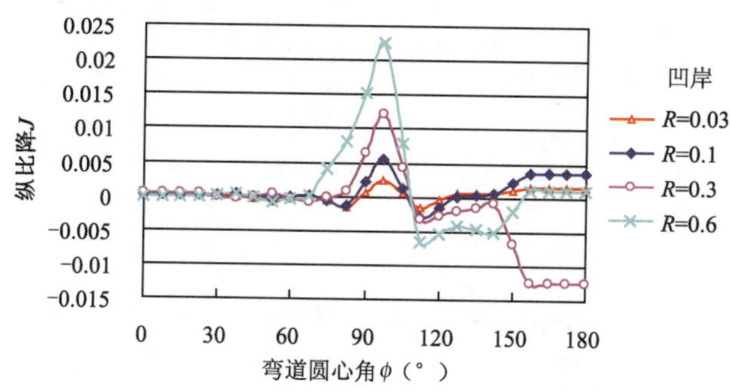

图3-39 汇合口弯道凹岸（$r=2.48$m）的水面纵比降变化

汇流比R的增加使得汇合口上游弯道前半段正的水面纵比降（顺坡）减小，水面趋于平坦。在汇合口区域，汇流比R的增加使得水面纵比降值突然变大，在大约90°圆心角汇流断面处达到最大，可见在这里汇流比R较大时存在明显的漩涡或跌水现象。在之后的汇合口下游弯道后半段，随汇流比R的增加，水面纵比降先稍微增加，然后迅速减小。当汇流比R增大到0.6的试验最大值时，水面纵比降反而再次增加。

3.6 弯道干支流交汇区水流垂线流速分布及紊动特性

3.6.1 交汇区水流速度的垂线分布

1）定汇流比（$R=0.6$）、不同入汇角下的垂线流速分布

定汇流比下，90°圆心角断面不同入汇角时垂线纵向和径向流速分布见图3-40和图3-41。

由图3-40可知，由于随着入汇角的增大，干流受支流的顶托作用范围增大，使得凹岸侧的径向流速增大，且流速均为负值。由于支流对干流的顶托作用沿凹岸向凸岸逐渐减弱，在断面中心，径向流速大小有减小趋势，且沿水深方向径向流速的大小逐渐增大，在30°入汇角时，弯道环流的作用增强，在水面附近的流向为凸岸指向凹岸，流速出现正值。在凸岸侧，受弯道环流的影响，水面附近流速为正值，水槽底部附近流速为负值。

由图3-41可知，由于随着入汇角的增大凹岸侧的径向流速逐渐增大，因此，凹岸侧纵向流速随入汇角的增大而逐渐减小，且均为正值。在断面中心，随着入汇角的增加，支流对干流的顶托作用范围减小，使得纵向流速在30°入汇角时迅速减小，60°入汇角时有所减小，而90°入汇角时有所增大。在凸岸侧，受支流对干流的顶托作用的强弱影响，纵向流速随着入汇角的增加而增大。

2）定入汇角（$\alpha=90°$）、不同汇流比的垂线流速分布

定入汇角下，90°圆心角断面不同汇流比时垂线径向和纵向流速分布见图3-42和图3-43。

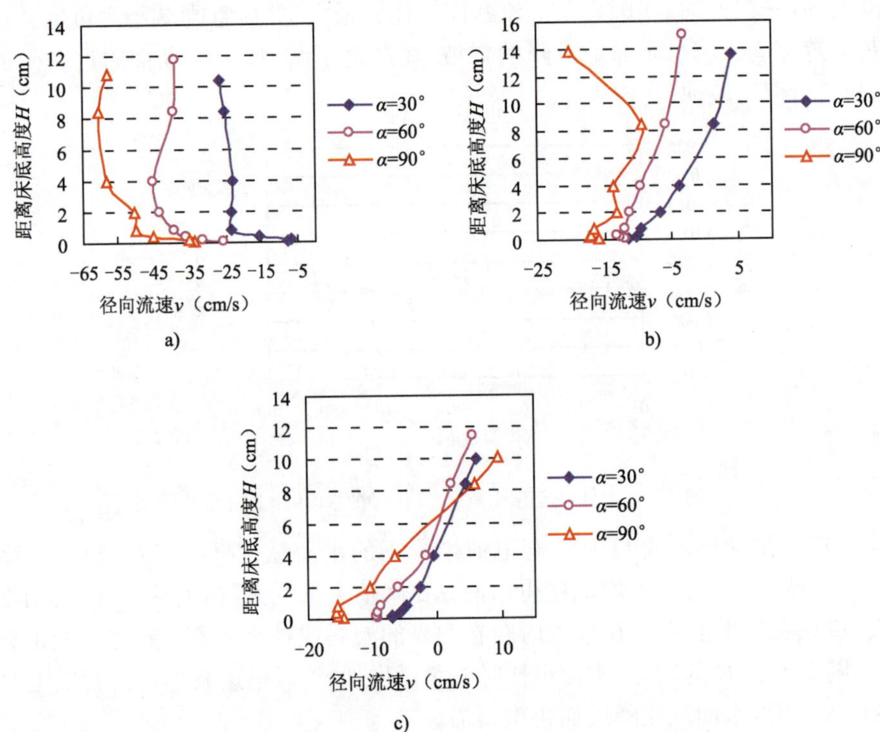

图 3-40　90°圆心角断面上不同入汇角下的各垂线径向流速分布($R=0.6$)

a)凹岸侧($r=245$cm)；b)断面中心($r=205$cm)；c)凸岸侧($r=155$cm)

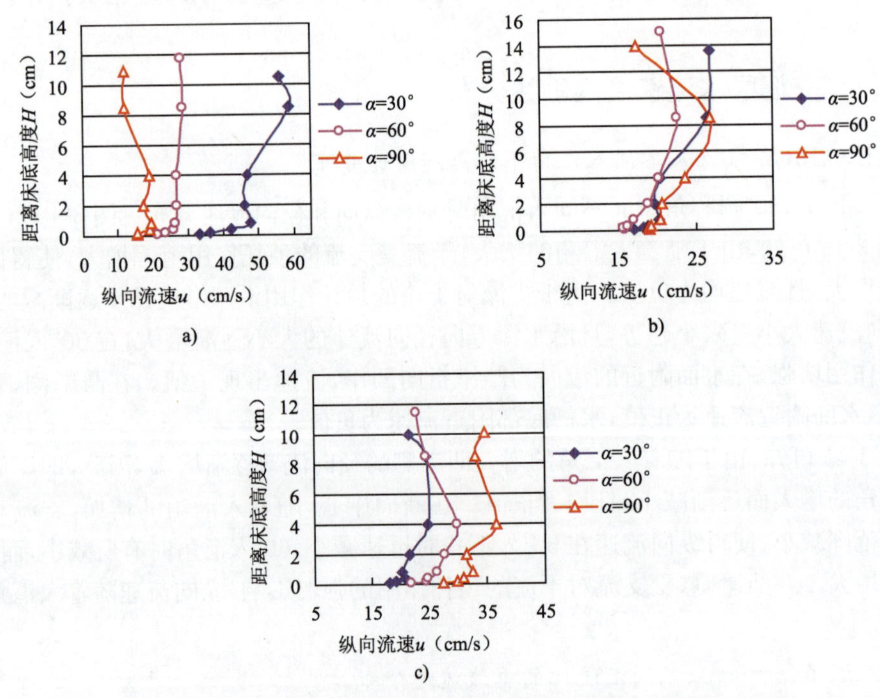

图 3-41　90°圆心角断面上不同入汇角下的各垂线纵向流速分布($R=0.6$)

a)凹岸侧($r=245$cm)；b)断面中心($r=205$cm)；c)凸岸侧($r=155$cm)

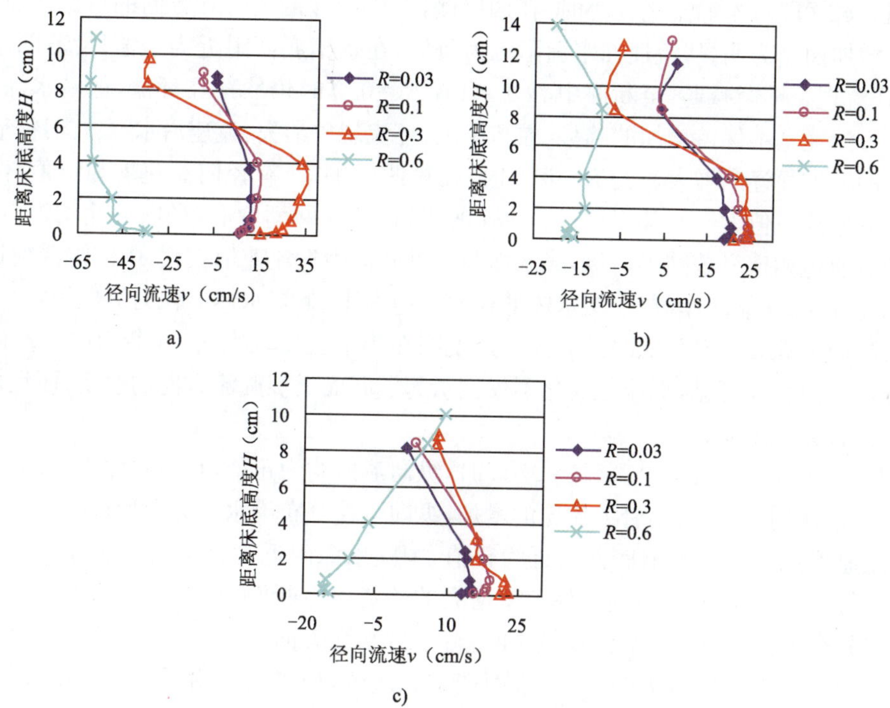

图 3-42　90°圆心角断面上不同汇流比时各垂线径向流速分布

a)凹岸侧(r=245cm)；b)断面中心(r=205cm)；c)凸岸侧(r=155cm)

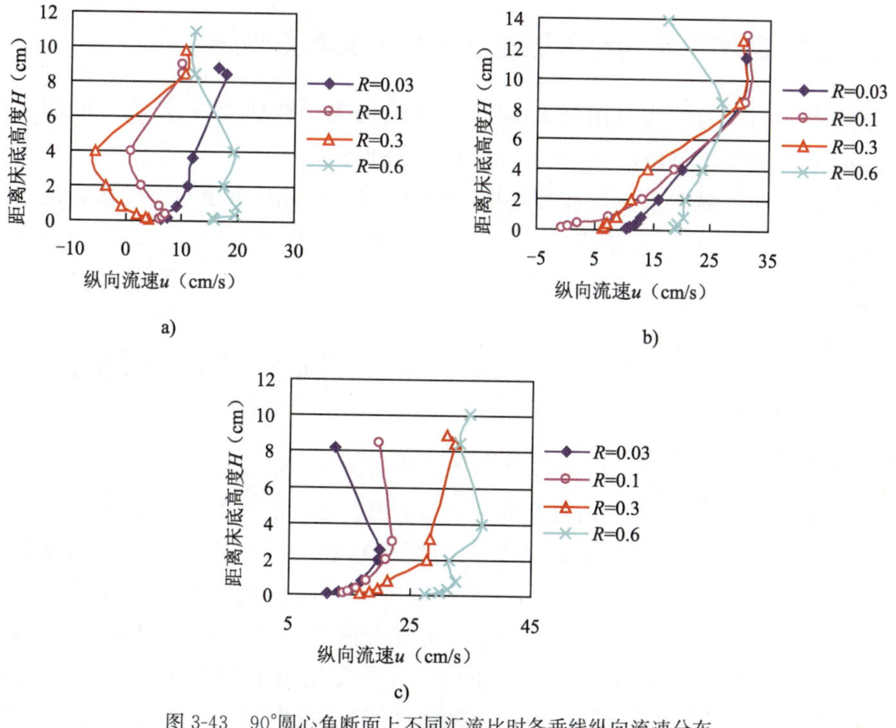

图 3-43　90°圆心角断面上不同汇流比时各垂线纵向流速分布

a)凹岸侧(r=245cm)；b)断面中心(r=205cm)；c)凸岸侧(r=155cm)

由图 3-42 可知，当汇流比较小时，在凹岸侧，产生明显的逆时针方向的弯道环流，并随着汇流比的增加而越为明显，流速在水面附近为负值，在水槽底面附近为正值；沿着凹岸至凸岸的方向，环流现象逐渐减弱，至断面中心处，只有 $R=0.3$ 时仍然存在环流，但沿水深方向(除水面附近)，流速基本保持增加的趋势；在凸岸侧，环流现象消失，流速沿水深方向逐渐增加，且随汇流比的增加而逐渐增大。当 $R=0.6$ 时，在靠凹岸侧，所有径向流速均为负值，但上层水体的径向流速绝对值大于底部水体径向流速的绝对值；在断面中心，径向流速均为负值，但与凹岸侧的流速值相比显著减小，且形成水面和水槽底面附近流速值较大，中间水深附近流速值最小的流速分布；在靠凸岸侧，上层水体的径向流速为正，下层水体的径向流速为负，表明靠凸岸侧汇流断面上螺旋流又为顺时针方向。这说明在当汇流比较大时，在断面中心左侧形成顺时针的环流。由此亦可见，汇流比变化不仅也引起了断面上螺旋流方向的改变，而且螺旋流在断面上的位置亦发生变化。

由图 3-43 可知，在凹岸侧，当 $R=0.03$ 时，纵向流速均为正值，且沿水深方向逐渐减小，在水槽底面附近达到最小值；随着汇流比的增加，纵向流速分布沿水深方向形成拐点，至 $R=0.3$ 时，纵向流速形成水面和水槽底面附近为正值，中间水深附近为负值的流速分布；当 $R=0.6$ 时，流速均为正值，且沿水深方向总体上有增大的趋势。在断面中心，流速分布受汇流的影响减小，流速分布重新调整。当汇流比较小时，流速沿水深方向逐渐减小，且随汇流比增大流速分布变化较小；当汇流比较大时，由于水面产生二次流，使得水面附近流速减小，形成了中间大、水面及水槽底面附近小的流速分布。在凸岸侧，流速均为正值，在各水深平面上，流速随汇流比的增大而增大。

3.6.2 交汇区水深平均纵向流速分布和水流动力轴线

河道中的水流的动力轴线可用最大单宽动量线、最大单宽动能线、沿程各断面纵向最大垂线平均流速或最大单宽流量值所在处的平顺连线三种形式来表达，三者在河道中的位置相近而不一定重合。此处以纵向水流沿流程各断面最大垂线平均流速处的连线来表达水流动力轴线。在弯道河段中，一般在弯道进口段，水流动力轴线偏靠凸岸一侧，进入弯道后，逐渐向凹岸转移，至弯道中段，或至弯顶稍上部位，水流动力轴线才偏靠凹岸。弯道水流动力轴线具有大水趋直，小水坐弯的倾向。

在试验弯道河段有支流从弯顶汇入的情况下，根据测量的各断面垂线纵向平均流速平面分布得到水流动力轴线。

1)不同入汇角的纵向垂线平均流速分布及水流动力轴线

定汇流比($R=0.03$)、变化入汇角时的水深平均纵向流速分布及水流动力轴线如图 3-44 所示。

从各断面速度纵向流速分布可知，入汇角的变化对断面纵向垂线平均流速分布和水流动力轴线的影响较大。入汇角在 30°情况下，支流对弯道干流流速分布和水流动力轴线变化的影响较小，但当干支流入汇角增大至 60°后，支流对干流水流流态的影响明显增大，在弯顶附近，当水流动力轴线正要从凸岸向凹岸过渡的时候，受支流出水的顶托，水流动力轴线又被压缩至凸岸一侧，待过了汇合口以后，水流动力轴线才迅速向凹岸转移，但并不贴近凹岸，在汇合口下游一段距离内，水流动力轴线又折向弯道中心线附近，流态紊乱，位置不稳，然后，水流动力轴线又逐渐向凹岸移动。当干支流入汇角进一步增大至 90°后，水流动力轴线沿程变化更加剧烈，甚至于在汇合口以下，在靠近凸岸附近流速分布出现双峰现象，因而水流动力轴线也呈现双支现象。

2)定入汇角($\alpha=90°$)、不同汇流比的纵向流速分布及水流动力轴线

定入汇角($\alpha=90°$)、变化汇流比时的水深平均纵向流速分布及水流动力轴线如图 3-45 所示。

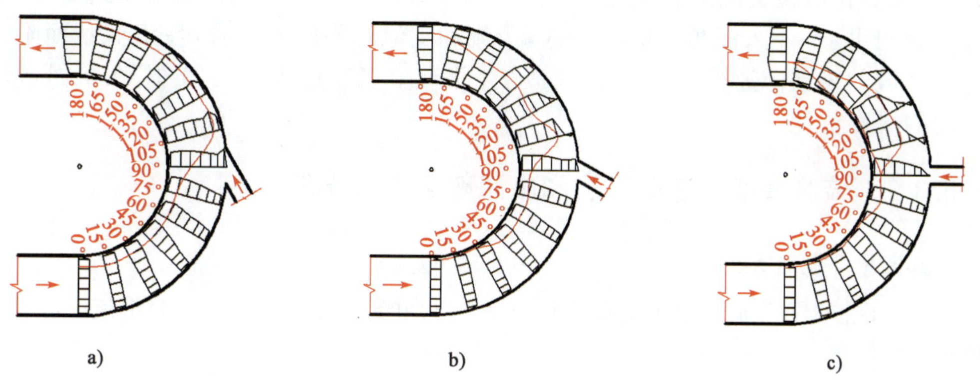

图 3-44 不同入汇角下的水流动力轴线图

a)入汇角 $\alpha=30°$;b)入汇角 $\alpha=60°$;c)入汇角 $\alpha=90°$

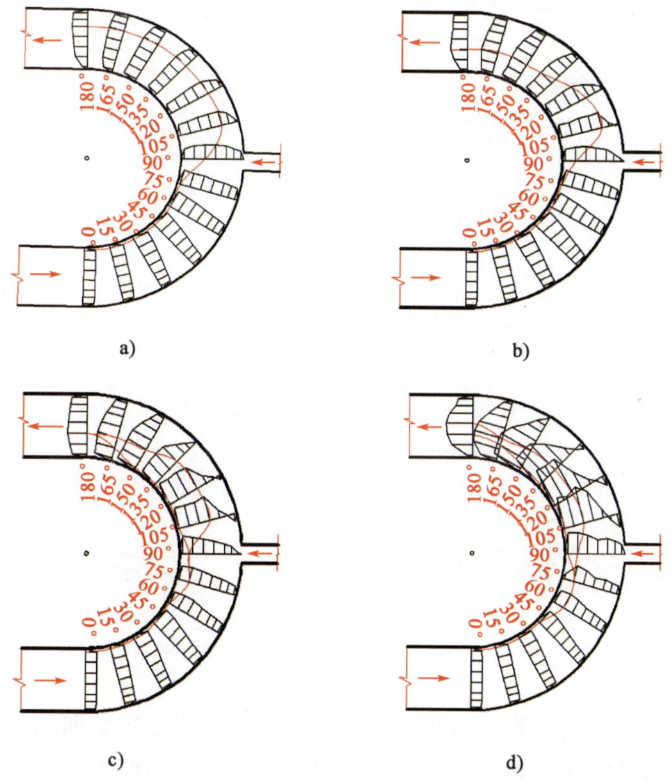

图 3-45 90°入汇角不同汇流比 R 时的水流动力轴线图

a)汇流比 $R=0.03$;b)汇流比 $R=0.1$;c)汇流比 $R=0.3$;d)汇流比 $R=0.6$

由图 3-45 可知，在弯道 45°圆心角断面之前，水流动力轴线仍然是贴近凸岸，之后由于汇流的顶托或阻流作用，在 45°圆心角断面至 90°圆心角断面的范围内，水流动力轴线离开凸岸并处于弯道中心线与凸岸之间。在此后的弯道下游区域，在汇流比较小时，水流动力轴线有向凹岸过渡的趋势，但随着汇流比的增大和汇合口下游水流分离区的增大，水流动力轴线又有趋向凸岸之势，并且，当汇流比进一步增大时，水流动力轴线分叉成两条，分叉点在弯顶交汇断面附近。其中一条轴线靠近凸岸，另一条轴线靠近弯道中心线。这表明由于 90°入汇角支流的汇入，干流和支流剧烈碰撞混合，使汇流断面附近及弯道下游区域的纵向流速分布发生极大改变，并产生双峰值现象。另外，在漩涡区域存在反方向的纵向流速。

3.6.3 汇流区底部流速矢量图和床面剪切应力分布

1)汇流区底部流速矢量图

图 3-46 和图 3-47 分别示出了定汇流比(R=0.1)和定入汇角(α=60°)时汇流区底部的速度矢量水平投影图。

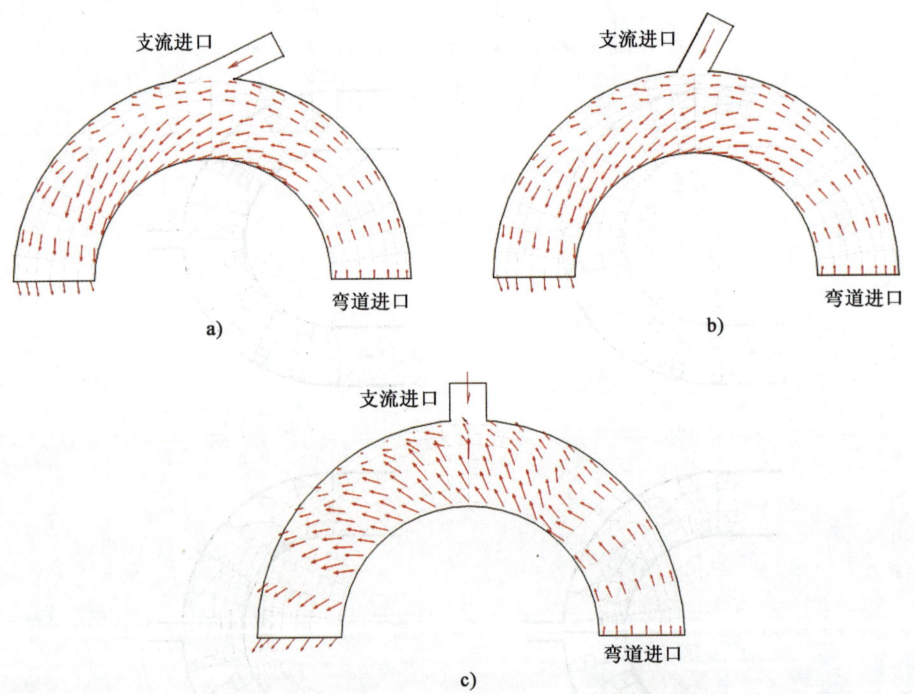

图 3-46 定汇流比(汇流比 R=0.1)时汇合口底面流速矢量图

a)α=30°；b)α=60°；c)α=90°

由图 3-46 和图 3-47 可见，在汇流比 R=0.1 时，对 45°圆心角断面以前的弯道区域而言，入汇角的变化对其底部流速没有实质性的影响；在其他区域，入汇角从 30°变到 60°时，除汇合口附近下游凹岸侧局部区域外，大部分速度矢量均稍微指向凸岸侧。当入汇角从 60°变到 90°时，底部流速矢量的方向明显改变，由原来的稍微偏向凸岸侧变化为明显指向凹岸侧，且幅值也有增大的趋势。在60°入汇角情形，汇流比的增大使得汇合口附近及下游弯道区域底部流速的幅值增大，除在支流汇入点局部位置附近及其下游凹岸侧局部区域外，底部速度的方向没有明显变化，均为稍微指向凸岸侧。

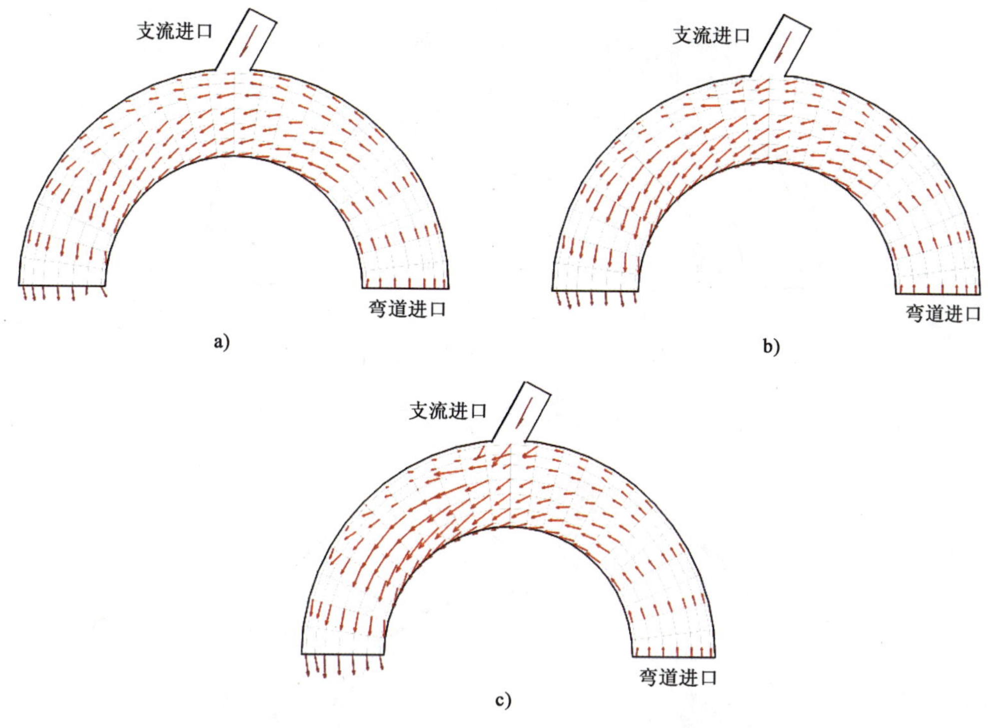

图 3-47　定入汇角（$\alpha=60°$）时的汇合口底面流速矢量图

a)$R=0.03$；b)$R=0.3$；c)$R=0.6$

2）汇流区床面剪切应力分布

图 3-48 和图 3-49 分别示出了定汇流比（$R=0.1$）和定入汇角（$\alpha=60°$）时汇流区底面剪切应力分布图。

由图 3-48 和图 3-49 可见，弯道干支流汇合口区域底部剪切应力分布的特性为，弯道前半段的切应力普遍小于弯道后半段的切应力；在弯道前半段，凸岸侧的切应力大于凹岸侧的切应力；在弯道后半段，凹岸侧的切应力大于凸岸侧的切应力；在汇合口区域底部最大剪切应力位于汇合口附近下游的凹岸侧，即位于漩涡分离区中。在汇流比 $R=0.1$ 时，最大剪切力位置随入汇角的增大略向上游移动，且数值相对减小，在汇合口附近弯道凸岸一侧，床面切应力随支流入汇角的增大而增大，但汇合口附近下游凹岸侧的最大切应力却是出现在入汇角为30°的情形。在定入汇角的情况下，最大剪切力位置虽仍出现在汇合口下游靠近凹岸一侧，但随着汇流比的增大而产生下移、并略向凹岸侧移动。由于干支流水流剧烈掺混和耗能作用，床面最大切应力随着汇流比的增大而略有减小，但当汇流比超过一定数值后，最大切应力又出现增大现象，其原因可能是由于床面剪切力的大小不仅与汇流比有关，还应与河床几何形态有关。

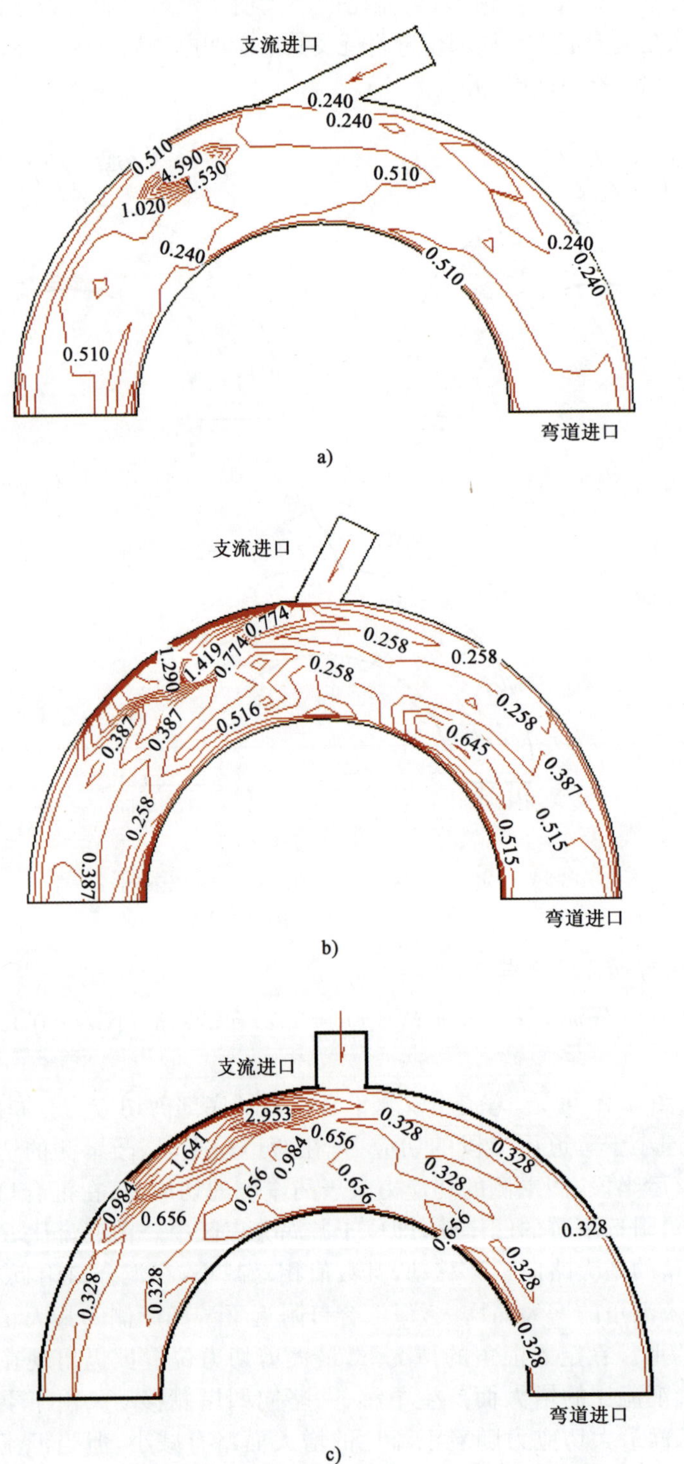

图 3-48　定汇流比(R=0.1)下的汇合口底面剪切应力分布图(单位:10N/m^2)

a)入汇角 α=30°;b)入汇角 α=60°;c)入汇角 α=90°

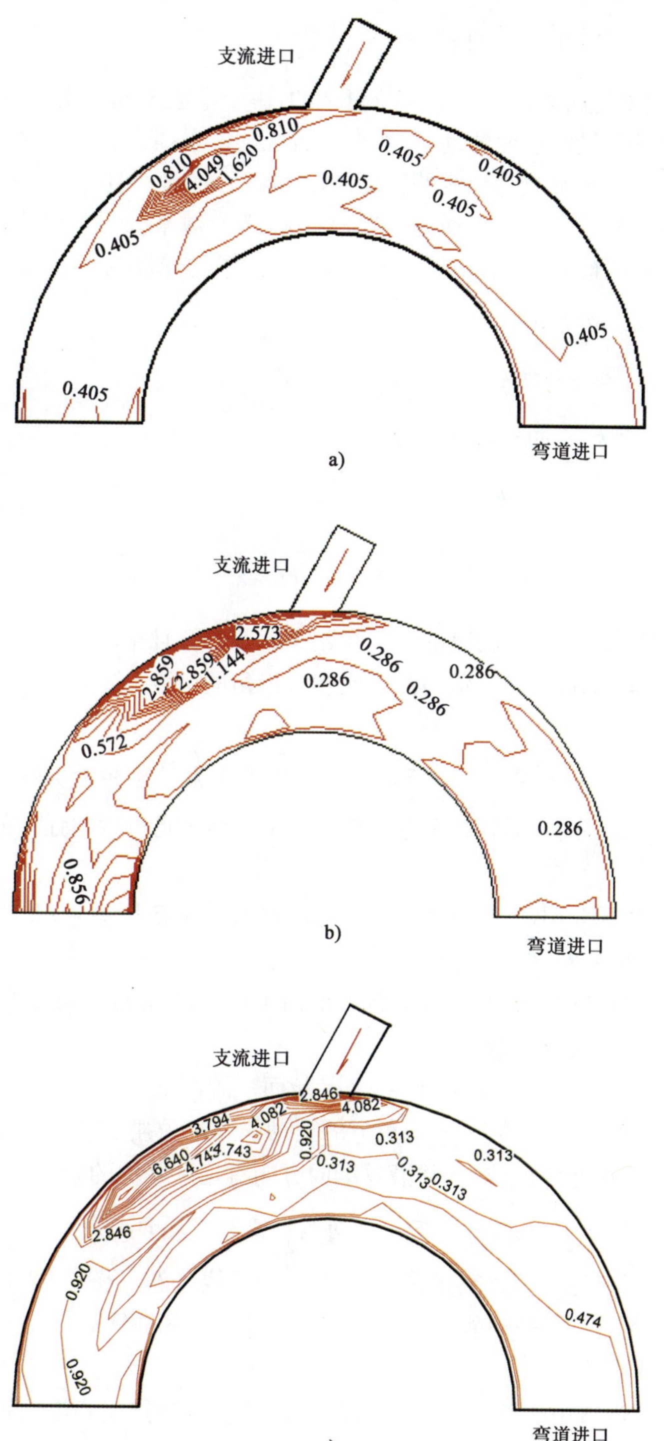

图 3-49　等入汇角下($\alpha=60°$)的汇合口底面剪切应力分布图(单位:10N/m^2)

a)$R=0.03$;b)$R=0.3$;c)$R=0.6$

3.6.4 汇流区水流的紊动特性初步分析

弯道汇合口区域水流的紊动特性是十分复杂的，由于弯道干流与支流相互顶托碰撞，汇流区水流的紊动掺混作用强烈，水面波动剧烈，产生较大的能量损失和纵向水面坡度。根据紊流理论，描述紊动特性的状态参数为紊流的特征长度和特征时间。但特征长度和特征时间在试验中不便测量，理论分析中一般采用紊动强度、紊动能等参数来分析水流的紊动特性。设在三个坐标方向的水流瞬时速度分别为 u_i、u_j 和 u_k，相应的平均速度为 U_i、U_j 和 U_k，脉动速度为 u'_i、u'_j 和 u'_k，三者之间的关系为：

$$u = U + u'$$

则根据定义可将紊动能 k、紊动强度 T 表示为：

$$k = (< u'_i u'_i > + < u'_j u'_j > + < u'_k u'_k >)/2$$

$$T = \sqrt{\frac{2k}{3}} \Big/ \sqrt{(U_i^2 + U_j^2 + U_k^2)}$$

式中符号<>表示对其中脉动速度二阶自相关函数的统计平均。按照上述公式整理试验数据，并将紊动能 k、紊动强度 T 表示为汇流比和入汇角的函数形式，结果如图 3-50 和图 3-51 所示。

1)定汇流比(R=0.6)、不同入汇角下的弯道中心线上紊动能和紊动强度的垂线分布

定汇流比(R=0.6)、不同入汇角下的弯道中心线上紊动能和紊动强度的垂线分布如图 3-50 和图 3-51 所示。

由图 3-50a)、b)和图 3-51a)、b)可知，在交汇断面及其上游区域，在底面附近紊动能和紊动强度沿水深方向变化频繁，说明在底面附近水流的流态复杂，但总体上紊动能和紊动强度随入汇角变化的规律不明显；在水深上半部，各入汇角下的紊动能和紊动强度变化较小，随着入汇角的增大，紊动能和紊动强度增大。

由图 3-50a)、b)和图 3-51a)、b)可知，在交汇断面下游区域，随入汇角的增大，紊动能和紊动强度逐渐增加。在水深上半部，各入汇角下的紊动能和紊动强度沿水深方向变化较小；在底面附近，紊动能和紊动强度变化较大，并沿着纵向方向有逐渐减弱的趋势。

2)定入汇角(α=60°)、不同汇流比下的紊动能和紊动强度的垂线分布

定入汇角、不同汇流比下的紊动能和紊动强度的垂线分布见图 3-52～图 3-55。其中，图 3-52 和图 3-53 是弯道中心的紊动能和紊动强度分布，图 3-54 和图 3-55 是 90°圆心角断面上的紊动能和紊动强度分布。

由图 3-52 可见，弯道中心线上紊动能垂线分布的基本特点是：在水面附近紊动能较大，随着水深的增加紊动能逐渐减小。在交汇断面(90°圆心角断面)上游，紊动能随汇流比的增加而降低。在交汇断面上，在水面附近紊动能随汇流比的增加有增大的趋势，而在床底区域紊动能随汇流比的增加而减小。在交汇断面上随半径的变化，从弯道凸岸到凹岸紊动能

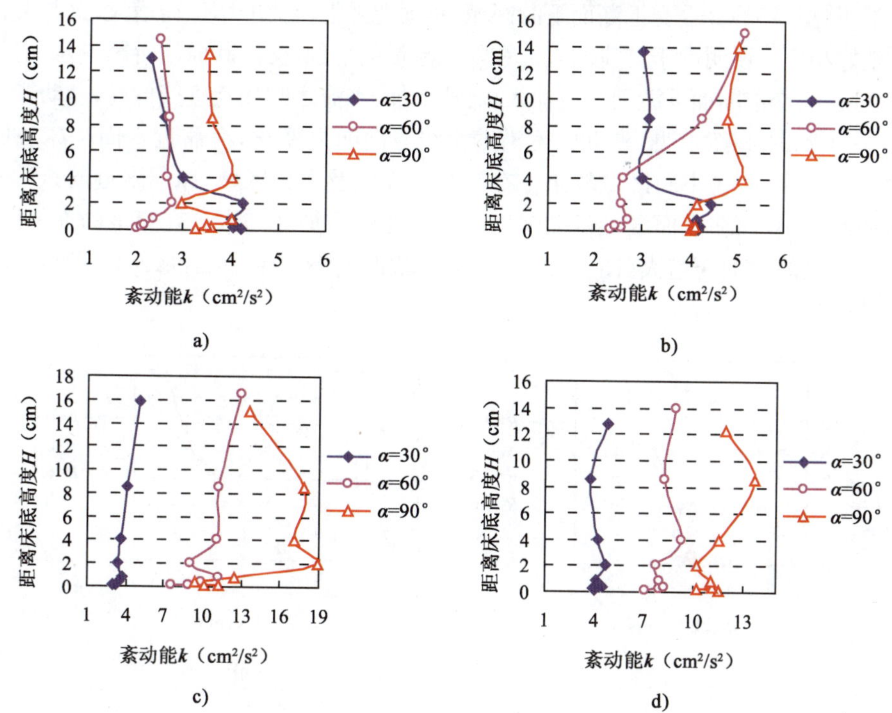

图 3-50　不同入汇角时的弯道中心紊动能垂线分布图(R=0.6)

a)60°断面中心垂线；b)90°断面中心垂线；c)120°断面中心垂线；d)150°断面中心垂线

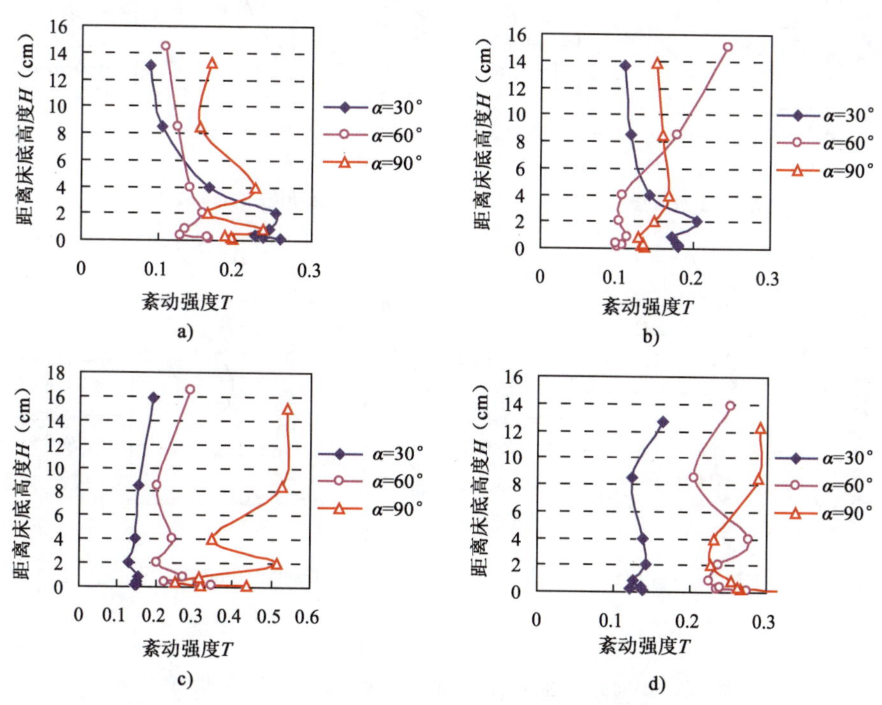

图 3-51　不同入汇角时的弯道中心紊动强度垂线分布图(R=0.6)

a)60°断面中心垂线；b)90°断面中心垂线；c)120°断面中心垂线；d)150°断面中心垂线

变化趋势不明(图 3-53)。在交汇断面下游区域,紊动能随汇流比的增加而增大,这与交汇断面上游的情况正好相反。说明由于支流的入汇和随汇流量的增加,交汇断面上游因壅水而流速降低,紊动能随之减小;交汇断面下游因汇流加入,流速增加,水流之间相互碰撞掺混,紊动能增大。

由图 3-54 和图 3-55 可见,紊动强度沿着垂线方向明显变化,在靠近水面和床底面附近的区域紊动强度较大,而在中间区域较小。在交汇断面以及上游区域,床面附近的紊动强度随汇流比的增加而减小,而在水面区域紊动强度随汇流比的增加而增大。在交汇断面下游区域,紊动强度随汇流比的增加而增大(图 3-54)。在交汇断面上不同半径处,从凸岸到凹岸紊动强度逐渐增大(图 3-55)。

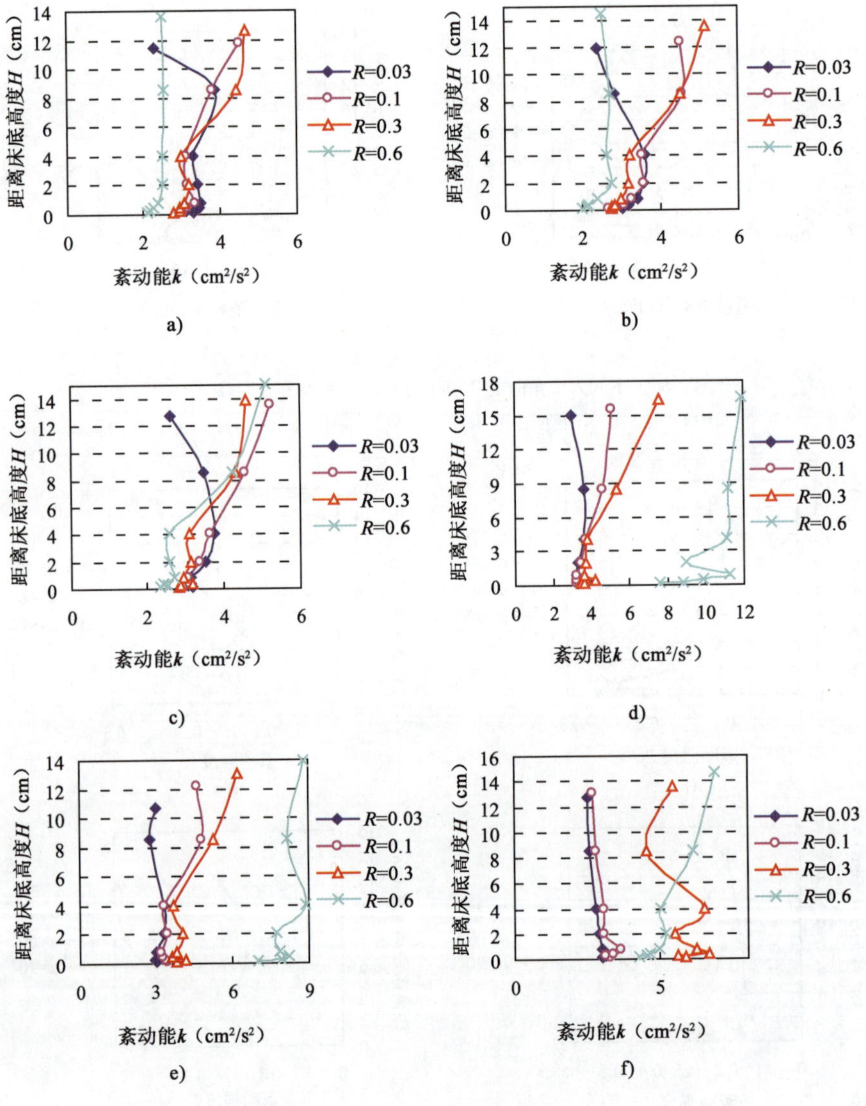

a)　b)　c)　d)　e)　f)

图 3-52　不同汇流比时的弯道中心紊动能垂线分布图(60°入汇角)

a)45°断面中心垂线;b)60°断面中心垂线;c)90°断面中心垂线;d)120°断面中心垂线;e)150°断面中心垂线;f)180°断面中心垂线

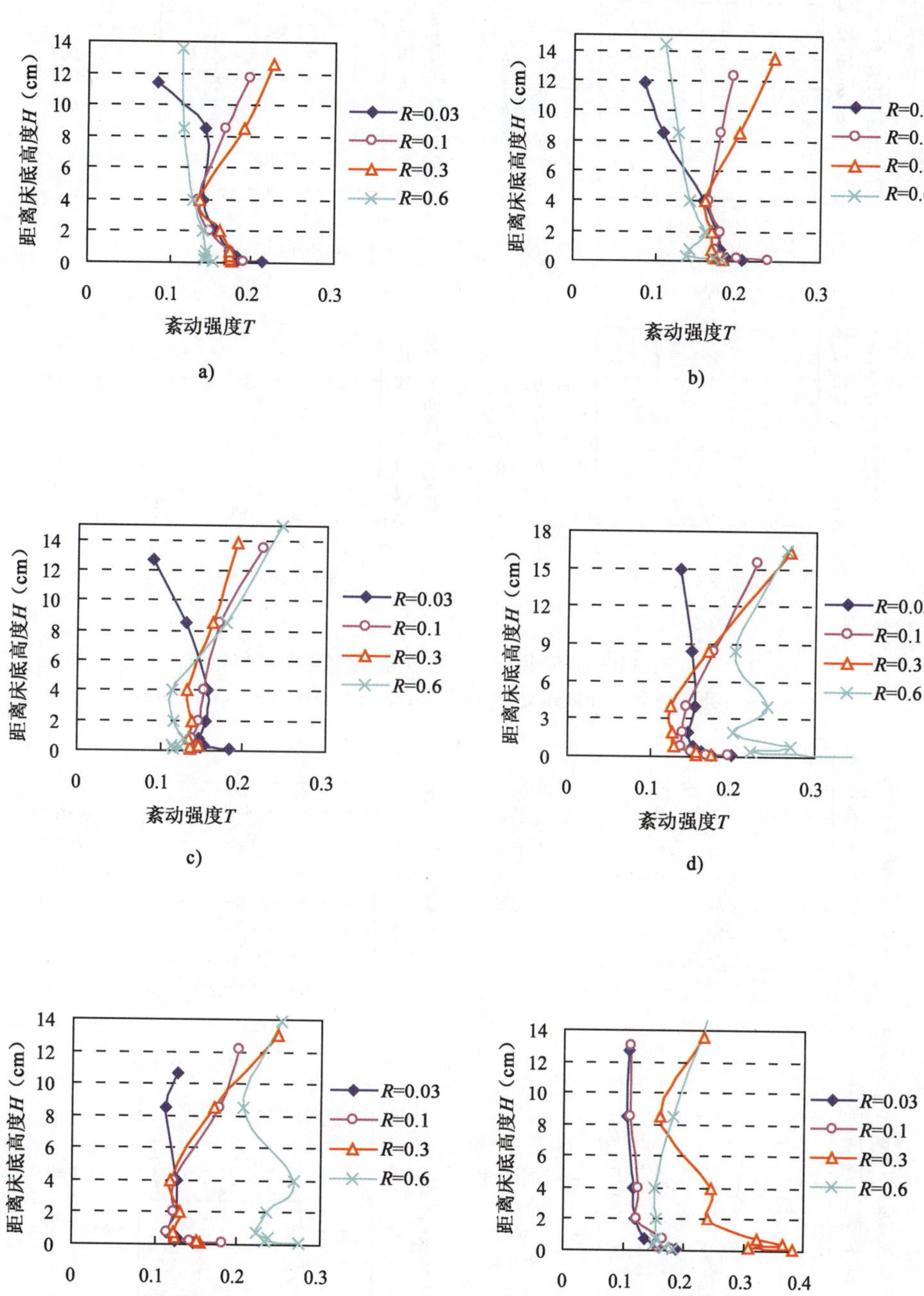

图 3-53　不同汇流比时的弯道中心紊动强度垂线分布图(60°入汇角)

a)45°断面中心垂线；b)60°断面中心垂线；c)90°断面中心垂线；d)120°断面中心垂线；

e)150°断面中心垂线；f)180°断面中心垂线

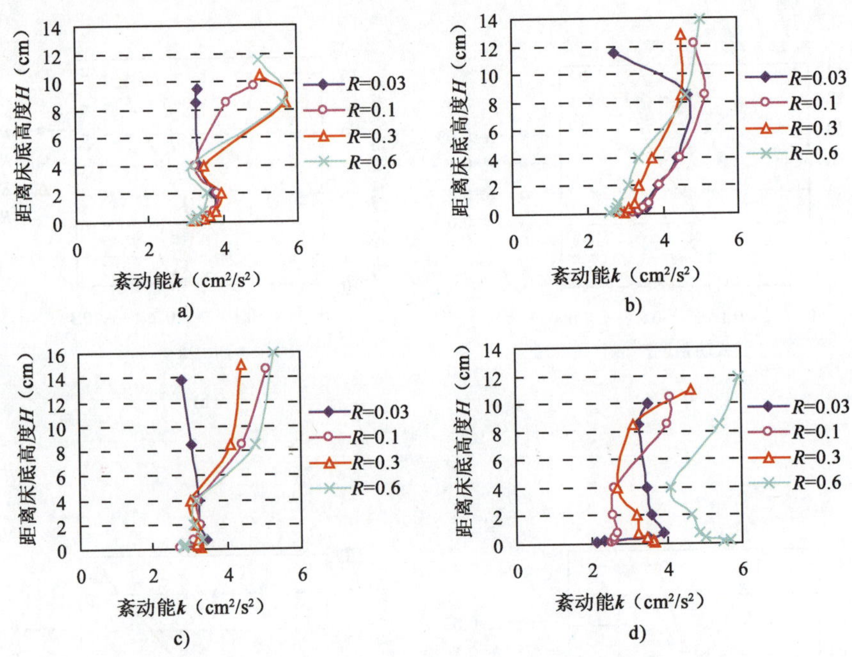

图 3-54　90°圆心角断面不同汇流比时各弯道半径处紊动能垂线分布图

a)$r=155$cm 处垂线；b)$r=188$cm 处垂线；c)$r=222$cm 处垂线；d)$r=245$cm 处垂线

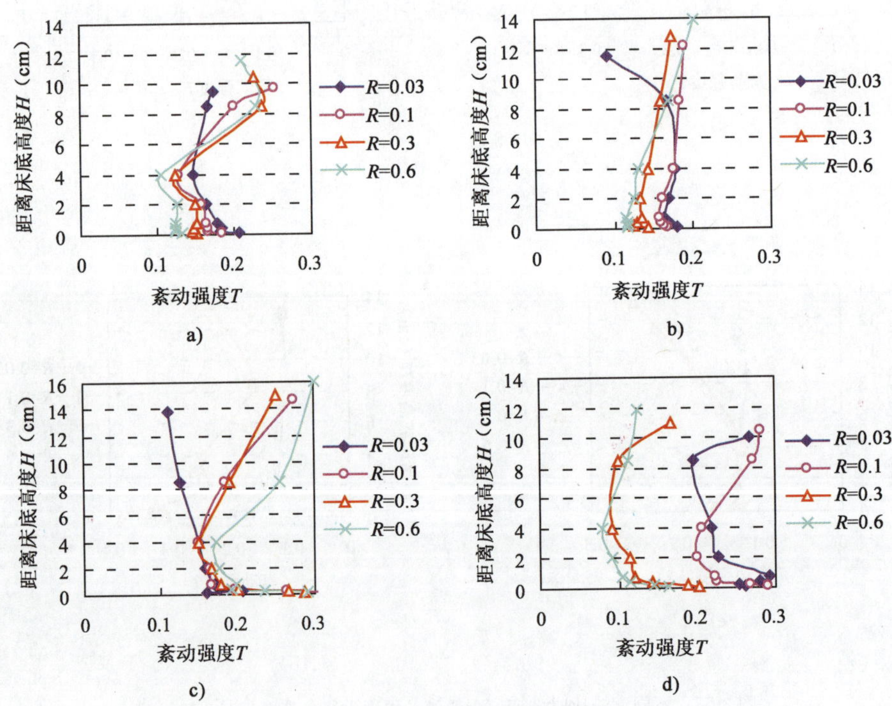

图 3-55　90°圆心角断面不同汇流比时各弯道半径处紊动强度垂线分布图

a)$r=155$cm 处垂线；b)$r=188$cm 处垂线；c)$r=222$cm 处垂线；d)$r=245$cm 处垂线

3.7 弯道干支流交汇区的环流结构

3.7.1 弯道环流机理

弯道环流现象是指在弯道水流运动中，表层水流指向凹岸、底层水流指向凸岸的特有运动状态[66]。由于作用在单位水体上的离心力自河底向水面呈增加趋势，而由水面横比降所引起的同一单位水体在向心方向上的压力差沿水深保持不变，两者合力形成一个力矩，从而使得弯道表层水流流向凹岸、底层水流流向凸岸，即形成弯道环流。由于弯道环流的存在，使得弯道的凹岸不断受到水流的冲刷，被水流冲刷起的泥沙随水流输运到凸岸，使得凸岸成为泥沙淤积处。因此，弯道环流的存在，是形成凹岸冲刷、凸岸淤积的根本原因。

弯道环流是水流运动的一种特殊运动形态，只有在弯道中才会出现。由于在弯道中，垂向流速与横向流速都远小于纵向流速。在一般情况下，垂向流速和横向流速与纵向流速之比较小。因此在此前的许多试验研究中，对环流结构都无法精确测定，现有的很多公式也都是经验公式，且精度低。由于环流的存在对弯道底部泥沙输移特性有重要影响，在有支流入汇的条件下，交汇区水流运动的环流结构将更加复杂。因此，对弯道干支流交汇区环流结构进行模型试验研究和分析是必要的。

3.7.2 弯道干支流交汇区断面速度矢量图

1)定入汇角($\alpha=30°$)下的汇合口各典型断面的流速矢量图

定入汇角($\alpha=30°$)、定汇流比下的汇合口各典型断面的流速矢量图如图 3-56 和图 3-57 所示。

由图 3-56 和图 3-57 可见，在弯道各个断面上均存在横向的螺旋二次流，且多数螺旋流动按顺时针方向旋转。在定入汇角的情况下，汇流比 R 的增加，对二次流的旋转强度有抑制作用。

小汇流比时($R=0.1$)，在弯道 60°断面附近横向螺旋流特征仍与单一型弯道的环流结构特征相类似，表流指向凹岸，底流指向凸岸。随着主流沿程逐渐由凸岸向凹岸的过渡，水流动力轴线曲率半径 r 随之减小，环流强度沿程呈增大的趋势，至弯顶汇合口处(弯道 90°断面)，流态更加紊乱(图 3-56)；在弯顶以下一定范围内，由于汇流的影响，靠近汇合口下游凹岸侧显现出一个较小的与主环流方向相反的次生环流，该次生环流沿程随着干支流来水的不断掺混而逐渐消失。尽管因支流入汇角较小，此次生环流强度较弱，范围较小，但该次生环流的存在，有可能使汇合口下游一段距离内主流不贴近凹岸。

在较大汇流比情形时($R=0.6$)，弯道水流环流强度虽然沿程有所变化，支流对干流水流的挤压作用增强，但弯道环流结构形式与特征基本未变。在汇合口以上，弯道环流强度有所减弱；在汇合口附近及其以下一段距离内，靠近凹岸一侧出现的次生环流更加明显，范围和强度也有所加大；在该次生环流下游，弯道环流强度沿程也逐渐减弱。

以上现象表明，在干支流入汇角与汇流比均较小时，支流的入汇，对干流水流结构形式影响不大；当汇流比增大时，尽管入汇角仍较小，但支流的入汇对干流水流结构的影响逐渐显现，特别是在汇流区内，支流一方面挤压弯道干流，同时通过与弯道干流的碰撞混合，抑制弯道前半段(90°圆心角交汇断面上游)的旋流强度，在交汇断面下游凹岸的局部区域则诱导生成反向次生环流，该次生环流强度和范围随着汇流比的增大而加大，底流指向凹岸，表流指向凸岸，使汇合口下游一段距离内主流不能贴近凹岸，若是在天然河床上，凹岸深槽也有可能偏离弯道凹岸一定距离。

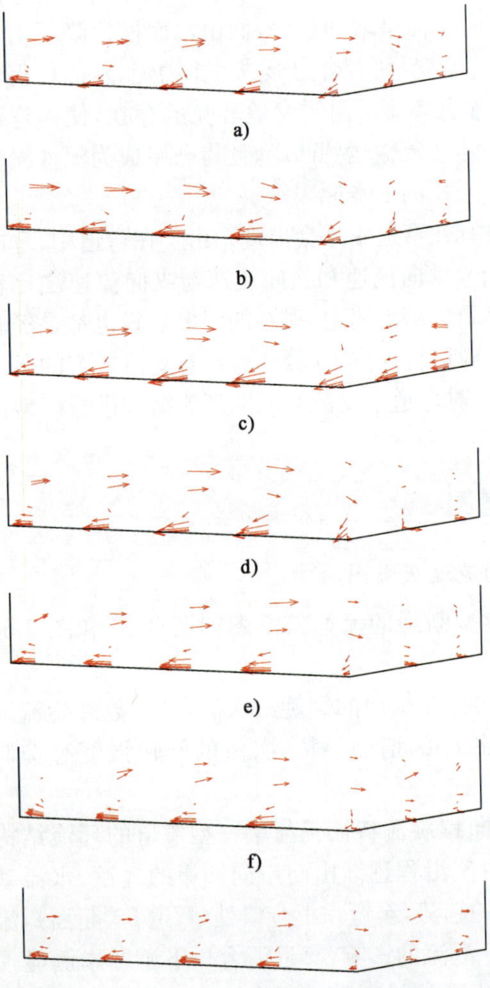

a)

b)

c)

d)

e)

f)

g)

图 3-56　30°入汇角下的弯道断面螺旋二次流的速度矢量图(R=0.1)

a)$\phi=60°$；b)$\phi=75°$；c)$\phi=90°$；d)$\phi=105°$；e)$\phi=120°$；f)$\phi=135°$；g)$\phi=150°$；h)$\phi=180°$

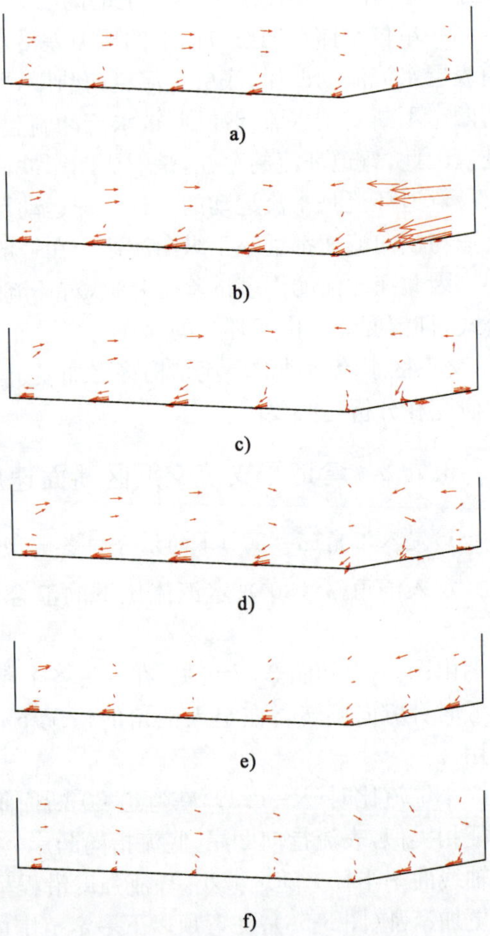

a)

b)

c)

d)

e)

f)

图 3-57　30°入汇角下的弯道断面螺旋二次流的速度矢量图(R=0.6)

a)$\phi=60°$；b)$\phi=90°\phi$；c)$\phi=105°$；d)$\phi=120°$；e)$\phi=150°$；f)$\phi=180°$

2)不同入汇角下的汇合口各典型断面的流速矢量图

定汇流比、不同入汇角下的汇合口各典型断面的流速矢量图见图 3-58～图 3-63。

由图 3-58～图 3-63 可知，入汇角的变化对弯道横断面上螺旋流的运动具有重要影响。当

汇流比增大至 $R=0.03$ 时，在弯道汇合口 60°圆心角断面上，干支流入汇角由 30°逐渐增大到 90°时，支流的入汇对汇合口上游干流的顶托作用加强，使汇合口上游弯道环流强度降低，汇合口处流态紊乱程度加剧，汇合口下游水流分离现象逐渐加强，次生环流范围和强度增大(图 3-58)，如果汇流比进一步加大，这种现象将更加明显。在弯道汇合口 90°圆心角断面上，当入汇角依次从 30°分别增加到 60°和 90°时，支流的入汇对压缩干流环流的作用依然明显存在，随着入汇角的增大，90°圆心角断面上干流环流范围随之减小(图 3-59)。在弯道汇合口下游 120°圆

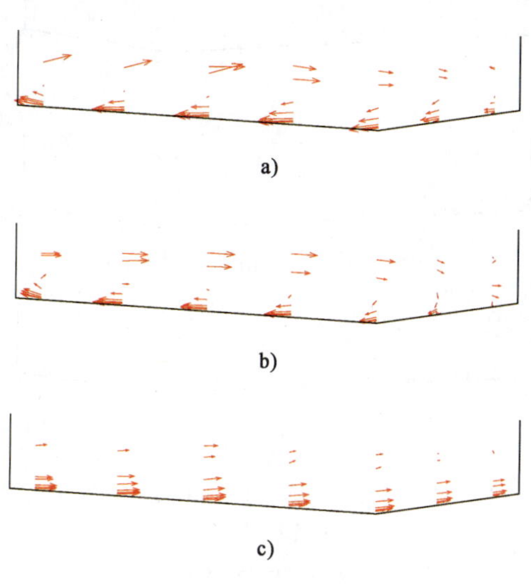

图 3-58　弯道 60°圆心角断面上的螺旋二次流的速度矢量图($R=0.03$)

a)$\alpha=30°$；b)$\alpha=60°$；c)$\alpha=90°$

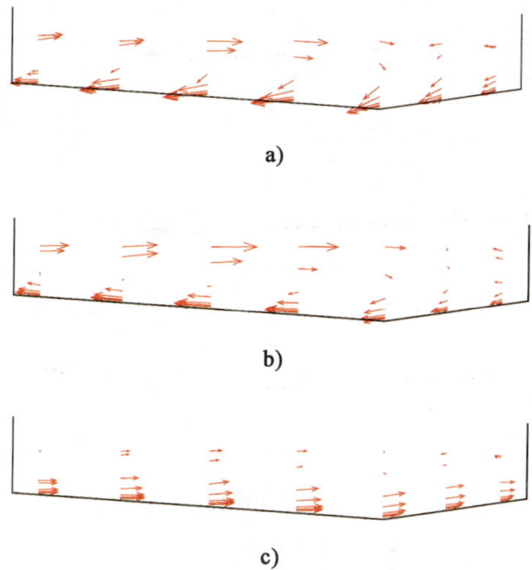

图 3-59　弯道 90°圆心角断面上的螺旋二次流的速度矢量图($R=0.03$)

a)$\alpha=30°$；b)$\alpha=60°$；c)$\alpha=90°$

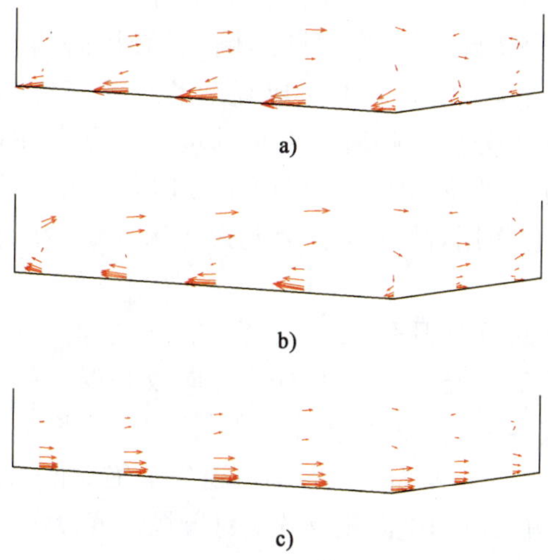

图 3-60　弯道 120°圆心角断面上的螺旋二次流的速度矢量图($R=0.03$)

a)$\alpha=30°$；b)$\alpha=60°$；c)$\alpha=90°$

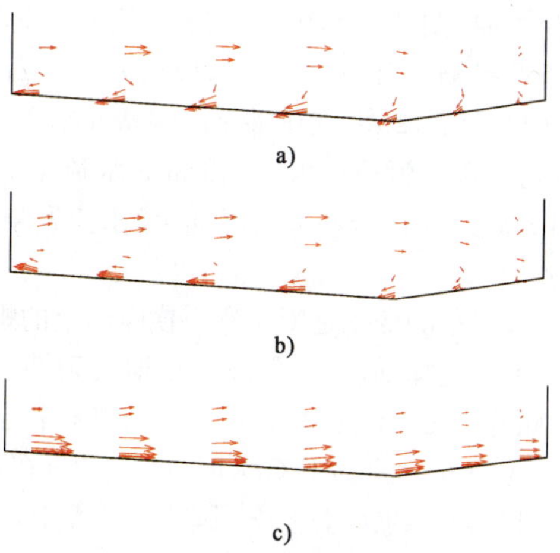

图 3-61　弯道 60°圆心角断面上的螺旋二次流的速度矢量图($R=0.3$)

a)$\alpha=30°$；b)$\alpha=60°$；c)$\alpha=90°$

心角断面上，随着干支流入汇角的逐渐增大，汇合口下游会出现一定范围的水流分离现象，在α=30°时，虽然几乎看不出这种现象，但靠该断面右侧凹岸附近，仍可看出流态是比较紊乱的[图 3-60a)]；当入汇角分别增加到 60°和 90°时，这种水流分离现象明显显现，甚至于靠右侧凹岸附近出现与干流环流方向相反的次生环流[图 3-60b)，图 3-60c)]，由于汇流比较小，这种次生环流的范围和强度都较小。

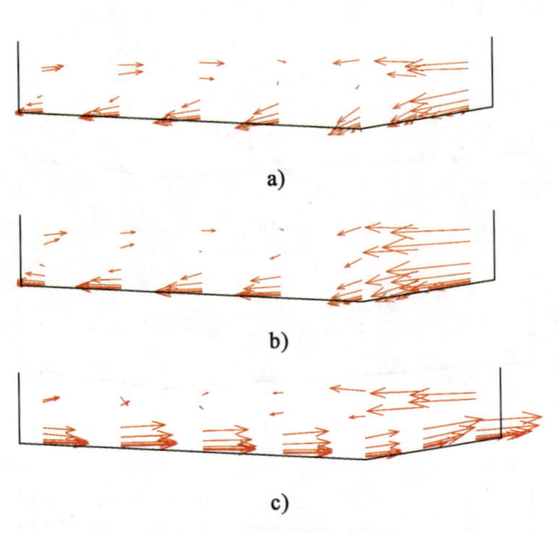

图 3-62　弯道 90°圆心角断面上的螺旋二次流的速度矢量图(R=0.3)

a)α=30°；b)α=60°；c)α=90°

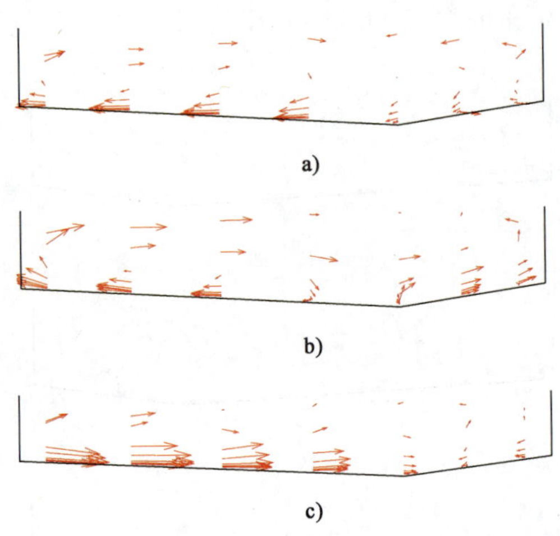

图 3-63　弯道 120°圆心角断面上的螺旋二次流的速度矢量图(R=0.3)

a)α=30°；b)α=60°；c)α=90°

当汇流比增大至R=0.3 时，随着入汇角的增大，上述弯道环流沿程变化特征显得更加突出。在汇合口上游 60°圆心角断面上，螺旋流强度随着入汇角的增大而逐渐减弱(图 3-61)。在正对汇合口的 90°圆心角断面上，干流明显受到支流来水的压缩，使干流环流范围随着入汇角的增大而减小。当入汇角增大为 90°时，较大的汇流比甚至于可以改变干流环流方向(图 3-62)，因受支流入汇和干流凸岸边界影响，靠近弯道凹岸侧，表流指向凸岸，靠近凸岸侧，表流指向凹岸，底流基本上都指向凹岸，在该断面上形成复杂的水流结构；在汇合口下游 120°圆心角断面上，靠近凹岸出现的水流分离区随着入汇角的增大而逐渐显现和增大，在汇流比较大时，该断面水流动力轴线分成两支，因而出现两个方向相反的环流(图 3-63)，在两个环流交界面上，水流发生强烈掺混作用，故此处也会成为河床冲刷最严重区域。

入汇角的变化是影响弯道横断面上的螺旋流动的重要因素。当入汇角从 30°增加到 60°，螺旋流强度降低，入汇角进一步增大到 90°时，螺旋流旋转方向由顺时针方向改为逆时针方向，此特点无论汇流比变化与否，在弯道汇合口区域各圆心角断面上基本保持一致(见图 3-58～图 3-63)。当汇流比较大时(R=0.3)，在弯道 90°圆心角断面上的径向流速矢量绝对值最大(见图 3-62)；约在弯道 120°圆心角断面上，60°入汇角对应的旋向相反的一对漩涡强度较大(图 3-63)。

综上所述，在以往研究成果的基础上，通过本次研究，进一步揭示了入汇角、汇流比对弯道汇流区水流特性及水流结构的影响。

3.8　弯道干支流交汇河段泥沙冲淤分析

3.8.1　弯道干支流交汇河段演变特点及冲淤机理

弯道干支流交汇河段的演变主要受两个方面的影响：一是受到弯道特性的影响，干流在弯顶以下贴凹岸；二是受到支流入汇的影响，主流在交汇的地方受到支流顶托偏向凸岸。而这两个方面的影响又是矛盾的，弯道干支流交汇河段的演变特点就是在这一对矛盾体的此消彼长的作用下，主流在一定幅度内摆动，滩槽格局相应发生变化，航道条件难以稳定。

弯道干支流交汇河段水流运动特征，决定了水流对河床作用力的大小和分布特性，同时，也决定了河床泥沙的冲淤特性。大量试验成果表明，推移质输沙率最大处与最大剪切力的位置基本一致，床面剪切力的分布与纵向流速分布基本一致，一般流速最大之处，剪切力也最大。

对于有支流从弯道顶部汇入的情况下，在汇流比和入汇角较小时，干流水流运动特征与一般单一型弯道河段水流运动特征没有质的差别。在弯道前半段，高速区和高切应力区均位于凸岸，靠凹岸侧则流速较小，剪切力也较小，但在干支流汇流比和入汇角增大时，由于支流来水对干流的顶托作用增强，靠凹岸侧的流速、剪切力随之减小的趋势更为明显；到弯道中段后，高速区和高切应力区逐渐移往凹岸，在干支流汇合口附近，支流的入汇对干流水流运动产生一定的干扰，压缩干流环流范围，干支流来水强烈碰撞、掺混，能耗较大；在汇合口下游一定范围内，特别是在汇流比和入汇角较大时，凹岸会出现水流分离现象，断面上出现两个方向相反的环流区，对应出现高速区和高切应力区，流态十分复杂和紊乱。

由于这种特殊的水流流态和复杂的环流结构形式，使得在干支流交汇的弯道河段中，推移质运动既有如单一型弯道河段中向凸岸集中的趋势，形成凸岸边滩和凹岸深槽，又有支流入汇所产生的壅水作用，造成在汇合口上游靠近凹岸一侧床面剪切力减小，有可能因之而产生淤积、形成心滩或浅滩；在汇合口下游，由于水流的分离或复杂的环流结构形态，在一定条件下，主流不能贴近凹岸，有一定范围的分离区，使得深槽离开凹岸一定距离，这种现象多出现在入汇角较大、且汇流比也较大的情况。对于入汇角较小、或汇流比较小的情况下，干支流交汇弯道河段推移质运动和河床形态变化特征与单一型弯道没有较大差别。沱江口就是因为入汇角较大，因而在壅水区淤积形成心滩(金钟碛)而影响通航。

3.8.2　弯道干支流交汇河段推移质泥沙运动

通过概化模型定性研究干支流交汇区底部泥沙运动特征，对了解交汇区河床冲淤变化及河床演变趋势具有积极的作用。

本次底部泥沙运动定性试验研究是在固定弯道干支流入汇角为60°、仅改变汇流比的情况下进行试验研究的，采用在试验水槽底部预先铺沙和恒定流工况下少量放沙相结合的方法，对交汇河段底部推移运动特性进行了定性的观测和拍照记录。试验沙为细白矾石沙，密度为2.6t/m^3，根据梅耶-彼得推移质起动流速公式，选取模型沙中值粒径为0.5mm。

1)汇流比R=0.03时弯道干支流汇合口床面冲淤情况

当R=0.03时，支流来水相对较小，对干流河段干扰作用较小，除了汇合口局部区域外，弯道环流沿程变化情况与单一型弯道河段相差不大，在水流进入弯道进口段，靠近凸岸一侧形成加速区，河床产生冲刷，成为推移质运动集中地带，而靠凹岸一侧流速较小，河床泥沙运动较弱。其下，随着主流位置逐渐向凹岸的过渡和弯道螺旋流的不断发育，河床最大切应力区在弯顶附近过渡至凹岸一侧，因而，在弯顶支流汇合口及其下游，主流一直偏靠凹岸一侧，凹岸床面切应力增大，河床冲刷，相应凸岸一侧流速下降，床面切应力减小，在弯道环流作用下，大部分推移质向弯道凸岸边滩一侧运动，造成凹岸深槽不断冲刷发展，凸岸边滩进一步发育(图 3-64、图 3-65)。

图 3-64 汇流比 $R=0.03$ 时汇合口区域整体冲淤情况

图 3-65 汇流比 $R=0.03$ 时汇合口局部及下游床面冲淤情况

2)汇流比 $R=0.1$ 时弯道干支流汇合口床面冲淤情况

当汇流比增大至 $R=0.1$ 时，支流对干流水流的干扰和顶托作用加强。但从表面流速矢和底面速度矢对比分析情况来看，在弯道进口附近，主流仍位于凸岸一侧，沿程逐渐向凹岸过渡，表流指向凹岸，底流指向凸岸，环流不断发育。受支流汇入的影响，在弯道汇合口上游，凹岸一侧无论是表流或底流流速均小于凸岸一侧。在汇合口附近，支流对干流产生明显挤压作用，使主流位置从凸岸向凹岸过渡时，大约至干支流水流交界面附近后，不能再向凹岸靠近。在汇合口及其下游一段距离内，水流产生分离现象，在靠近凹岸一侧，底流和表流流向发生与干流主环流流向相反的变化，形成次生环流。

床面切应力的变化也与水流流态变化基本一致。在弯道干支流汇合口上游，大约至弯道圆心角为 60°断面以上，靠近凸岸一侧床面切应力大于凹岸一侧。然后随着主流位置向凹岸的过渡，床面最大切应力位置也向凹岸过渡。但在汇合口附近及其下游，最大切应力位置并未贴近凹岸。而是在干支流两水交界面附近，此处流态紊乱，横向流速梯度$\frac{du}{dz}$和与之相应的紊动切应力均较大，河床容易冲刷。

与此相应，河床在弯道圆心角大约为 60°断面以上，靠近凸岸一侧推移质输沙率较大，河床易冲刷。然后，随着主流位置和床面最大切应力位置不断向凹岸的过渡，最大输沙率位置和河床冲刷较强位置也不断向凹岸移动，至汇合口及其下游，推移质输沙率最大位置和河床冲刷最强位置基本与干支流水流交界面位置一致(图 3-66～图 3-69)。

3)汇流比 $R=0.3$ 时弯道干支流汇合口床面冲淤情况

当汇流比进一步增大到 $R=0.3$ 时，弯道干支流汇合口段水流流态与 $R=0.1$ 时相类似，但因支流来水相对较大，支流对干流水流的挤压和顶托作用进一步增强，在汇合口上游，即弯道上半段，水面纵比降减缓，靠近弯道凹岸一侧流速降低，床面切应力较小；在汇合口断面，即弯道90°圆心角断面上，弯道环流范围受支流出水挤压而减小(图3-65)，环流强度相对增大；在汇合口下游，凹岸水流分离范围随汇流比的增大而增大，因而干支流水流交界面和床面最大切应力位置离开凹岸一定距离，在靠近弯道凹岸出现运动方向相反的另一个次生环流(图3-68)。在弯道凹岸水流分离区以下，因弯道环流作用，主流位置仍偏向凹岸。所以，在弯道上半段，推移质运动主要集中在弯道进口凸岸一侧，在汇合口及其下游，推移质运动主要集中在干支流交汇面附近，支流出口处，有可能出现局部冲刷坑，在汇合口下游凹岸水流分离区内，也可能会次生淤积现象(图3-70)，河床冲刷剧烈之处仍位于干支流水流交界面附近，其下，在弯道环流的作用下，凹岸冲刷，一部分推移质被水流带往下游，但大部分推移质仍趋向凸岸边滩一侧(图3-71)。

图3-66 汇流比$R=0.1$时汇合口区域整体冲淤情况

图3-67 汇流比$R=0.1$时汇合口上游床面冲淤情况

图3-68 汇流比$R=0.1$时汇合口局部床面冲淤情况

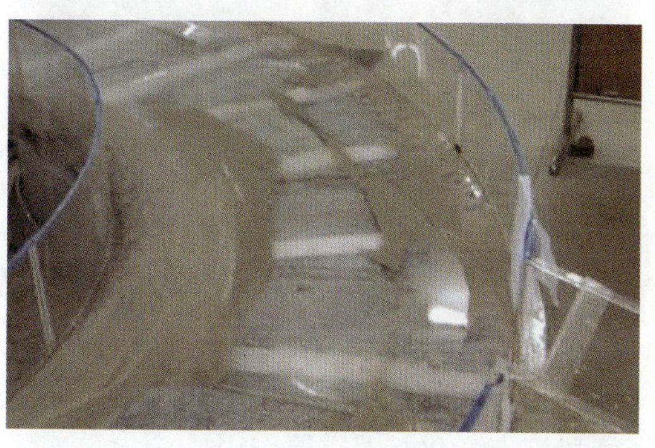

图3-69 汇流比$R=0.1$时汇合口下游床面冲淤情况

图3-70 汇流比$R=0.3$时汇合口下游床面冲淤情况

图3-71 汇流比$R=0.3$时弯道出口下游平直段床面冲淤情况

4)汇流比 $R=0.6$ 时弯道干支流汇合口床面冲淤情况

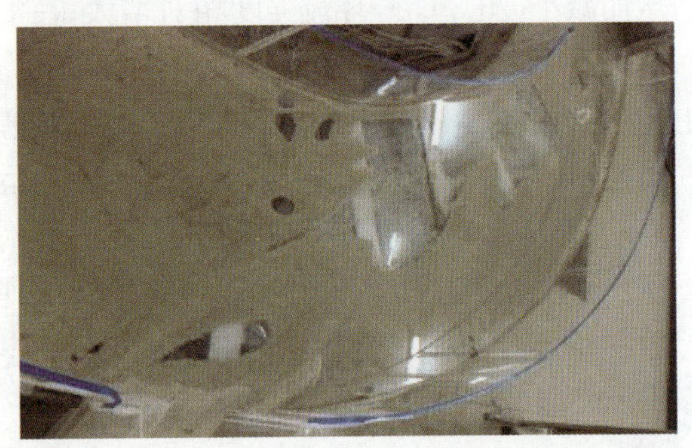

图 3-72　汇流比 $R=0.6$ 时汇合口区域整体冲淤情况

当汇流比进一步增大到 $R=0.6$ 时，因支流河宽较小，河床比降较大，支流断面平均流速远大于干流，支流对干流水流的挤压和顶托作用更强，在汇合口下游，凹岸一侧水流分离区范围进一步扩大，压缩干流有效过水断面面积，使靠近凸岸边滩一侧流速加剧，床面最大切应力位置移于此，推移质运动剧烈。因而，在弯道上半段，虽然靠近凸岸一侧流速仍大于凹岸一侧，但因支流的顶托和水面比降的减小，总体流速的下降，河床可动性减弱。而在汇合口及其下游，凹岸水流分离区内河床产生淤积，河床冲刷剧烈和最大推移质输沙带集中在干支流水流汇合口附近和凸岸边滩一侧(图 3-72～图 3-74)，使凸岸边滩出现切尾现象。

图 3-73　汇流比 $R=0.6$ 时汇合口局部床面冲淤情况

图 3-74　汇流比 $R=0.6$ 时汇合口下游床面冲淤情况

综上所述，由于弯道干支流交汇处流态远比单一型弯道河段复杂，因而床面推移质运动和河床演变特征也较复杂。根据本次所做试验来看，推移质运动较强、河床变形较为剧烈之处，仍是床面切应力最大之处，而床面最大切应力的位置，与水流动力轴线的位置及变动关系基本一致。干支流入汇角的变化，对汇流河段流态影响较大，在入汇角不变时，汇流比的变化对汇流河段流态变化起着重要作用。

在弯道干支流交汇河口上游，一般靠近弯道进口凸岸一侧，流速较大，床面切应力也较大，推移质运动较强，河床易产生冲刷，而靠近凹岸一侧，河床可动性明显弱于凸岸。当入汇角不变，汇流比较小时，支流对干流水流干扰作用较小，除了汇合口局部区域外，干流弯道环流及床面切应力的变化，与一般单一型弯道没有较大的差别，推移质运动规律和河床变形规律与单一型弯道也基本相近。但当汇流比增大时，支流对干流的顶托作用增大，在汇合口上游即弯道上半段，水位壅高，特别是靠近凹岸一侧，流速和纵比降随汇流比的增大而减小，床面切应力相对下降，床面可动性减弱，甚至于在靠近凹岸一侧河床会产生淤积形成心滩；在汇合口附近，因支流的汇入，往往会产生冲刷形成局部冲刷坑，特别是汇流比较大，支流流速较大时。在汇合口下游，往往会在弯道凹岸一侧产生水流分离现象，漩涡分离区内紊动剧烈耗散能量，水流分离区的范围随汇流比的增大而增大，同时，对干流的挤压和干扰作用加强。在干支流水流交汇面附近，流态非常紊乱，横向流速梯度$\frac{\mathrm{d}u}{\mathrm{d}z}$和与之相应的紊动切应力均较大。因而，在弯道凹岸水流分离区内，往往会产生淤积，在干支流水流交汇面附近，推移质输沙率较大，河床容易冲刷形成深槽。当汇流比增大、支流断面平均流速超过干流流速一定程度后，干流水流受支流的影响加剧，凹岸水流分离区范围进一步扩大，有可能造成汇合口断面以下弯道环流方向的改变，使汇合口断面以下，凸岸流速增大，切应力增大，凸岸边滩下段产生冲刷切割，凹岸产生淤积现象。

在弯道出口段，一般环流强度大于进口段。当干支流汇流比较小时，主流靠近凹岸一侧，并且在其下相当长的距离内，床面最大切应力区和河床冲刷区域仍靠近凹岸一侧，凹岸冲刷，凸岸淤积。当干支流汇流比增大时，弯道出口段主流和床面最大切应力区随着汇合口下游凹岸水流分离区范围的增大而逐渐偏离凹岸一侧，床面冲刷较大区域区也随之离开凹岸向河心移动。

第 4 章　长江与沱江汇合口水沙特性

在长江上游汇合口段，常由于浅滩的存在而导致水深不足，以至于不能通航。这些浅滩的形成往往是由于支流的入汇，其顶托长江干流水流，加上干支流来水来沙不同步，致使泥沙落淤而成。近年来国家加大了对长江上游水能资源开发的建设力度，水利枢纽修建后，来水来沙条件将发生重大改变，原天然情况下干流与支流水位相互顶托、流速减小、水流挟沙能力下降，促使大量泥沙淤积的现象将变得更加复杂，受枢纽运行的影响汇合口航道的水流结构与泥沙运动如何变化，无章可循。为保证长江上游航道的畅通，对浅滩进行整治，就必须掌握长江上游汇合口碍航浅滩的成因及汇合口的水力特性。为此选择长江与沱江汇合口河段进行河工模型试验，重点研究汇合口的水流结构以及上游水利枢纽运行后汇合口河段河床的冲淤变化，为科学有效地实施汇合口航道整治和维护、港口规划和布置提供坚实的理论技术基础。

4.1　河工模型设计与制作

4.1.1　依据资料

长江与沱江汇合口金钟碛滩险河段江床地形、水文观测资料由长江泸州航道局提供，河床组成资料由长江重庆航道工程局提供。

1)河床地形

模型设计与制作采用长江干线泸渝段纳溪至娄溪沟航道图测量工程项目部提供的 2007 年 3 月 20 日至 4 月 8 日施测的河床地形图[67]，测图比例为 1 ∶ 5 000。模拟河段，长江上起黄家碛(航道里程 915km)，下至草鞋碛(航道里程 909.5km)，长约 5.5km；沱江上起沱江大桥上游约 300m 处，下至沱江河口，长约 1.6km。共绘制了 106 个断面，如图 4-1 所示。

2)水文及泥沙资料

(1)水文资料。2009 年 4 月 15 日、6 月 28 日和 7 月 14 日三次同步观测的瞬时水面线、浮标流速流向资料。沱江布置一把临时水尺，长江从月亮岩到洞滨岩沿程布置 14 把临时水尺，1 号、3 号、5 号、7 号、9 号、11 号、13 号在左岸，2 号、4 号、6 号、8 号、10 号、12 号、14 号在右岸，三次观测布置的临时水尺位置见图 4-8～图 4-10。各测次的水文要素见表 4-1。

(2)泥沙资料。根据金钟碛河床卵石取样资料,其河床质特征粒径为:

$$d_{50} = 81\text{mm} \qquad d_{95} = 241\text{mm} \qquad d_5 = 1.06\text{mm}$$

卵石密度为:$\gamma_s = 2.65\ \text{t/m}^3$,干密度 $\gamma_0 = 1.8\ \text{t/m}^3$。

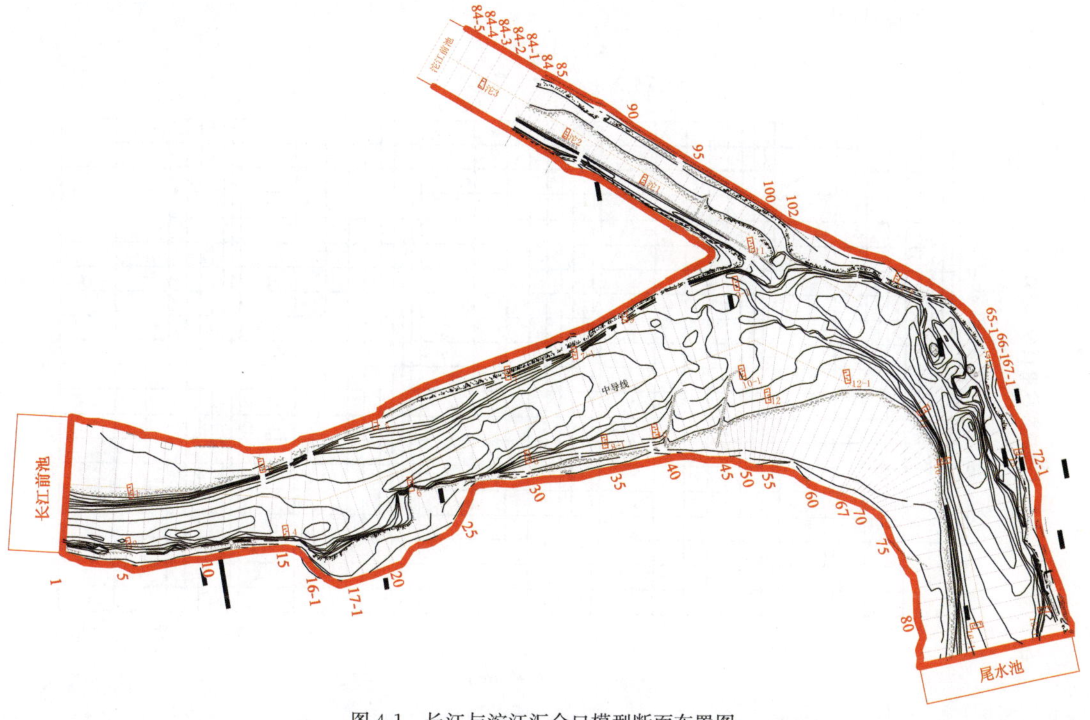

图 4-1　长江与沱江汇合口模型断面布置图

汇合口原型观测各测次水文要素表 表 4-1

测　次	测 量 时 间	流量(m^3/s)	
		长　江	沱　江
1	2009 年 4 月 15 日	3 310.7	75
2	2009 年 6 月 28 日	9 840	250
3	2009 年 7 月 14 日	17 546	400

长江与沱江汇合口原型与模型泥沙级配曲线如图 4-2 所示。

4.1.2 模型设计

1)相似条件[68]

(1)几何相似。汇合口河段河床宽浅,根据滩险情况及整治要求,模型设计采用正态模型和定床模型相结合的方式,结合模型沙选配、场地条件等,决定采用比尺 $\lambda_l = \lambda_h = 100$ 的正态模型。

(2)水流运动相似。根据重力相似、阻力相似和水流连续相似要求得到:

$$\lambda_v = \lambda_h^{\frac{1}{2}} = 10$$

$$\lambda_n = \lambda_h^{\frac{1}{6}} = 2.15$$

$$\lambda_Q = \lambda_h^{\frac{5}{2}} = 100\ 000$$

式中：λ_v ——流速比尺；

λ_n ——糙率比尺；

λ_Q ——流量比尺；

λ_h ——垂直比尺。

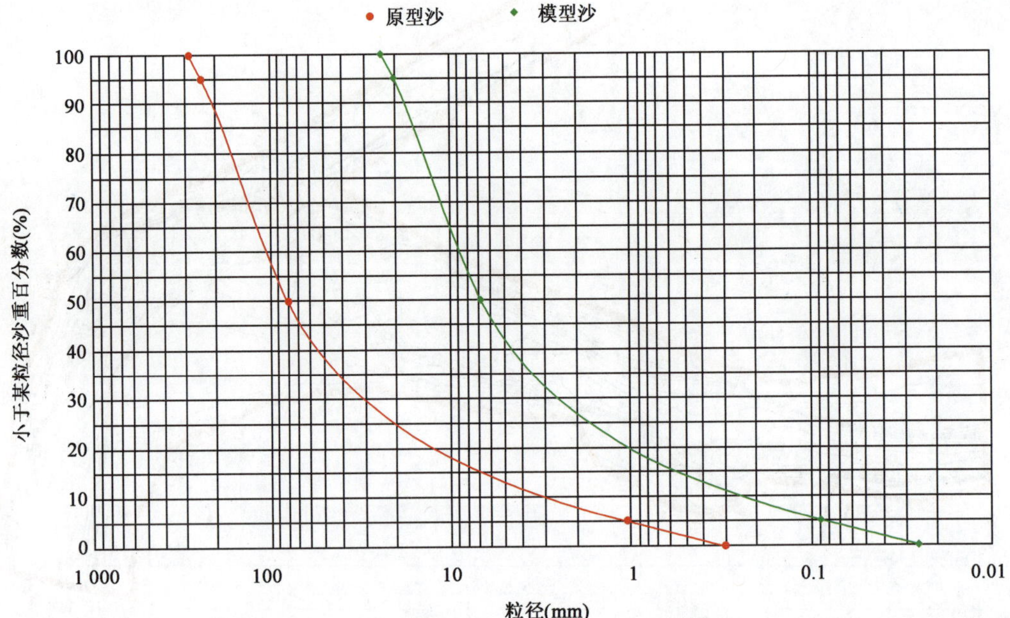

图 4-2 长江与沱江汇合口原型与模型泥沙级配曲线

根据实测原型流量、水面线及河床地形等资料，计算得到原型河段糙率 $n_p = 0.026 \sim 0.051$，相应模型糙率 $n_m = 0.012 \sim 0.024$，模型河床采用水泥砂浆抹面方式，并在模型表面局部区域嵌入粒径为 1cm 左右的小卵石以调整河床糙率。

根据上述比尺和模型糙率，对浅区代表断面进行校核，模型最小雷诺数 $Re_m > 1\ 000$，满足紊流条件要求，模型水流处于阻力平方区。

(3)推移质泥沙运动相似和模型沙选择。汇合口段河床由沙卵石组成，中水以下河床多为沙卵石覆盖，江床变化主要与卵石运动有关，悬沙几乎不参与造床运动，可不予考虑，为保证卵石运动相似，必须满足 $\lambda_{v_c} = \lambda_v$。

①推移质粒径比尺。由推移质起动流速公式：

$$u_0 = k\sqrt{\frac{\gamma_s - \gamma}{\gamma} g d}\left(\frac{h}{d}\right)^y$$

式中：u_0 ——泥沙起动流速；

h ——水深；

d ——泥沙粒径；

γ ——水的密度；

γ_s ——泥沙密度；

g ——重力加速度；

k ——综合系数，取 1.144。

取 $y=1/6$，为达到推移质运动相似，水流和泥沙运动一致，应满足 $\lambda_{v_c}=\lambda_v=\lambda_h^{\frac{1}{2}}$ 的要求，因此推移质粒径比尺：

$$\lambda_{d(推)}=\frac{\lambda_h}{\lambda_{\frac{\gamma_s-\gamma}{\gamma}}^{3/2}}$$

②推移质输沙率比尺。由推移质输沙率公式：

$$g_b=\varphi\gamma_s d\left(\frac{u}{\sqrt{\frac{\gamma_s-\gamma}{\gamma}gd}}\right)^3(u-u_0)\left(\frac{d}{h}\right)^{\frac{1}{4}}$$

写成比尺形式为：

$$\lambda_{g_b}=\frac{\lambda_{\gamma_s}}{\lambda_{\frac{\gamma_s-\gamma}{\gamma}}^{8/9}}\lambda_h^{3/2}$$

式中：g_b ——单宽推移质输沙率；

u ——行近流速；

u_0 ——起动流速；

φ ——综合系数。

③推移质运动时间比尺。由河床变形方程：

$$\frac{\partial g_b}{\partial x}+\gamma_0\frac{\partial z}{\partial t}=0$$

可以得到推移质泥沙运动时间比尺关系如下：

$$\lambda_{t(推)}=\frac{\lambda_{\gamma_0}\lambda_l^2}{\lambda_{g_b}}$$

满足上述相似条件的关键在于选择合理的比尺和适当的模型沙，模型沙的选择既要满足水流和阻力相似，又要满足泥沙运动相似。该模型选用轻质沙煤屑，将模型沙的有关参数代入以上各式，可得到推移质粒径比尺、输沙率比尺和推移质运动时间比尺分别为：

$$\lambda_{d(推)}=11.9 \qquad \lambda_{g_b}=384 \qquad \lambda_{t(推)}=63$$

2)模型沙

分析金钟碛河床卵石取样资料得到：

$$d_{50}=81\text{mm} \qquad d_{95}=241\text{mm} \qquad d_5=1.06\text{mm}$$

卵石密度为：$\gamma_s=2.65\ \text{t/m}^3$，干密度 $\gamma_0=1.8\ \text{t/m}^3$

模型沙选用荣昌精煤，密度 $\gamma_s'=1.40\ \text{t/m}^3$，干密度 $\gamma_0'=0.74\ \text{t/m}^3$

粒径特征如下：

$$d_{50}=6.8\text{mm} \qquad d_{95}=20.3\text{mm} \qquad d_5=0.089\text{mm}$$

卵石级配曲线见图 4-2。

4.1.3 模型制作

模型采用断面法制作[69]，共绘制了106个断面，如图4-1所示，各断面间距约为0.5～0.7m(相当于原型50～70m)，对于整治建筑物、突嘴和礁石等复杂地形采用等高线法制作。模型制作高程误差在±1mm以内，平面误差在±0.5cm以内，符合交通运输部《内河航道与港口水流泥沙模拟技术规程》(JTJ/T 232—1998)[70]的要求。

4.2 河工模型验证

4.2.1 定床模型验证

根据原型施测资料，对枯水、中水、洪水三级流量下的水面线、流速流向、流态进行了全面的验证。

1)水面线验证

河床糙率相似的实质是河道瞬时水面线相似，为满足模型相似要求，保证模型与原型水流条件相似，必须进行模型水面线验证试验。

汇合口河段共设置了15把水尺。在天然情况下分别进行了枯水、中水、洪水三级流量观测，模型即以此作为水面线验证的依据，模型经过糙率的调整达到原型与模型水面线相似。模型左右岸水位验证成果见表4-2、表4-3、表4-4和图4-3、图4-4。由上述图表可见，各级流量下模型水位与原型水位差值均在±0.1m以内，符合《内河航道与港口水流泥沙模拟技术规程》(JTJ/T 232—1998)的要求。

汇合口模型枯水水位验证表(流量 $Q_{沱}/Q_{长}$ =75/3 310.7，R=0.023)　　表4-2

河段		水尺号	天然水位(m)	模型水位(m)	差值(m)
长江	左岸	1	224.61	224.58	0.03
		3	224.56	224.48	0.08
		5	224.45	224.41	0.04
		7	224.24	224.25	−0.01
		9	224.20	224.26	−0.06
		11	224.19	224.19	0.00
		13	224.14	224.16	−0.02
	右岸	2	224.65	224.59	0.06
		4	224.58	224.50	0.08
		6	224.54	224.48	0.06
		8	224.54	224.49	0.04
		10	224.11	224.16	−0.05
		12	224.13	224.13	0.00
		14	224.13	224.12	0.01
沱江			224.29	224.34	−0.05

注：差值=天然−模型。

汇合口模型中水水位验证表（流量 $Q_{沱}/Q_{长}$=250/9 840，R=0.025）　表 4-3

河段		水尺号	天然水位(m)	模型水位(m)	差值(m)
长江	左岸	1	228.40	228.50	−0.10
		3	228.32	228.38	−0.06
		5	228.21	228.26	−0.05
		7	228.16	228.25	−0.09
		9	228.12	228.14	−0.02
		11	228.09	228.10	−0.01
		13	227.95	227.94	0.01
	右岸	2	228.53	228.62	−0.09
		4	228.29	228.37	−0.08
		6	228.28	228.36	−0.08
		8	228.22	228.32	−0.10
		10	227.96	228.00	−0.04
		12	227.95	227.99	−0.04
		14	227.87	227.88	−0.01
沱江			228.20	228.22	−0.02

注：差值=天然−模型。

汇合口模型中洪水水位验证表（流量 $Q_{沱}/Q_{长}$=400/17 546，R=0.023）　表 4-4

河段		水尺号	天然水位(m)	模型水位(m)	差值(m)
长江	左岸	1	232.00	232.04	−0.04
		3	231.84	231.86	−0.02
		5	231.72	231.77	−0.05
		7	231.69	231.75	−0.06
		9	231.68	231.74	−0.06
		11	231.62	231.69	−0.07
		13	231.44	231.45	−0.01
	右岸	2	232.12	232.17	−0.05
		4	231.77	231.82	−0.05
		6	231.75	231.76	−0.01
		8	231.72	231.74	−0.02
		10	231.53	231.57	−0.04
		12	231.46	231.48	−0.02
		14	231.36	231.39	−0.03
沱江			231.67	231.75	−0.08

注：差值=天然−模型。

2)流速、流向及流态的验证

(1)表面流速验证。图 4-5、图 4-6 和图 4-7 分别给出了枯水($Q_{沱}/Q_{长}$=75/3 310.7，R=0.023)、中水($Q_{沱}/Q_{长}$=250/9 840，R=0.025)、洪水($Q_{沱}/Q_{长}$=400/17 546，R=0.023)三级流量下三个施测断面(分别为 1 号、2 号、3 号断面)原型与模型表面流速分布的比较图。

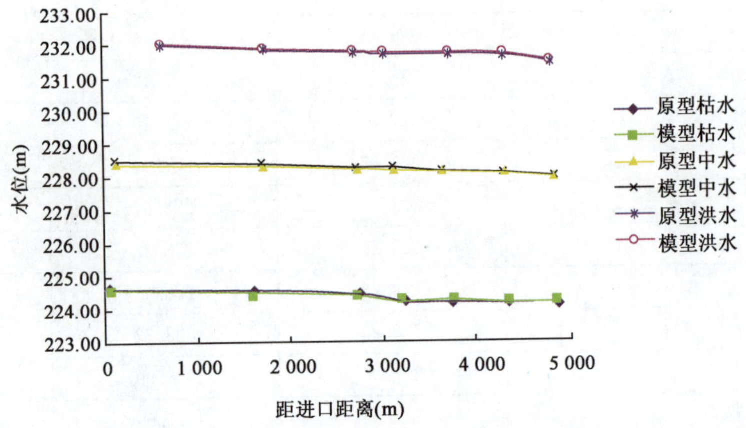

图 4-3　洪水、中水、枯水时左岸原型与模型水位对比图

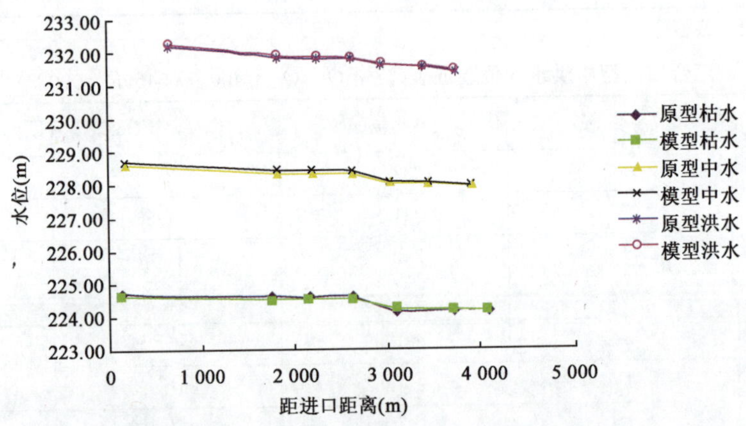

图 4-4　洪水、中水、枯水时右岸原型与模型水位对比图

由图 4-5～图 4-7 可知，三级流量下三个测流断面的模型流速分布规律与原型基本一致，只是局部测流点流速值与原型偏差稍大。

(2)表面流向及流态的验证。原型表面流速采用浮标法以全站仪跟踪方式进行施测，流态是根据现场勾画出范围，同时表明其种类。模型验证时采用浮标断面法观测表面流向，流速仪施测流速，示踪法观测流态。模型与原型表面流向及流态验证见图 4-8、图 4-9 和图 4-10。由图可知，各级流量下模型与天然河道表面流向趋势和流态特征基本一致。

由上述模型水面线、表面流速、表面流向及流态验证试验成果可知，定床模型与原型相似性较好，模型设计合理，制作精细，水流相似程度较高。

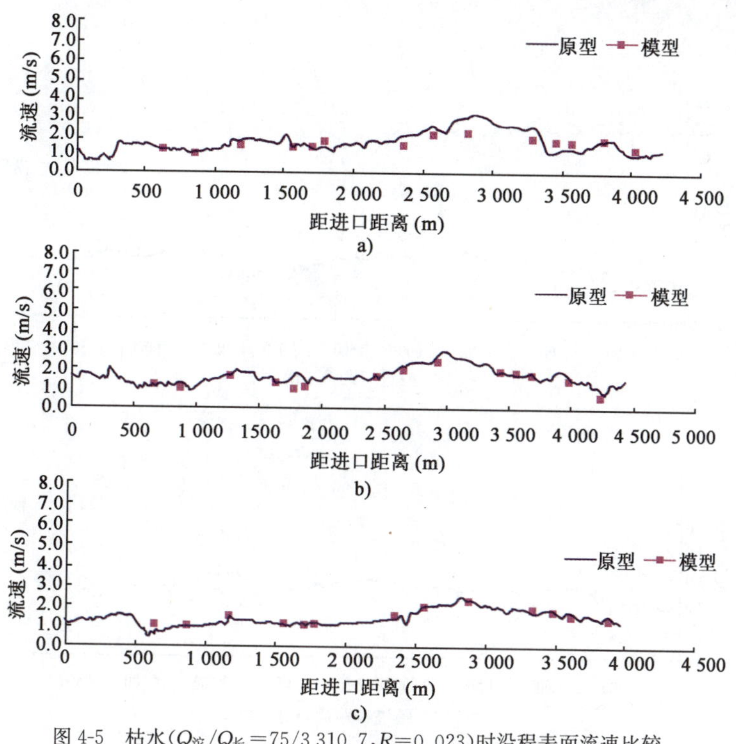

图 4-5 枯水($Q_{沱}/Q_{长}=75/3\ 310.7, R=0.023$)时沿程表面流速比较

a)1 号水文断面;b)2 号水文断面;c)3 号水文断面

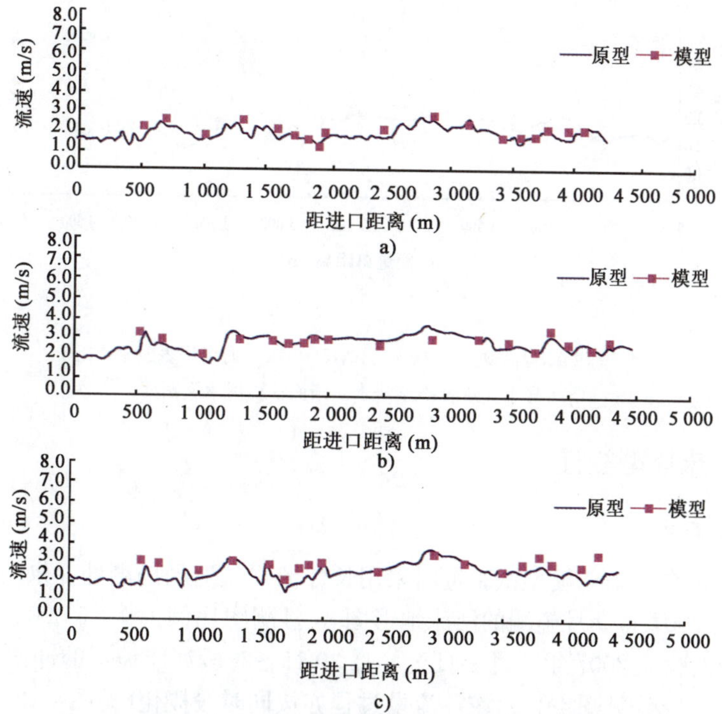

图 4-6 中水($Q_{沱}/Q_{长}=250/9\ 840, R=0.025$)时沿程表面流速比较

a)1 号水文断面;b)2 号水文断面;c)3 号水文断面

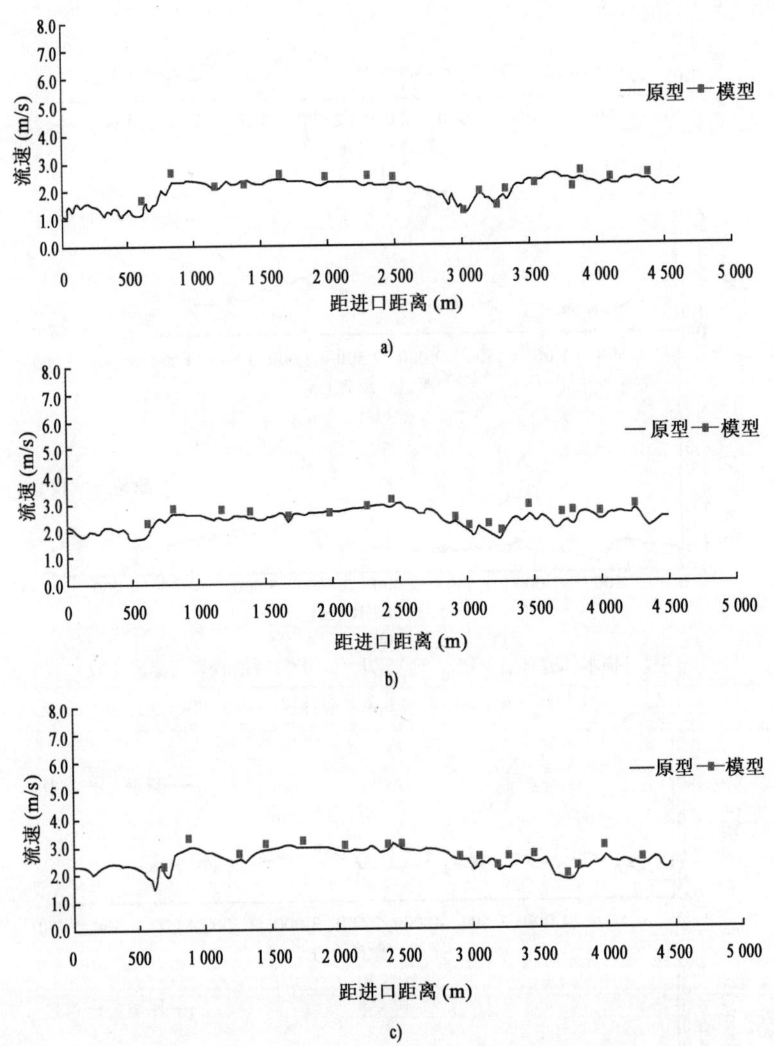

图 4-7　洪水($Q_{沱}/Q_{长}$=400/17 546,R=0.023)时沿程表面流速比较

a)1 号水文断面;b)2 号水文断面;c)3 号水文断面

4.2.2　动床模型验证

1)验证依据资料

长江与沱江汇合口动床模型试验资料采用长江泸州航道局勘测处提供的 2007 年 3 月 20 日至 4 月 8 日和 2007 年 9 月施测的河床地形图,3 月测图比例为 1∶5 000。9 月测图比例为 1∶2 000。模型上验证 2007 年 4 月 9 日至 9 月 30 日各时段河床地形的冲淤变化。将该时段长江流量概化为 10 级(见图 4-11),沱江流量过程亦按同时段概化(见图 4-12),长江、沱江概化流量及加沙量见表 4-5。

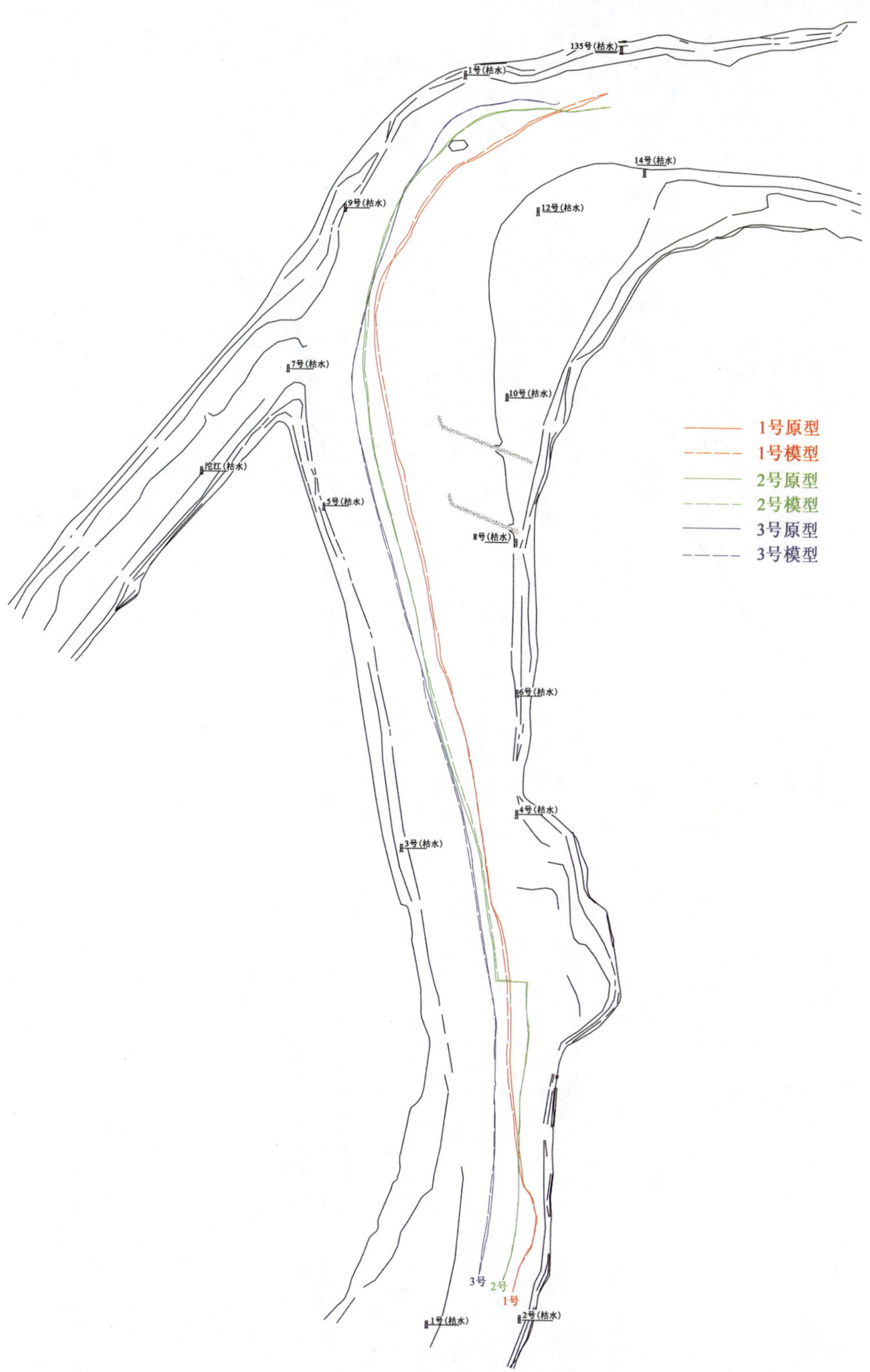

图 4-8　枯水($Q_{沱}/Q_{长}$=75/3 310.7,R=0.023)时表面流向验证

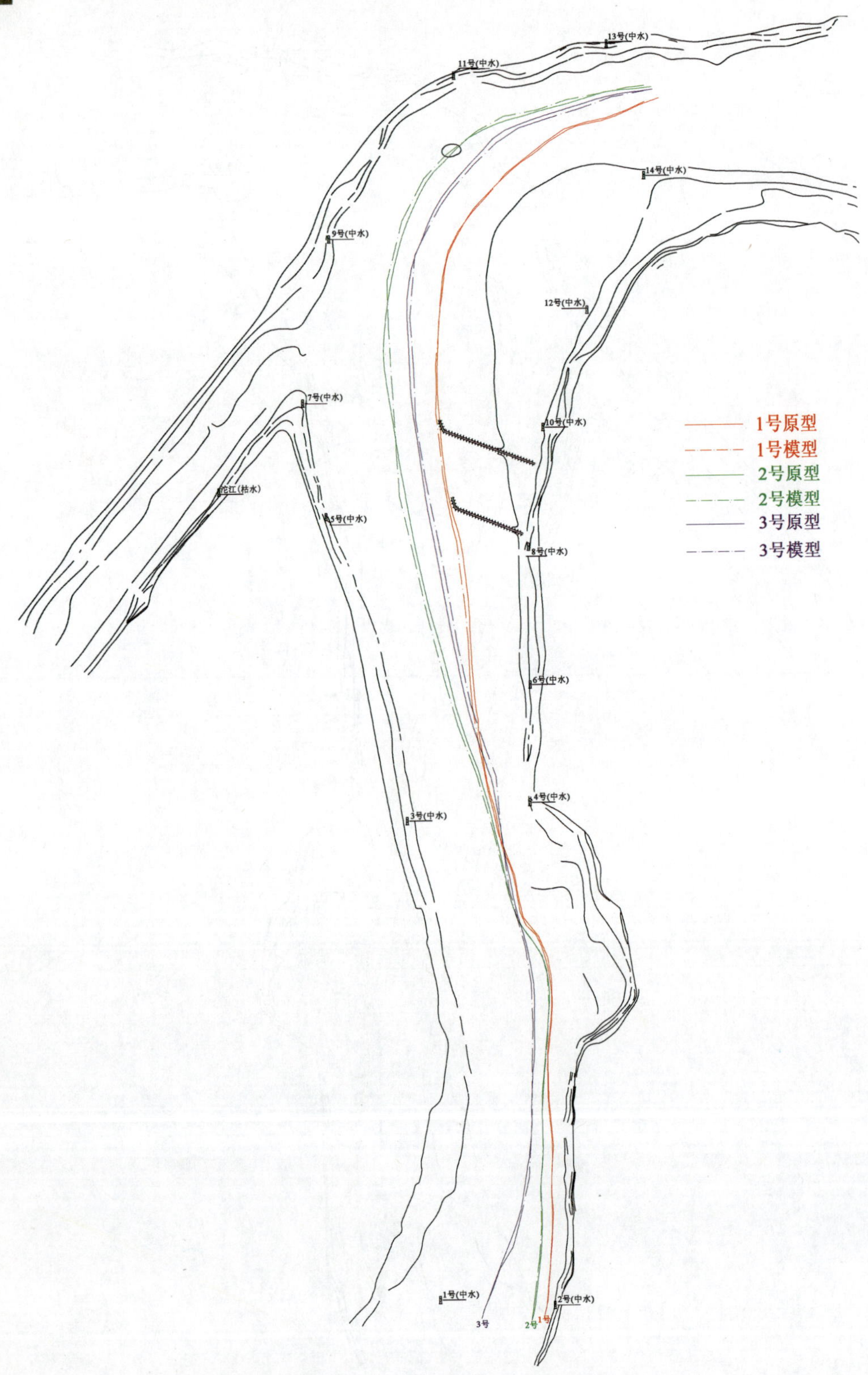

图 4-9　中水($Q_{沱}/Q_{长}$=250/9 840,R=0.025)时表面流向验证

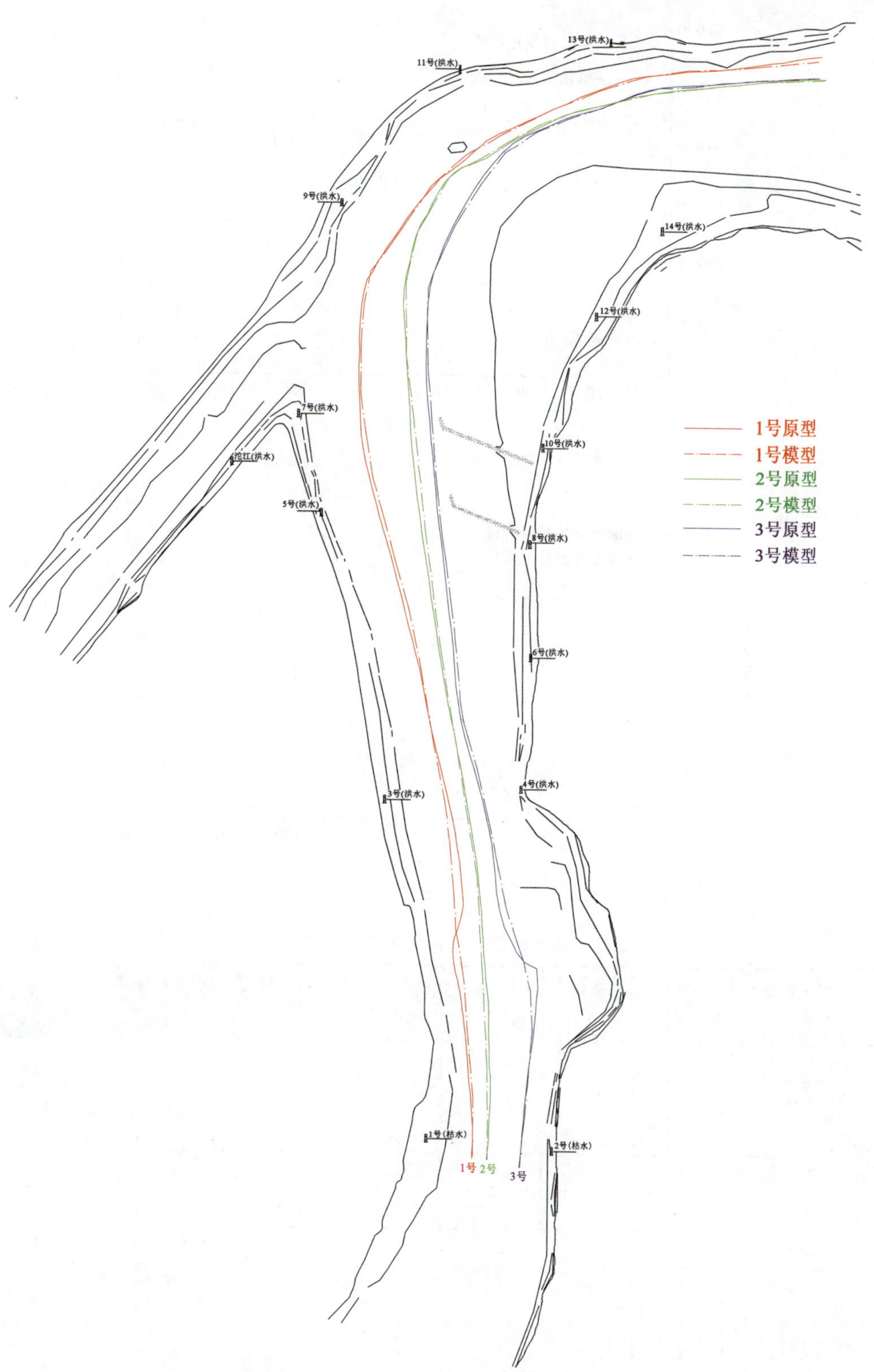

图 4-10　洪水($Q_{沱}/Q_{长}=400/17\ 546, R=0.023$)时表面流向验证

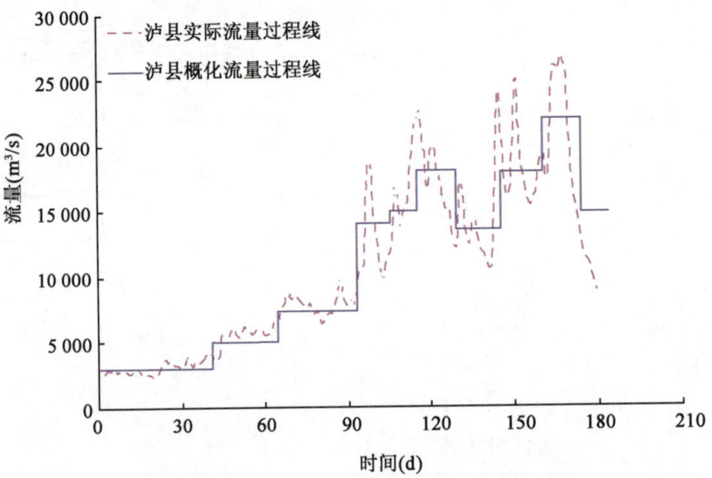

图 4-11　2007 年 4～9 月泸县流量过程线

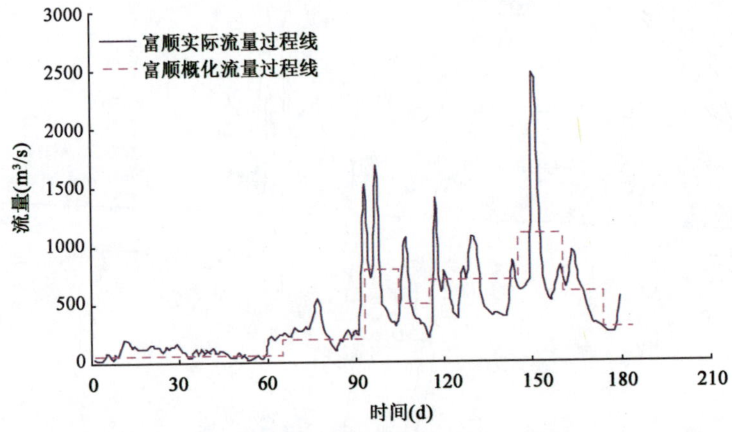

图 4-12　2007 年 4～9 月富顺流量过程线

模型验证试验水沙要素控制表　表 4-5

时段	起止日期(月一日)	原型历时(h)	模型历时(h:min)	流量(m^3/s)		推移质加沙量(kg/h)			尾门水位(m)
				长　江	沱　江	<0.6mm	0.6～2mm	2～3.5mm	
1	04－05～05－15	41	12:27	3 000	65.5				223.51
2	05－16～06－08	24	7:17	5 000	65.5				225.22
3	06－09～07－06	28	10:02	7 400	200	0.349			226.89
4	07－07～07－18	12	3:39	14 000	800	2.672	0.453		229.82
5	07－19～07－28	10	3:02	15 000	500	3.088	0.638		230.25
6	07－29～08－11	14	4:15	18 000	700	4.786	1.420		231.40
7	08－12～08－27	16	4:52	13 500	700	2.340	0.328		229.68
8	08－28～09－11	15	4:34	17 900	1 100	4.610	1.346	0.056	231.55
9	09－12～09－25	14	4:15	22 000	600	7.755	2.886	0.971	232.86
10	09－26～09－30	5	2:44	14 872	300	3.033	0.614		230.01

2)验证步骤及成果

模型初始地形按2007年3月实测地形刮制，河床部分为动床，以223m等高线为边界，223m以下为动床，以上边壁为定床，动床范围上起CS37断面，下至CS55断面，动床部分铺以按河床质级配曲线配制的模型沙(图4-13)。依据2007年4月至2007年9月长江与沱江的水沙过程分别所概化的10级流量依次放水，试验前模型先灌水，待模型淹没至一定深度后，流量开始徐徐放入模型，以床沙不受冲动，地形不被破坏为原则，随即迅速调准流量和尾门水位，上一级流量末了，下一级流量跟着开始，如此下去，直至试验结束[71]。各级流量放水时间见表4-5。在试验过程中，根据沙莫夫公式计算的加沙量，在模型动床部分上游CS32断面处按表4-5计算的流量与推移质加沙量的关系，把模型沙均匀加入主流带。放水结束后，待模型水面成静水面读取尾门水位值，用尾门控制水位，测针读数按5cm递减来控制泄水量。每泄完一次水，在动床区域用棉线围取水边，即为等高线。

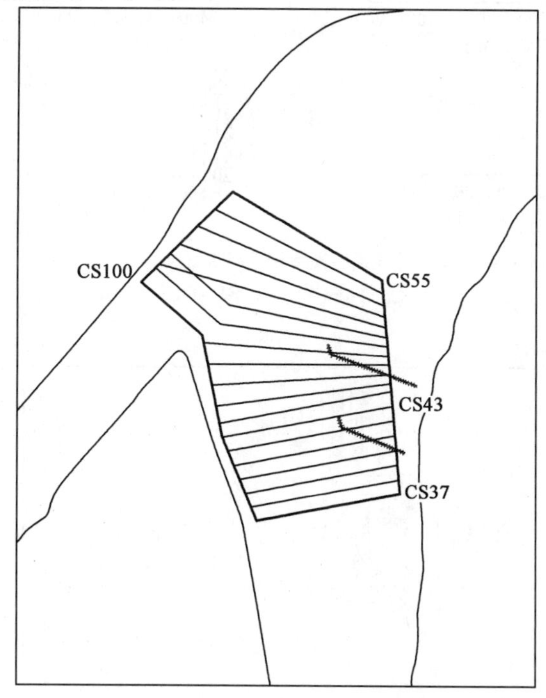

图4-13 动床范围示意图
(图中粗线为试验动床区域边界)

验证试验放水完毕，施测动床地形，并与2007年9月原型实测地形相比较，比较结果见图4-14和图4-15。由图可见，动床河段横断面与原型横断面比较变化均不大，动床河段冲淤地形与原型地形相似性也较好，河床中滩槽位置与原型接近，主槽的位置保持不变。加入的推移质也基本输送出滩段，沉积在滩段下游的深槽。因此说明动床模型设计、选沙基本是合理的。本试验河段是卵石河床，颗粒较粗，级配相对不均匀。江床的变化主要与卵石运动有关，悬沙几乎不参加运动，卵石伴随水流在床面上滚动或悬浮直至流速减小落淤下来，从而造成床面的冲淤变化。

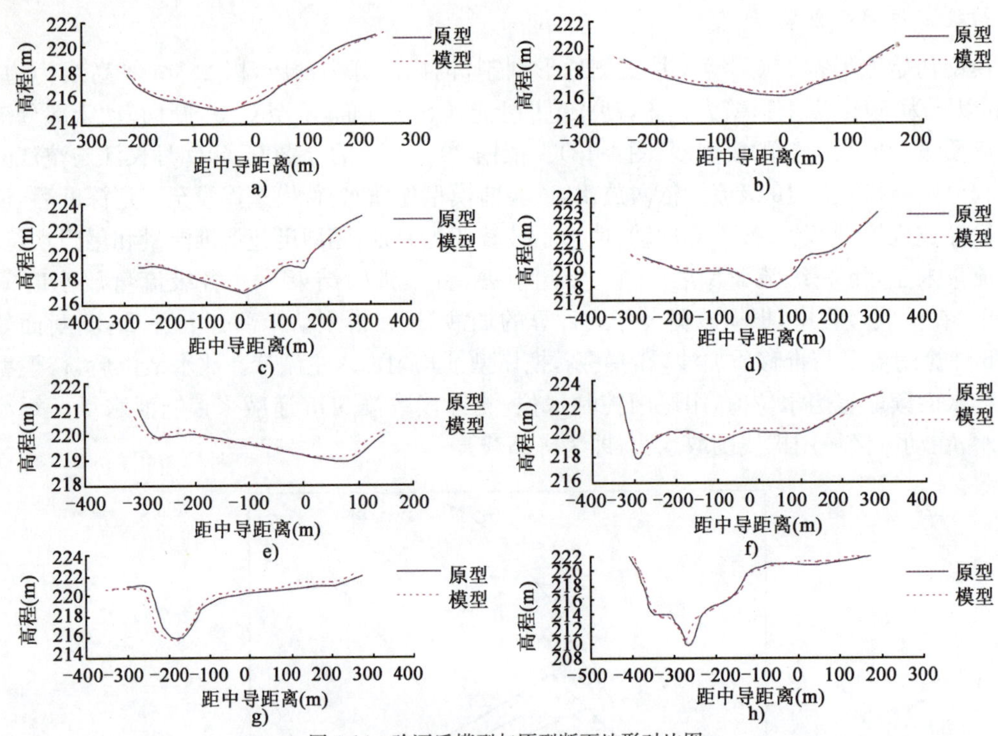

图 4-14　验证后模型与原型断面地形对比图

a)CS39；b)CS41；c)CS43；d)CS45；e)CS47；f)CS49；g)CS51；h)CS53

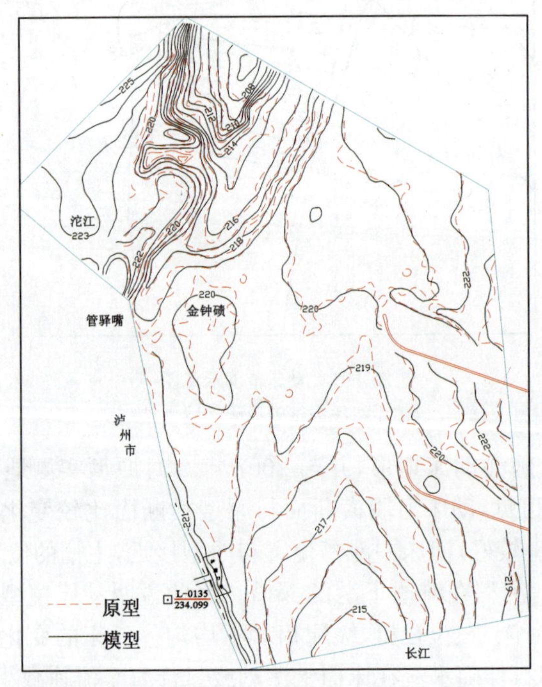

图 4-15　动床模型河床地形验证(图中等值线单位：m)

4.3 河工模型试验方案

4.3.1 清水定床试验

清水定床试验在重庆交通大学水利水运工程教育部重点实验室进行。根据依托对象建造比尺缩小的河工模型。长江上起黄家碛(航道里程 915km),下至草鞋碛(航道里程 909.5km),长约 5.5km;沱江上起沱江大桥上游约 300m 处,下至沱江河口,长约 1.6km。具体的平面布置如图 4-1 所示。

1)定床试验方案

(1)自然来水情况。根据《长江干线航道发展规划》,长江重庆至宜宾河段为Ⅲ级航道标准,沱江入汇长江段位于该河段,通行 881kW(推轮)顶推 1 艘 1 000t 驳船和 588kW 单船机驳,其航道尺度为 2.7m(水深)×50m(航宽)×560m(弯道半径),通航保证率为 98%。金钟碛险滩位于该沱江河口段,故必须考虑该滩实际情况提出的通航水流标准,如表 4-6 所示。金钟碛滩险河段通航保证率 98%对应的设计流量长江为 2 160m^3/s,沱江为 80 m^3/s,相应泸县基本水尺水位为 222.80m。整治水位高于设计水位 2.11m,相应泸县基本水尺水位为 224.91m,整治流量长江为 4 300m^3/s ,沱江为 200m^3/s。根据沱江入汇长江段历年水文资料的分析,造床流量长江为 10 200m^3/s,沱江为 280 m^3/s。根据西南水运研究所所做成果,当两江流量10 632/5 865m^3/s 为最不利组合时,金钟碛滩段的流速较一般情况小,而沱江出口处流速增大,同时滩段比降也相应地减小。由于滩段流速和比降减小,滩段水流的挟沙和输沙能力降低。又由历年来两江流量的汇流比,选择其中具有代表性的汇流比组合。

金钟碛险滩通航水流标准　　表 4-6

流速(m/s)	1.0	2.0	3.0	3.5
J(‰)	3.5	3.0	2.6	1

(2)向家坝水电站运行后影响情况:随着长江上游向家坝水电站的修建,运行后将改变其下游的来水来沙条件,沱江入汇口段的长江主要来流情况趋于规律,即为向家坝水电站的日调节流量和泄洪流量;沱江河口段由于渠化和上游流滩坝的调节作用,来水情况也趋于规律。向家坝电站日调节工况计算时,横江入流量取电站最小发电下泄流量 50 m^3/s,岷江入流量为 700m^3/s,沱江入流量为 50m^3/s;向家坝电站泄洪工况计算时,横江入流量 300 m^3/s,岷江入流量为 4 000m^3/s,沱江入流量为 300m^3/s。

(3)沱江河口段定床试验组合:综合前面两种因素的考虑,进行试验设计,列出沱江汇合口定床试验组合情况如表 4-7 所示。

2)观测内容

(1)观测各工况下汇合口河段的水面线,研究汇合口河段的横比降和纵比降,按照如图 4-1所示的水尺布置方式,用水位测针来量测沿程水位,读取精度可达到 0.1mm。

沱江汇合口定床试验各工况流量组合表　　表 4-7

工况	流量(m^3/s)				汇流比 R ($Q_{沱}/Q_{长}$)	备　注
			长　江	沱　江		
1	自然来水情况	设计流量	2 160	80	0.037	
2		整治流量	4 300	200	0.047	
3		造床流量	10 200	280	0.027	
4		最不利组合	10 632	5 868	0.552	
5		大流量组合	20 730	3 520	0.170	1985 年 9 月 16 日相应的流量
6			19570	5 880	0.300	1984 年 7 月 7 日相应的流量
7	向家坝电站影响	向家坝日调节	2 506	50	0.020	日调节最小流量
8			4 344	50	0.012	日调节最大流量
9		向家坝泄洪	10 600	300	0.028	最小泄洪流量
10			12 600	300	0.024	
11			14 600	300	0.021	
12			15 897	300	0.019	
13			18 037	300	0.017	最大泄洪流量

(2)观察各工况下受两江交汇影响范围河段的流速分布情况，由于研究的主要目的是用来解决通航问题，故测定水体表面水质点运动速度的大小及方向，选取如图 4-1 所示的长江 CS32、CS34、CS36、CS38、CS40、CS42～CS50、CS52～CS56、CS58 断面以及沱江 CS97～CS102 断面总共 26 个测流断面，表面测流点以每个断面中导为控制起点，中导的左右两边依次移动 30cm 进行选取。

(3)为研究汇合口交汇段内部水流结构，考虑汇流比的差异，选取工况 3、工况 4、工况 5、工况 10、工况 13 和断面 CS40、CS43、CS45、CS48、CS50、CS52、CS54、CS56、CS58、CS100、CS102 共 11 个测流断面，采用三点法(0.2h、0.6h 和 0.8h)测定各垂线上三点的平均流速。垂线以每个断面中导为控制起点，中导的左右两边依次移动 30cm 进行选取。

(4)观测各工况下汇合口交汇处的水面流态。

(5)观测各工况下汇合口处的水流紊动情况。

4.3.2　清水动床冲刷试验

清水冲刷试验在重庆交通大学水利水运工程教育部重点实验室进行。根据依托对象建造比尺缩小的河工模型。长江上起黄家碛(航道里程 915km)，下至草鞋碛(航道里程 909.5km)，长约 5.5km；沱江上起沱江大桥上游约 300m 处，下至沱江河口，长约 1.6km。具体的平面布置见图 4-1 所示。其中河床部分为动床，以 223m 等高线为边界，223m 以下为动床、以上边壁为定床，动床范围上起 CS37 断面，下至 CS55 断面，动床部分铺以按河床质级配曲线配制的模型沙。

1)动床试验方案

(1)根据南京水利科学研究院的成果，向家坝水电站泄洪为稳定基流(Q=6 300m^3/s)—不稳定泄洪—稳定泄流的过程。大坝不稳定泄洪是在稳定基流的基础上，闸门按中孔对称开启，2扇闸门在12.5min内增加50%开度，相应下泄流量增加2 000m^3/s左右，每级流量持续14h，使得下游水位相对稳定，再开启闸门增加泄流，直至下泄流量达到各工况最大流量，泄洪过程共有五级流量。经统计分析，取横江流量300 m^3/s，岷江流量4 000 m^3/s，因此本次试验到达泸州的泄洪流量见表4-8。由于稳定基流持续时间很短，所以试验中没有施放稳定基流，只连续施放了稳定基流后泄洪的四级流量(工况10～工况13)。

向家坝泄洪工况流量组合　　表4-8

工　况	流量(m^3/s)		汇流比R ($Q_沱/Q_长$)	备　注
	长　江	沱　江		
D10	12 600	300	0.024	
D11	14 600	300	0.021	
D12	15 897	300	0.019	
D13	18 037	300	0.017	最大泄洪流量

(2)为了研究不同的流量组合对河床的影响，选择三个典型的汇流比(工况D3～工况D5)，观察河床冲淤变化情况。见表4-9。

不同汇流比施放工况　　表4-9

工　况	流量(m^3/s)			汇流比R ($Q_沱/Q_长$)	备　注
		长　江	沱　江		
D3	造床流量	10 200	280	0.027	
D4	最不利组合	10 632	5 868	0.552	
D5	大流量组合	20 730	3 520	0.17	1985年9月16日相应的流量

2)试验步骤

开展向家坝泄洪影响下的清水动床冲刷试验的目的主要是为了了解上游水利枢纽修建后，在新的水流条件下本河段的河床冲淤变化情况，进而研究其对本河段通航水流的影响。试验步骤和方法如下：

(1)模型初始地形按2007年3月实测地形刮制，河床部分为动床，以223m等高线为边界，223m以下为动床，以上边壁为定床，动床范围上起CS37断面，下至CS55断面，动床部分铺以按河床质级配曲线配制的模型沙。

(2)根据表4-8中工况D10～工况D13的流量依次连续放水，试验前模型先灌水，待模型淹没至一定深度后，流量开始徐徐放入模型，以床沙不受冲动，地形不被破坏为原则，随即迅速调准流量和尾水位，上一级流量末了，下一级流量跟着开始，如此下去，直至最后一级流量。

图 4-16 泄洪后棉线围线地形

(3)连续放水结束后,待模型水面成静水面读取尾门水位值,用尾门控制水位,测针读数按 5cm 递减来控制尾门泄水量。每泄完一次水,在动床区域用棉线围取水边,然后施测动床地形,如图 4-16所示。

(4)分别施测工况 1～工况 4 的流速分布情况。

(5)按步骤(1)重新铺设模型沙,然后施放工况 D3～工况 D5 的流量,每放完一级流量用棉线围取水边得等高线,施测地形。

4.4 汇合口河段的水力特性分析

4.4.1 水面线分布

1)纵向水面线

汇合口交汇水流特性较复杂,它受交汇角、河床组成、干支流来流相对大小、水流雷诺数和傅汝德数、床面糙率及流体的物理特性等因素的影响。试验河段由于是特定的沱江汇合口段,所以汇合口的尺寸、形状、交汇角、床面坡降和渠底连接情况等都一定。采用兰波对汇流段分区的观点,对于本试验的整个河段,把距长江进水口 2 300～3 080m 段近似于长江(干流)壅水区,3 080～3 600m 段可看成合流区,3 600m以下为集流区,距沱江进水口1 000～1 500m段可近似于沱江(支流)壅水区。如图 4-17 所示。

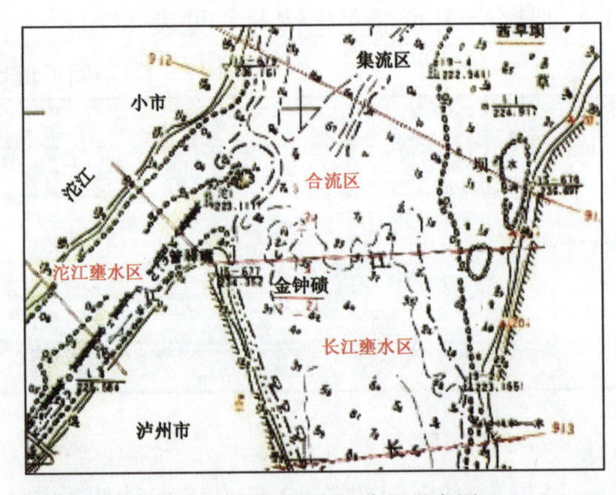

图 4-17 沱江汇合口分区示意图

(1)壅水区的水面纵比降变化。选择试验工况中相对于该河口枯、中、洪水三级流量进行比较,如图 4-18 所示。可以看出各工况的水位沿程变化趋势一致。其中工况 2($Q_{沱}/Q_{长}=200/4\ 300$,$R=0.047$)时的干流壅水区水面坡度最陡,比降为 0.44‰。工况 3($Q_{沱}/Q_{长}=280/10\ 200$,$R=0.027$)次之,比降为 0.33‰,工况 5($Q_{沱}/Q_{长}=3\ 520/20\ 730$,$R=0.17$)最缓,比降为 0.07‰。其原因是当干支流流量较小时,汇合口顶托现象不明显,水面坡降主要受河床的影响,随干支流流量的增加,顶托现象逐渐显著起来。如图 4-19所示,工况 3($Q_{沱}/Q_{长}=280/10\ 200$,$R=0.027$)、工况 4($Q_{沱}/Q_{长}=5\ 868/10\ 632$,$R=0.552$)为长江干流流量相当,沱江支流流量增大,即汇流比增大,可以看出,长江壅水区水面坡降变缓,比降由 0.33‰变为 0.07‰。又当沱江支流流量相当,长江流量增大时,沱江壅水区水面坡降亦变缓,如图 4-20 所示。从工况表中不难看出,工况 9($Q_{沱}/Q_{长}=300/$

10 600，R=0.028)至工况 13($Q_{沱}/Q_{长}$= 300/18 037，R=0.017)中为沱江支流流量不变，长江流量逐渐增大，如图 4-21 所示，随着汇流比的增大，长江干流壅水区的水面比降也相应地增加，也就是说，当其他条件不变时，长江流量增大，长江壅水区的水面纵比降变缓。

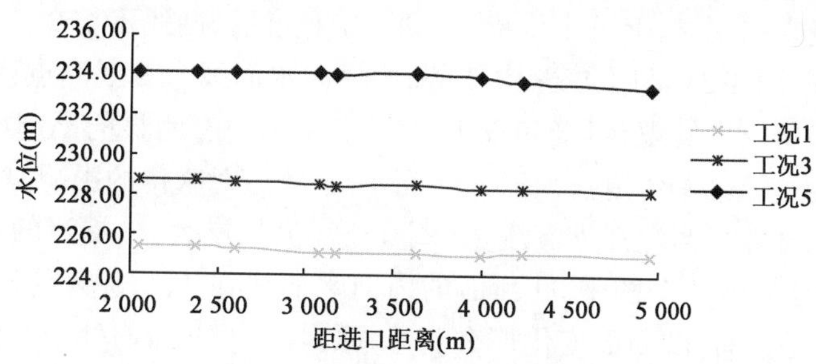

图 4-18 工况 2、3、5 长江纵向水面线变化

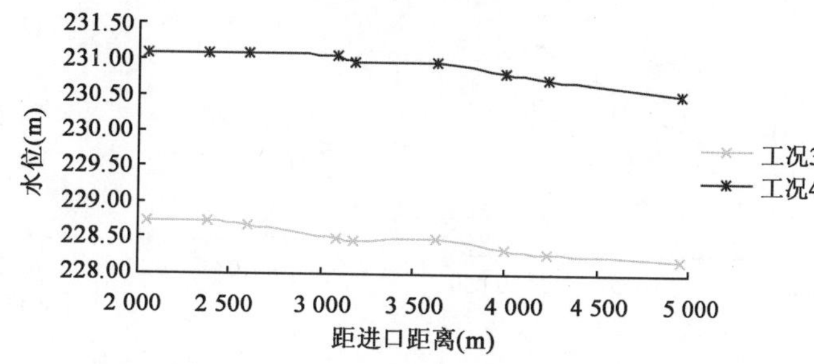

图 4-19 工况 3、4 长江纵向水面线变化

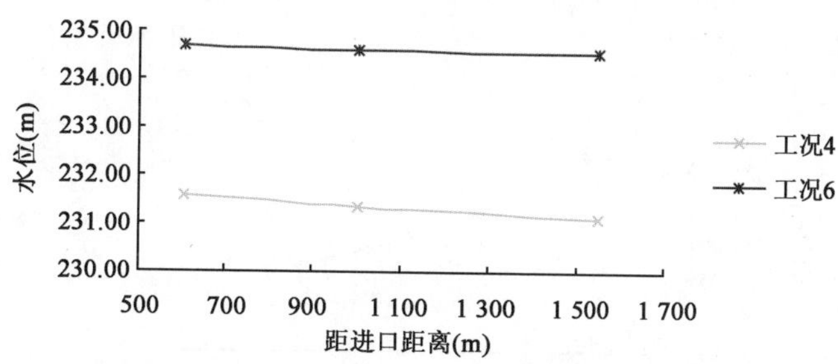

图 4-20 工况 4、工况 6 沱江纵向水面线变化

(2)合流区的水面纵比降变化。如图 4-22 所示，由工况 9～工况 13 合流区水面比降变化可以得出，沱江支流不变，随着汇流比 R 的增大，汇合口合流区的水面比降相应的减小；当其他条件不变时，长江流量增大，汇合口合流区的水面纵比降变陡，此规律刚好与壅水区的相反；长江流量相当，沱江流量增加，汇合口合流区的水面比降也相应的减小。支流一侧水流变急，干流一侧受支流的冲击摩擦，流态紊乱。

2)横向水面线

斜接和 Y 形入汇，由于干支流水流的相互冲击、摩擦和挤压，水流结构极其复杂。在汇合口处，河中心水位高于两岸，呈现出“∧”形。支流在弯道处的凹岸汇入，势必会对弯道水流运动产生影响。我们还需从弯道水力学的角度考虑，水流进入弯道段，主流线会折向凹岸。凹岸水位高于凸岸。横向水面线呈抛物线形。选取合流区段 52、59 断面试验水位进行分析，发现合流区横向水面线随着汇流比 R 变化具有明显的变化规律。如图 4-23～图 4-26 所示，首先，在工况 4($Q_{沱}/Q_{长}$=5 868/10 632，R=0.552)、工况 9($Q_{沱}/Q_{长}$=300/10 600，R=0.028)时，当长江干流流量相当，随沱江支流流量的增大，图 4-23 与图 4-24 有明显不同，也不同于其他两图，即 52 断面和 59 断面横向水面线不相交。反映了随汇流比 R 的增大，支流对干流的顶托作用越来越明显，上游水位抬高，到一定程度后，两线不相交。其次，横向水面线反应水面的形态特征，图 4-24 至图 4-26 中 52 断面横向水面线 1、2、3 测点连线的弯曲程度逐渐减小。据前人试验研究中发现，斜接和 Y 形入汇水位中间有明显的凸起(横向水位中间高于两边)，本研究因为支流处于弯道段入汇的情况，考虑弯道对水位的影响，总的来说水位还是遵循凹岸高于凸岸的规律。当沱江支流流量一定，长江流量增大，干支流的动能增大，水面凸起增大。图 4-24 至图 4-26 三个图中 59 断面的横向水面线在 1、2、3 测点间的连线变化规律和 52 断面的一致，但是没有 52 断面变化那么明显，原因在于 59 断面处于合流区的末端位置，干支流汇流的影响不如合流区开始位置那么强烈，故变幅要小些。

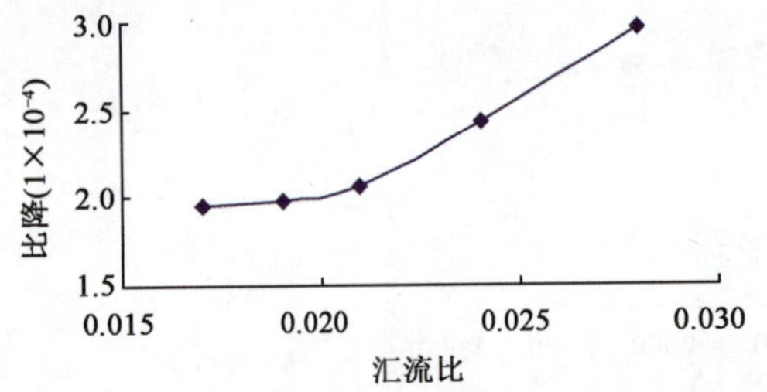

图 4-21 工况 9、工况 10、工况 11、工况 12、工况 13 长江壅水区水面比降变化

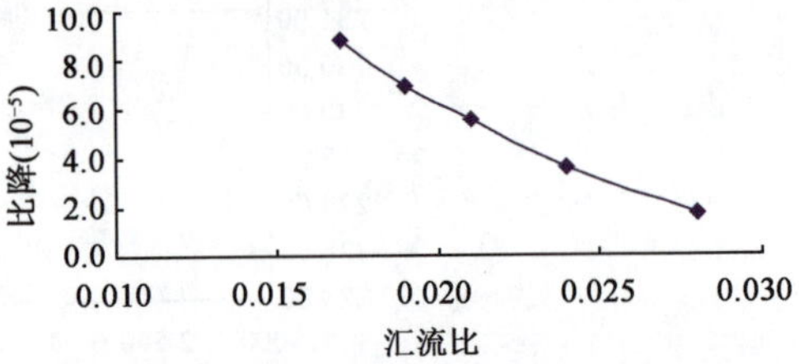

图 4-22 工况 9、工况 10、工况 11、工况 12、工况 13 合流区水面比降变化

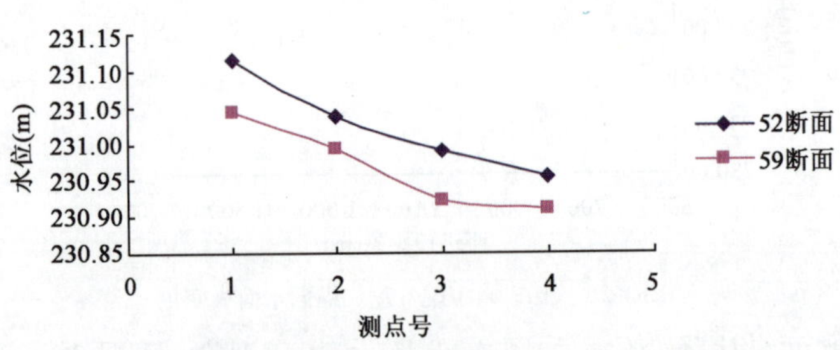

图 4-23 工况 4 合流区水面横比降变化

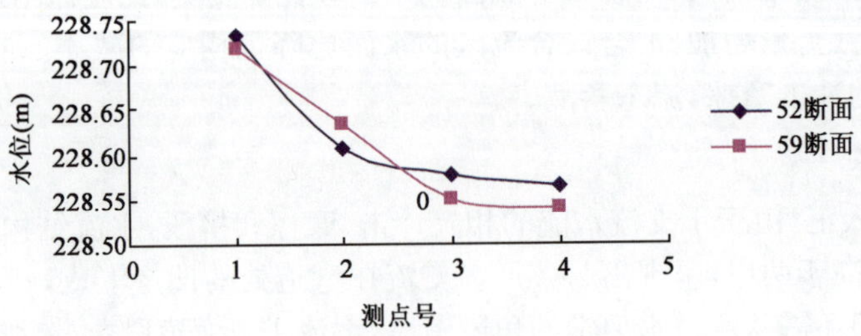

图 4-24 工况 9 合流区水面横比降变化

3)汇合口的水面特征

干支流交汇，水流相互顶托，上游形成壅水，壅水区水流较平稳，干支流同步升降，长江干流流量一定，随汇流比的增大，水面抬升，由于受支流的顶托作用，在干流内形成局部隆起，其位置随汇流比增大而上移，长江干流流量的增大也会使隆起位置上移。合流区水面波动剧烈，由上至下产生大幅度地跌落，两股水流的交界处形成水面脊线，当沱江对长江顶托作用加强时，水面脊线由靠近沱江向河中转移。支流在凹岸汇入，干支流的交汇角是关键因素，由于干支流水量的大小不一定同期，更不会同步，汇流角大，必然迫使主流线游荡。由于支流的挑流和水流在下方的折冲，下游为很不规则的扭曲面。

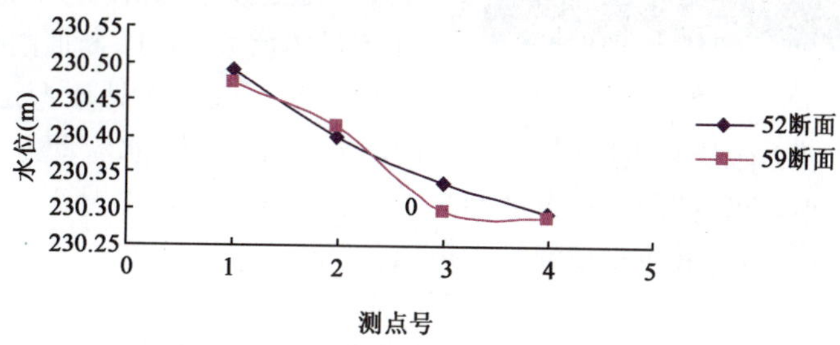

图 4-25　工况 11 合流区水面横比降变化

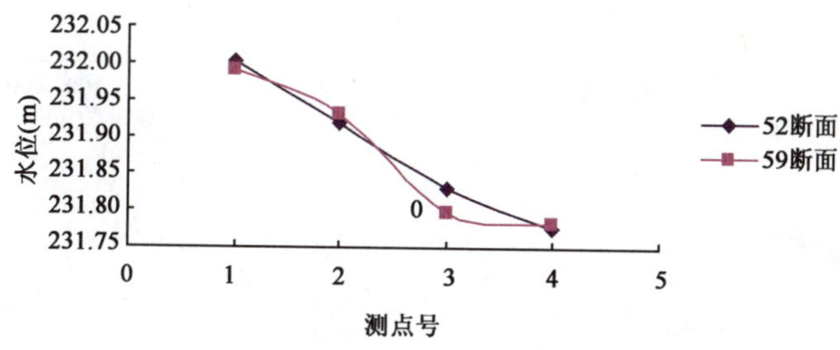

图 4-26　工况 13 合流区水面横比降变化

4.4.2　流速分布

1)表面流速分布特征

本模型试验河段为长江和沱江汇合口，沱江在弯道上口凹岸与长江交汇后顺河弯而下。长江与沱江交汇前的左岸存在一险滩——金钟碛，为对此碍航浅滩进行整治，于其右岸修建了两条勾头丁坝，所以，丁坝和弯道是本河段试验过程中对流速产生影响的两个重要因素。干支流交汇，两股水流相遇，相互掺混挤压，主要表现在流速的横向分布、纵向分布及其数值的变化方面。

(1)支流流量一定。选取工况 9($Q_{沱}/Q_{长}=300/10\,600, R=0.028$)、工况 11($Q_{沱}/Q_{长}=300/14\,600, R=0.021$)和工况 13($Q_{沱}/Q_{长}=300/18\,037, R=0.017$)，如图 4-28 所示，各工况下对长江上游段 CS34、CS38、CS44 流速进行比较，发现 CS34、CS38、CS44 在这 3 个工况下的流速按照流量的大小依次递增，说明当沱江支流流量一定，长江流量增大，即汇流比减小，

图 4-27　工况 9 丁坝处水流照片

流速增大，这有利于泥沙的冲刷。CS34、CS38 的规律趋势比 CS44 好，原因在于 44 断面处于双丁坝段，丁坝影响范围内流速变化由丁坝的挑流、两坝间环流、漫坝水流等所致，如图 4-27 所示。

从 CS45 开始过渡变化，规律如图 4-28 所示。从 CS48、CS52、CS56 的流速变化可以看出，沱江支流流量不变，随着长江流量的增大，断面流速最大值逐渐增大且向右岸偏移。随长江流量的增大，在 48 断面附近出现图 4-28 所示规律。断面 52、56 处于弯道段上，长江流量小时，水深小，水流的动力轴线靠近凹岸，长江流量增大，水深增大，水流动力轴线靠近凸岸，充分体现了“大水取直，小水坐弯”的规律。如图 4-33～图 4-35 所示，工况 9～工况 13 流向由顶冲凹岸逐渐向凸岸摆动，最大流速呈现同样的规律。

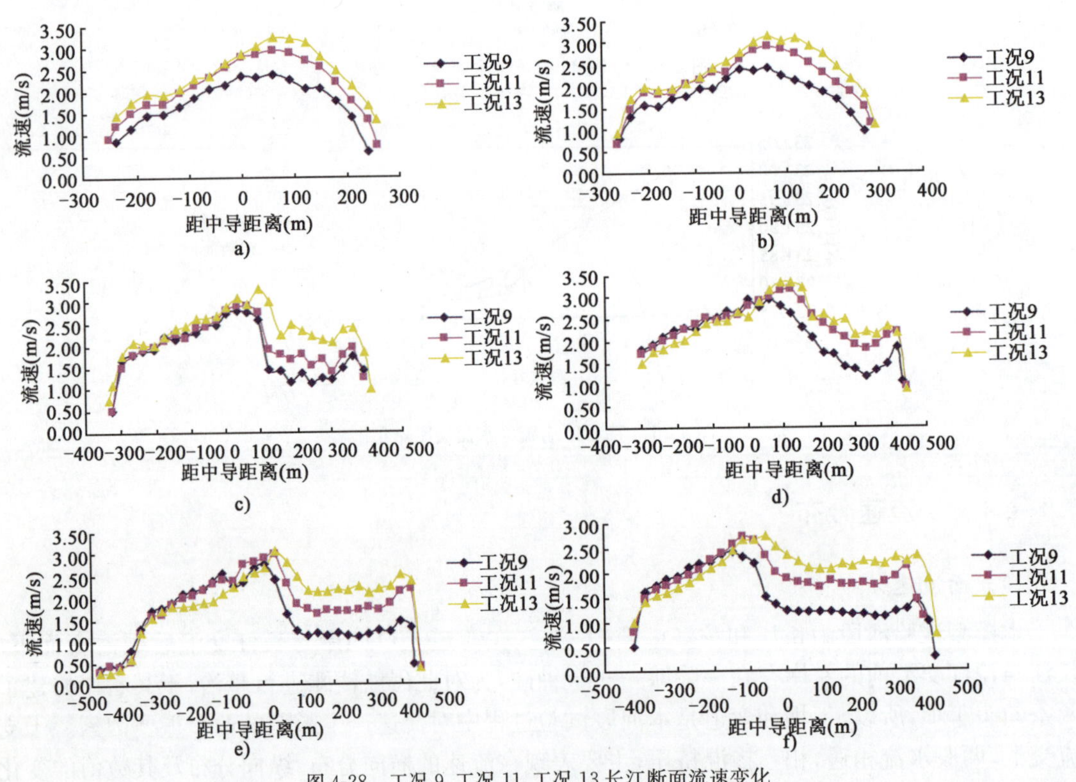

图 4-28　工况 9、工况 11、工况 13 长江断面流速变化

a)CS34；b)CS38；c)CS44；d)CS48；e)CS52；f)CS56

在工况 9、工况 11 和工况 13 下，对沱江支流段 CS98、CS102 流速进行比较，发现 CS98、CS102 在这 3 个工况下的流速随着长江流量的增加而减小，如图 4-29 所示。由汇合口水面线规律可知，当沱江支流流量一定，干流流量增大时，长江干流对沱江支流的顶托作用加强，

沱江流速减小。CS98 上流速的波动很大，这是由于沱江河段中的顺坝、齿坝、地形等因素造成。

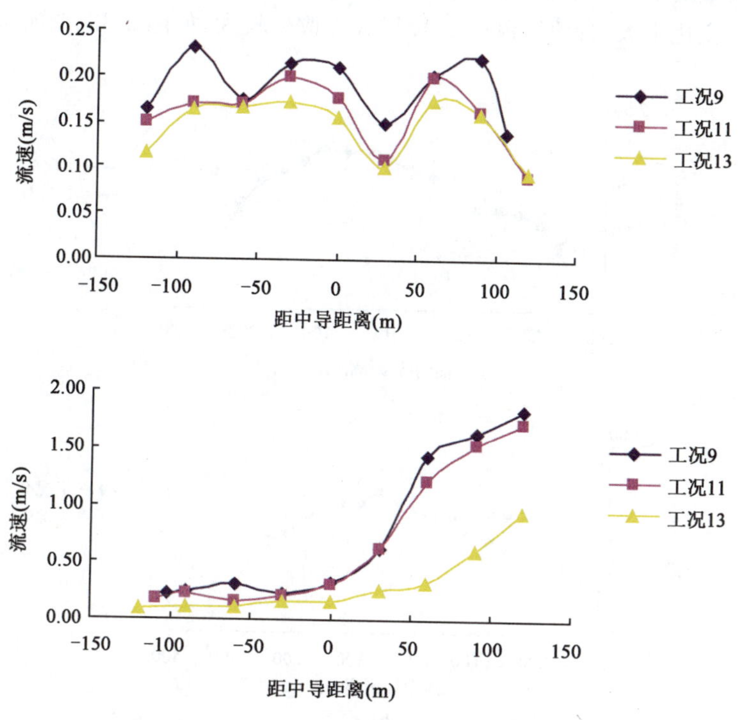

图 4-29　工况 9、工况 11、工况 13 沱江断面流速变化

(2)干流流量一定。选取工况 4($Q_{沱}/Q_{长}$ = 5 868/10 632，R=0.552)和工况 9($Q_{沱}/Q_{长}$ = 300/10 600，R=0.028)，对长江上游段 CS34、CS38、CS45、CS49 流速进行比较，发现 CS34 与 CS38 在工况 4 下的流速小于工况 9，说明当长江干流流量相当，沱江流量增大，即汇流比增大时，沱江支流对长江干流的顶托作用加强，干流丁坝上游段流速减小(见图 4-30)，这更容易使泥沙在此落淤。同时，CS45、CS49 断面左侧的流速依然遵循此规律。但是在右侧，由于丁坝的影响，工况 4 下的流速反而比工况 9 大。这是因为 CS45、CS49 处于双丁坝段，工况 4 沱江流量较大，此时沱江对长江的顶托作用较强，导致此区域水位工况 4 较工况 9 高。因此工况 4 丁坝的阻水作用相对较弱，右侧过流量较工况 9 有所增大，导致工况 4 断面流速分布趋于坦化，加上丁坝挑流、漫坝水流等因素的影响，造成了上述现象的出现，如图 4-30 所示。

在合流区，断面流速变化规律如图 4-31 所示。从 CS52、CS54、CS56 的流速变化可以看出，长江干流流量相当，随着沱江流量的增大，断面流速从左岸至右岸以先增加后减小，再增加的规律出现。在断面的凹岸靠岸一侧，工况 4 的断面流速远远大于工况 9，这是因为此处主要是沱江水流起控制作用。当长江流量相当，沱江流量很大，即汇流比很大的情况下，流速相应较大，如工况 4，汇流比达到了 0.552，CS56 断面处于合流区尾部，沱江流量作用弱于 CS52、CS54。工况 9 沱江流量相对长江较小，断面流速平稳增加。断面中间部分工况 9 的流速大于工况 4,因为靠近凹岸的沱江水流挤压与其交汇的长江水流,工况 4 沱江对长江的顶托作用强于工况 9,水面壅高,流速减小。靠近凸岸一侧为一大边滩,两江汇合均匀后,断面干流和支流总流量随沱江流量的增大而增大,流速也增大。沿横向分布,沱江支流趋于均匀,干流上游不受丁坝影响区域变化不大,合流区流向随 R 增大而改变较大,如图 4-32、图 4-33 所示。

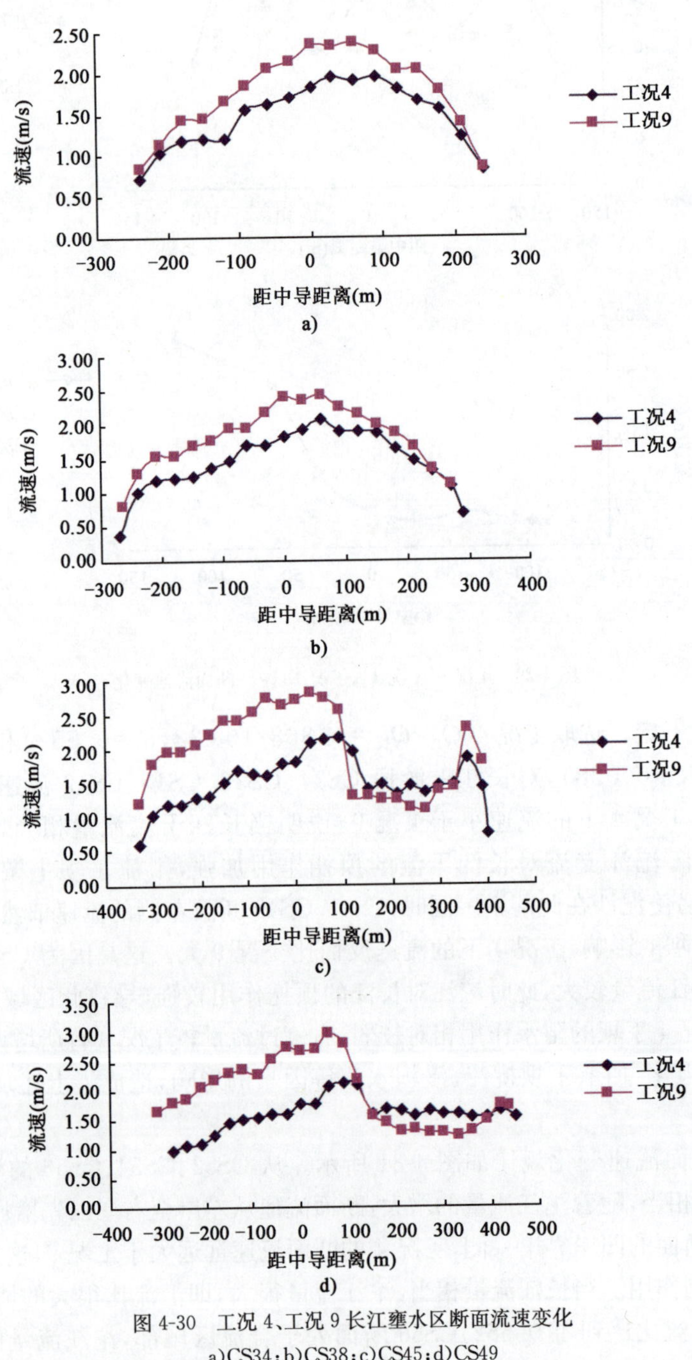

图 4-30 工况 4、工况 9 长江壅水区断面流速变化

a)CS34;b)CS38;c)CS45;d)CS49

2)垂线平均流速分布特征

以工况 3($Q_{沱}/Q_{长}$=280/10 200,R=0.027)和工况 4($Q_{沱}/Q_{长}$= 5 868/10 632,R=0.552)为例,从图 4-36、图 4-37 可看出,工况 3 和工况 4 干流流量相当,支流流量增大,汇流比 R 增大,支流壅水区垂线平均流速增大,支流对干流的顶托作用加强,干流壅水区垂线平均流速减小,泥沙易于淤积。支流由于流量增大,干流流量相当,对支流的顶托作用几乎没有什么变化。干流壅水区由于双勾头丁坝坝头的挑流作用,当沱江流量很小,即汇流比 R 很小时,垂线平均流速最大值出现在勾头的挑流延长线上,沱江流量增大,汇流比 R 增大,甚至达到长江流量的一半,支流对干流顶托作用较强,合流区支流一侧平均流速增大,而另一侧略有减小。因为支流水流和干流水流相汇合,对干流水流有挤压作用,支流流量增大,顶托、掺混作用越强,干流一侧垂线平均流速减小且断面垂线平均流速变得均匀,梯度减小。

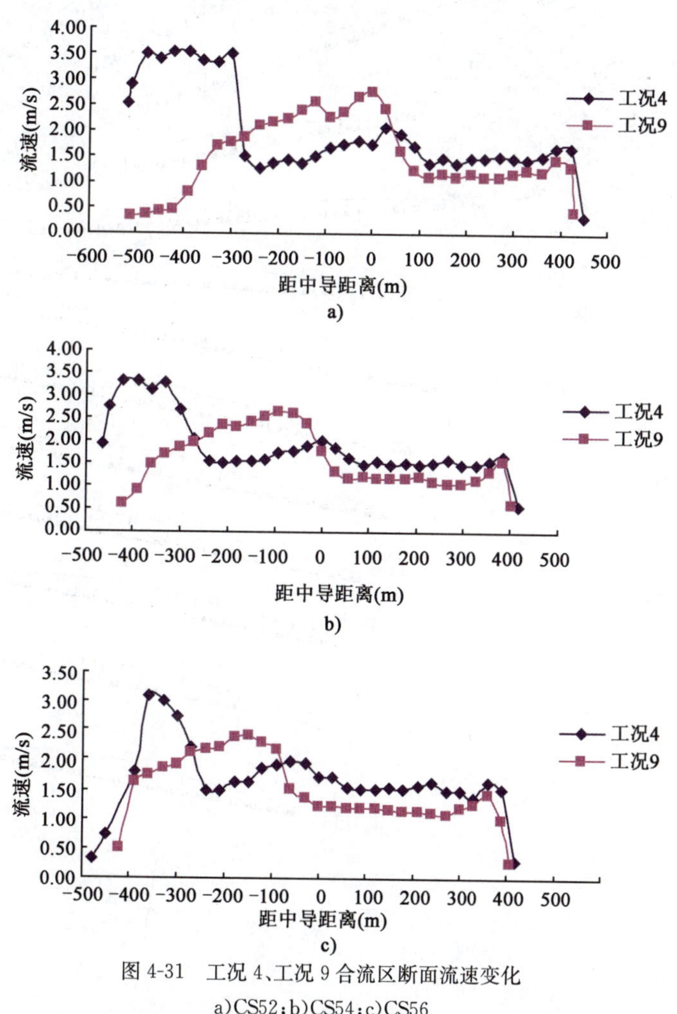

图 4-31 工况 4、工况 9 合流区断面流速变化

a)CS52;b)CS54;c)CS56

以工况 10($Q_{沱}/Q_{长}$=300/12 600,R=0.024)和工况 13($Q_{沱}/Q_{长}$= 300/18 037,R=0.017)为例,从图 4-38、图 4-39 可看出,支流流量一定,干流流量增大,支流壅水区垂线平均流速减小,干流垂线平均流速增大。合流区及下游由于流量的增大,垂线平均流速增大。由于干流流

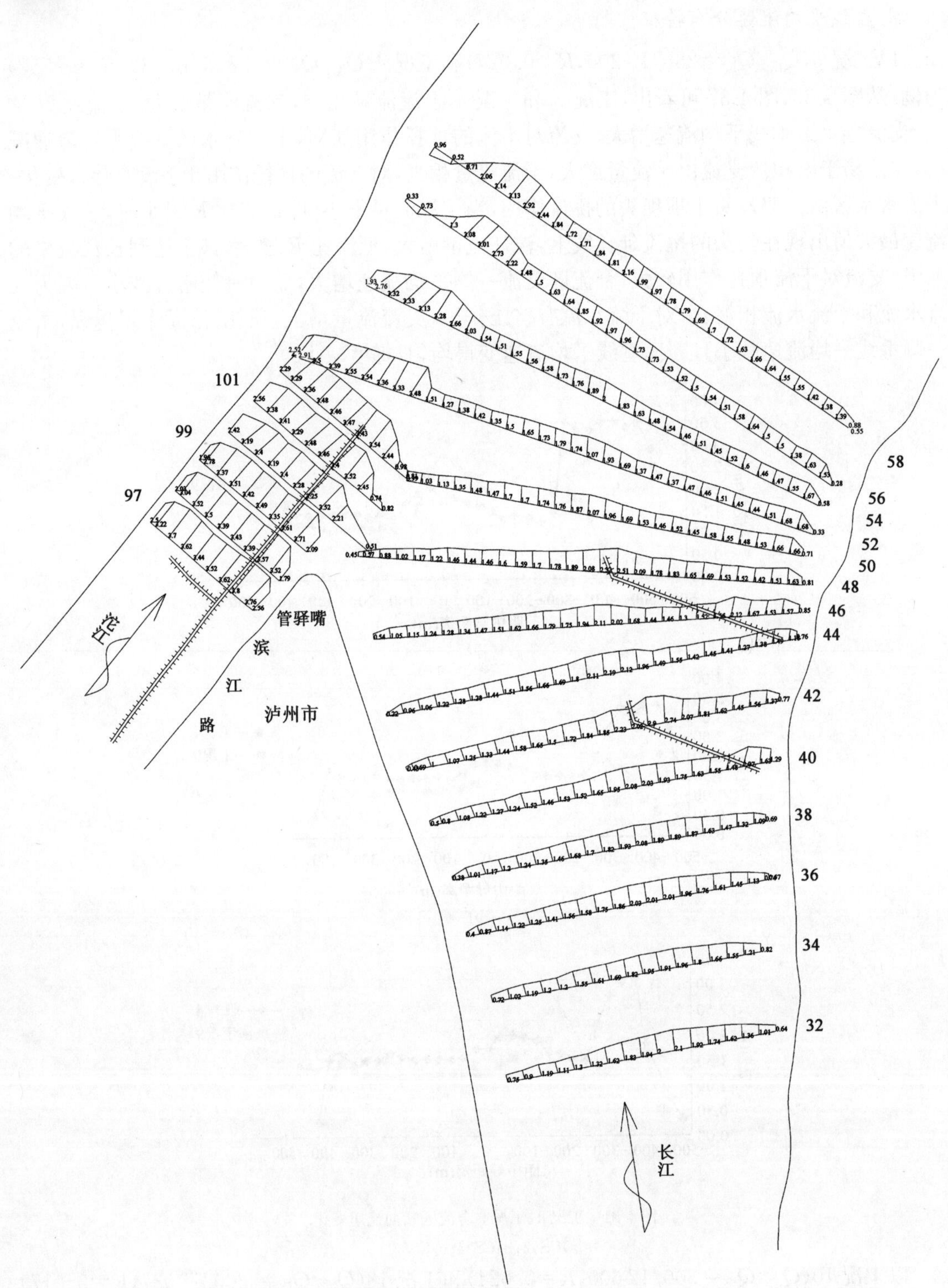

图 4-32　工况 4($Q_{沱}/Q_{长}$=5 868/10 632,R=0.552)各断面表面流速流向

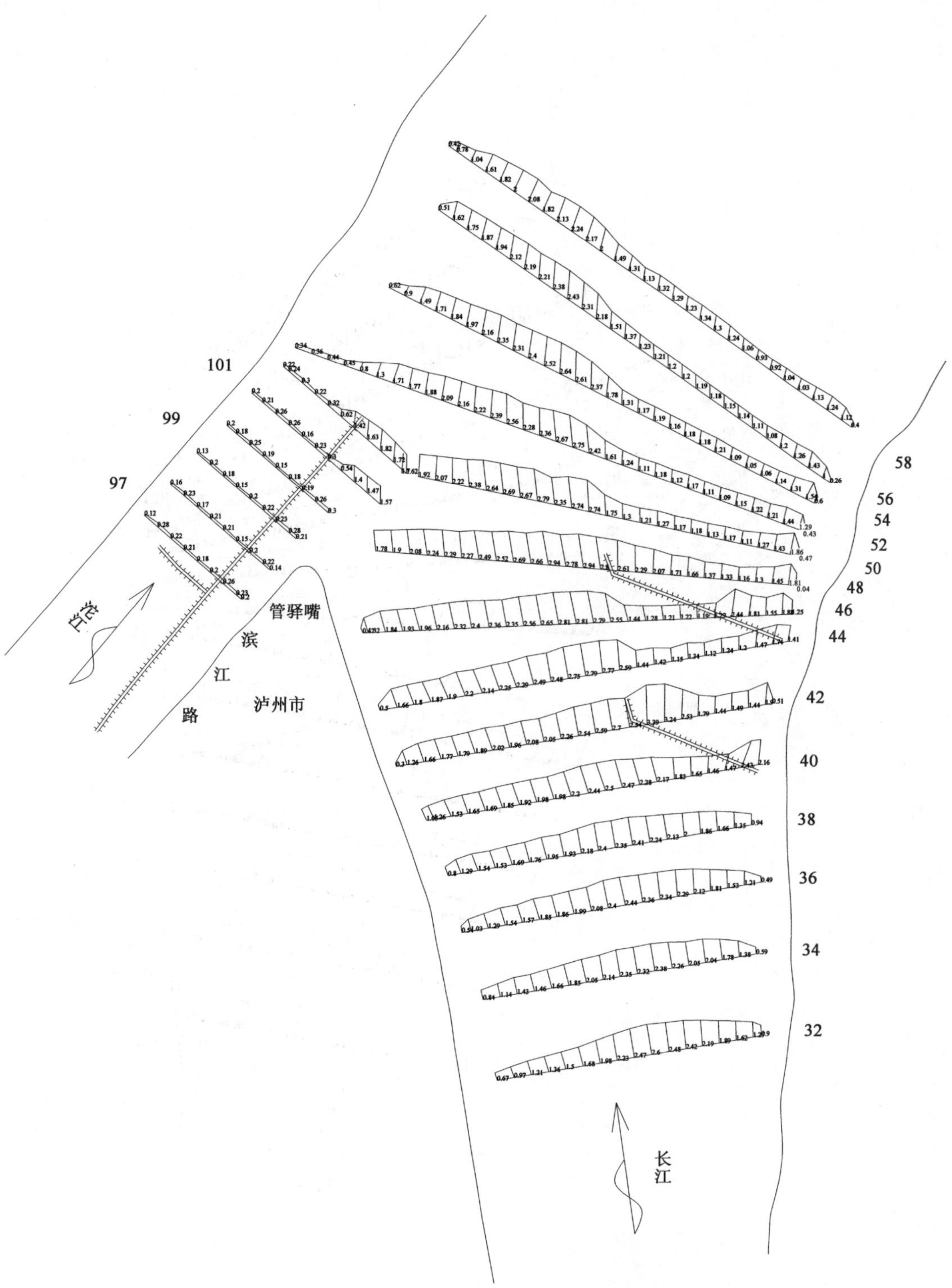

图 4-33 工况 9($Q_{沱}/Q_{长}=300/10\,600, R=0.028$)各断面表面流速流向

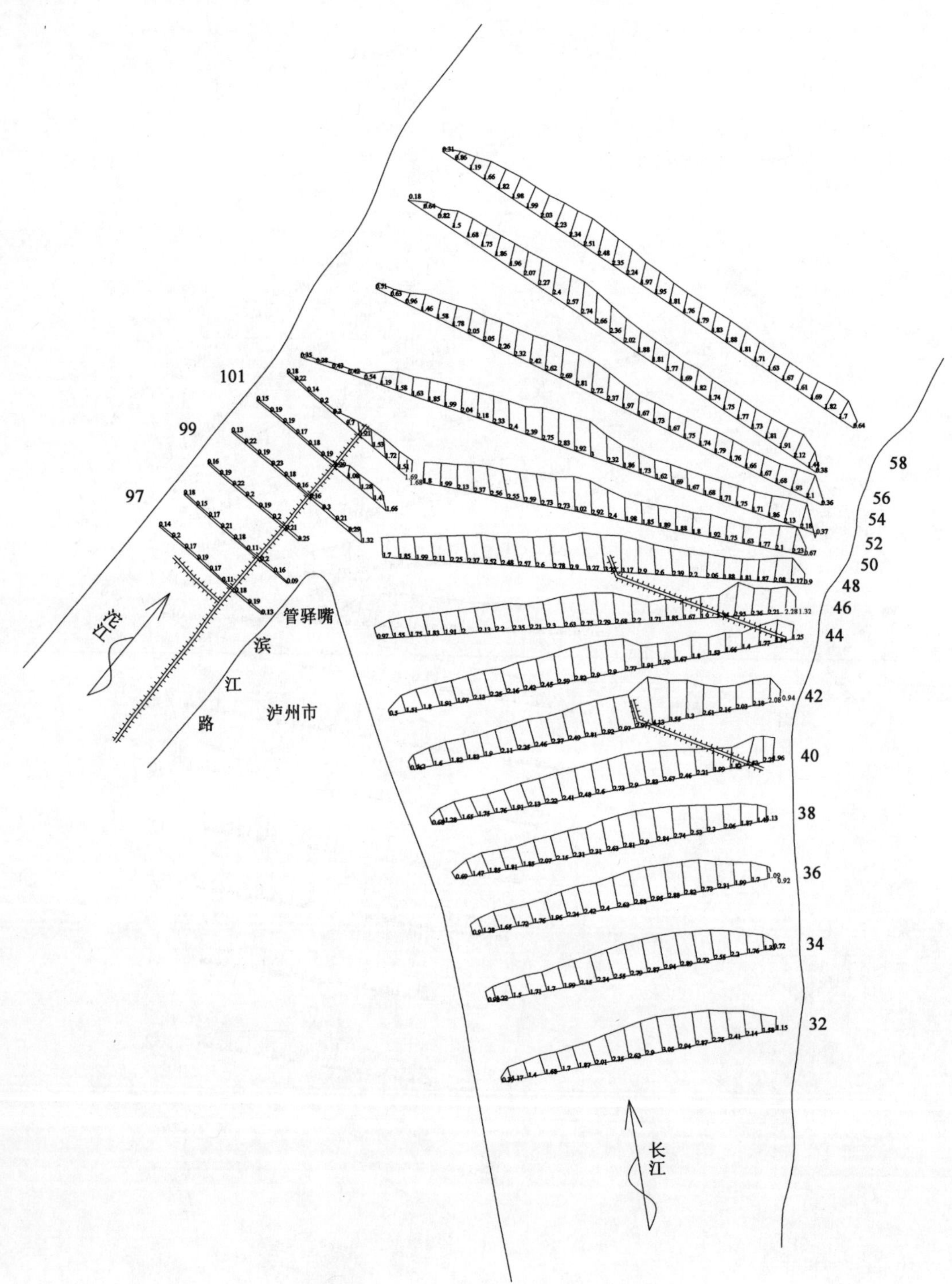

图 4-34　工况 11($Q_{沱}/Q_{长}$=300/14 600,R=0.021)各断面表面流速流向

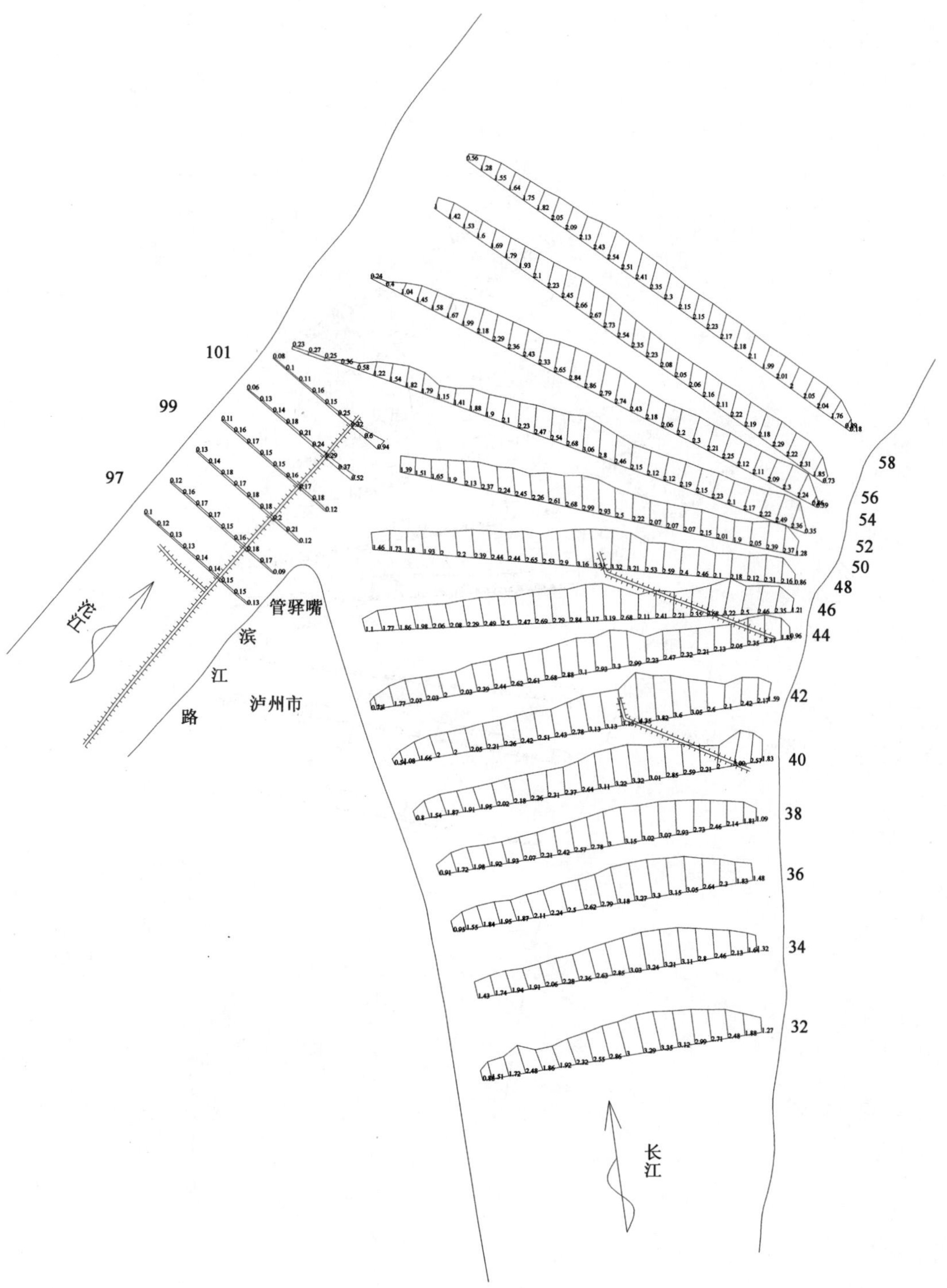

图 4-35　工况 13($Q_{沱}/Q_{长}$=300/18 037,R=0.017)各断面表面流速流向

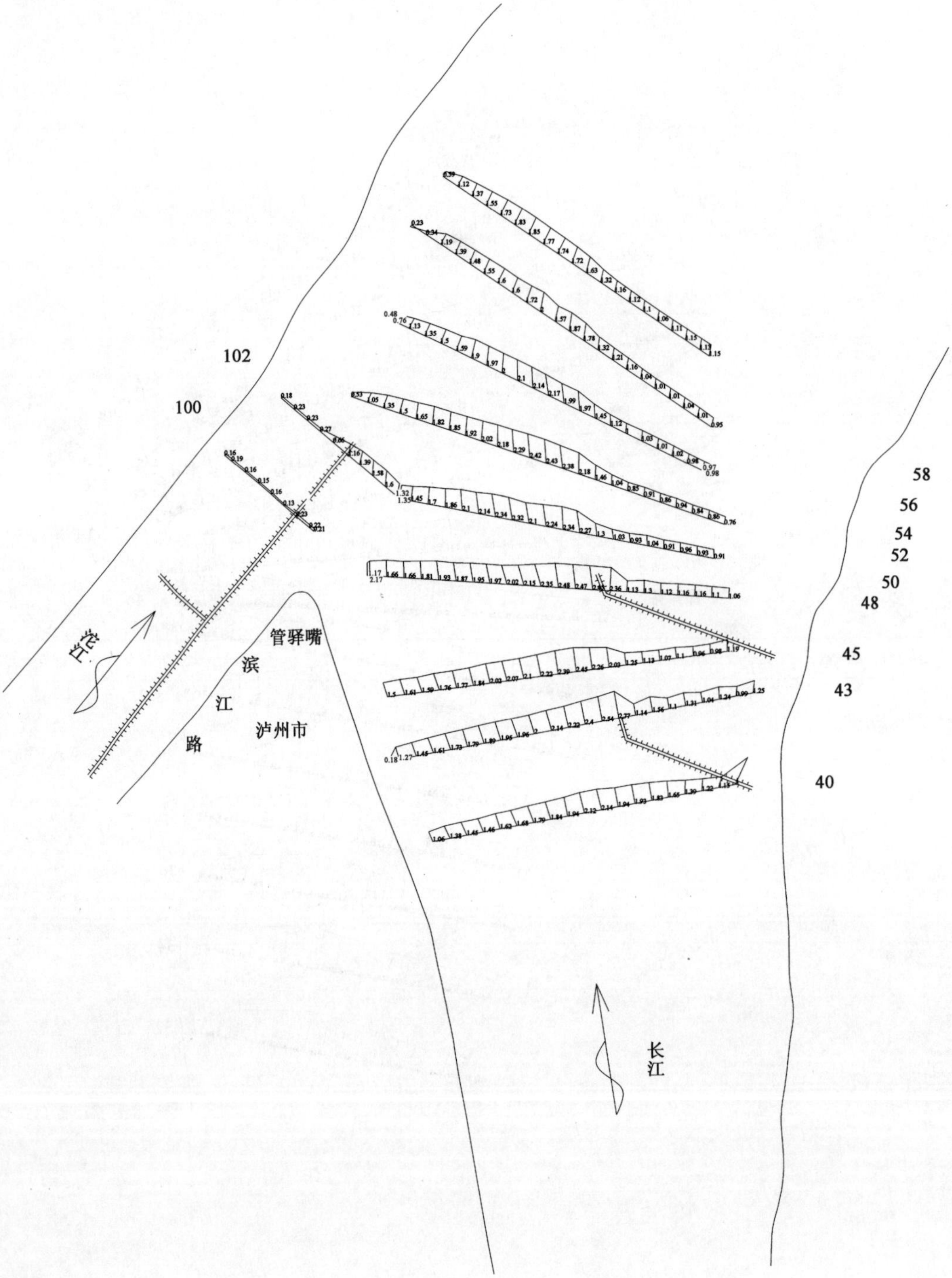

图 4-36　工况 3($Q_{沱}/Q_{长}$=280/10 200,R=0.027)各断面垂线平均流速流向

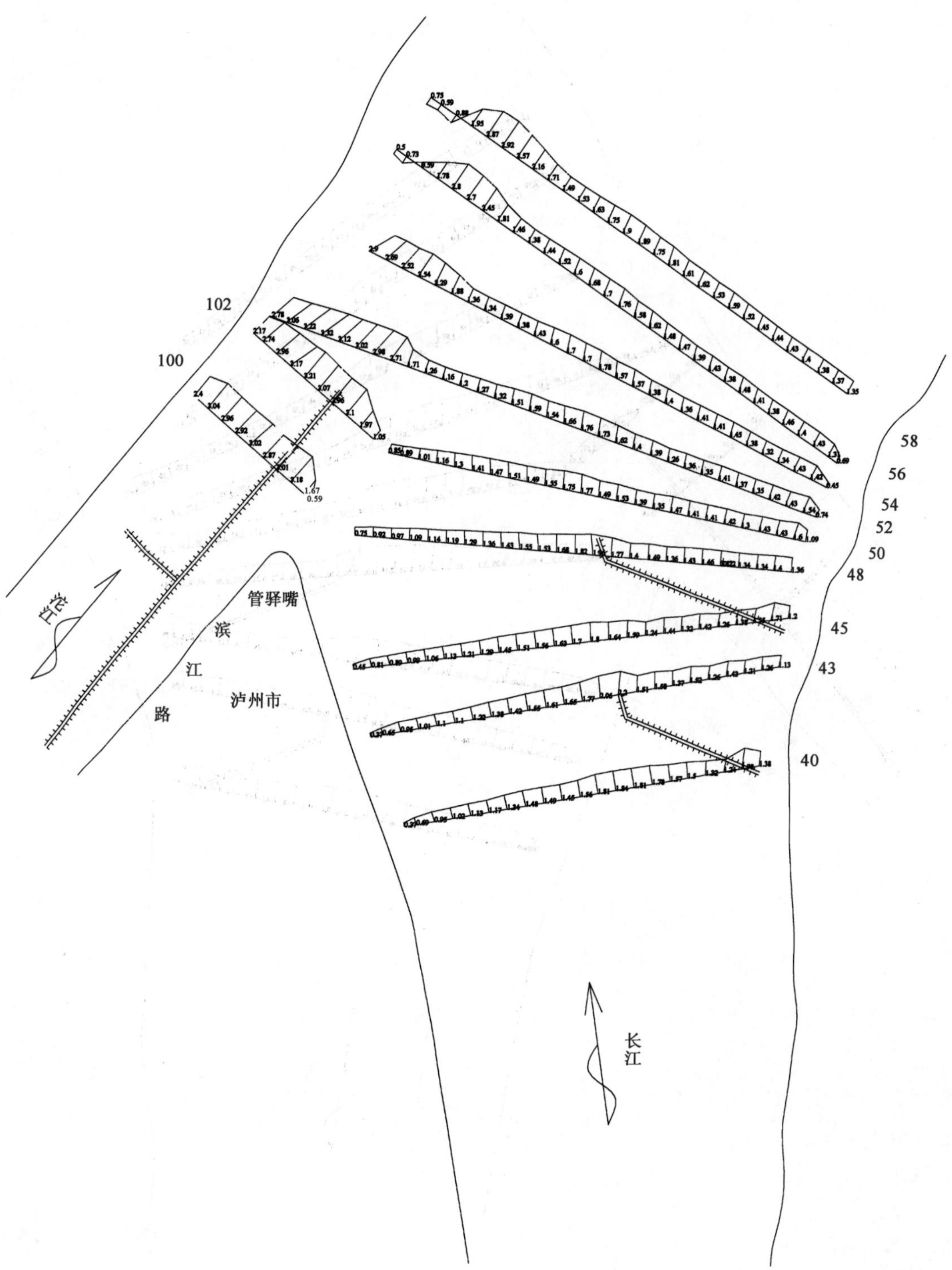

图 4-37　工况 4($Q_{沱}/Q_{长}$=5 868/10 632,R=0.552)各断面垂线平均流速流向

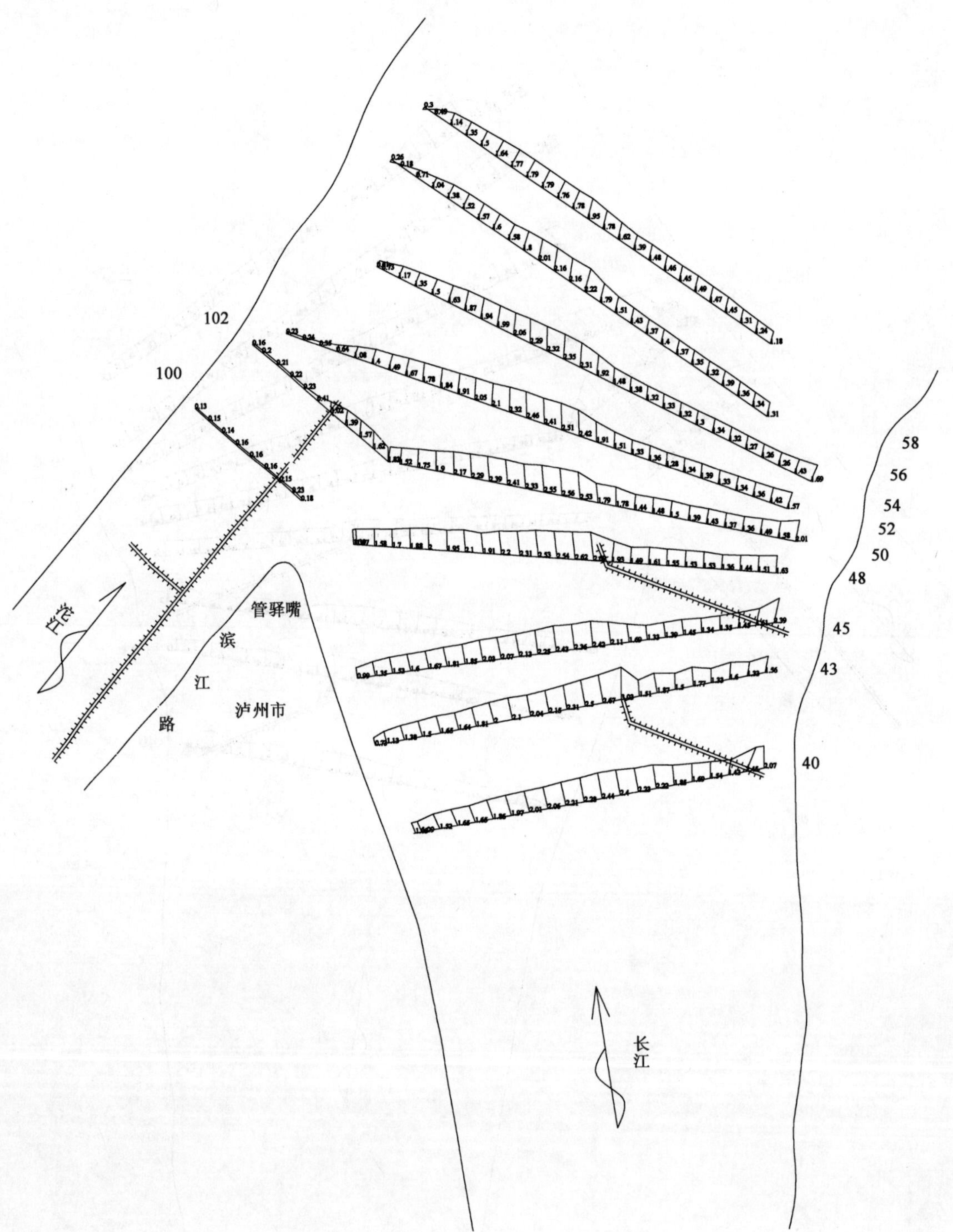

图 4-38 工况 10($Q_{沱}/Q_{长}$=300/12 600,R=0.024)各断面垂线平均流速流向

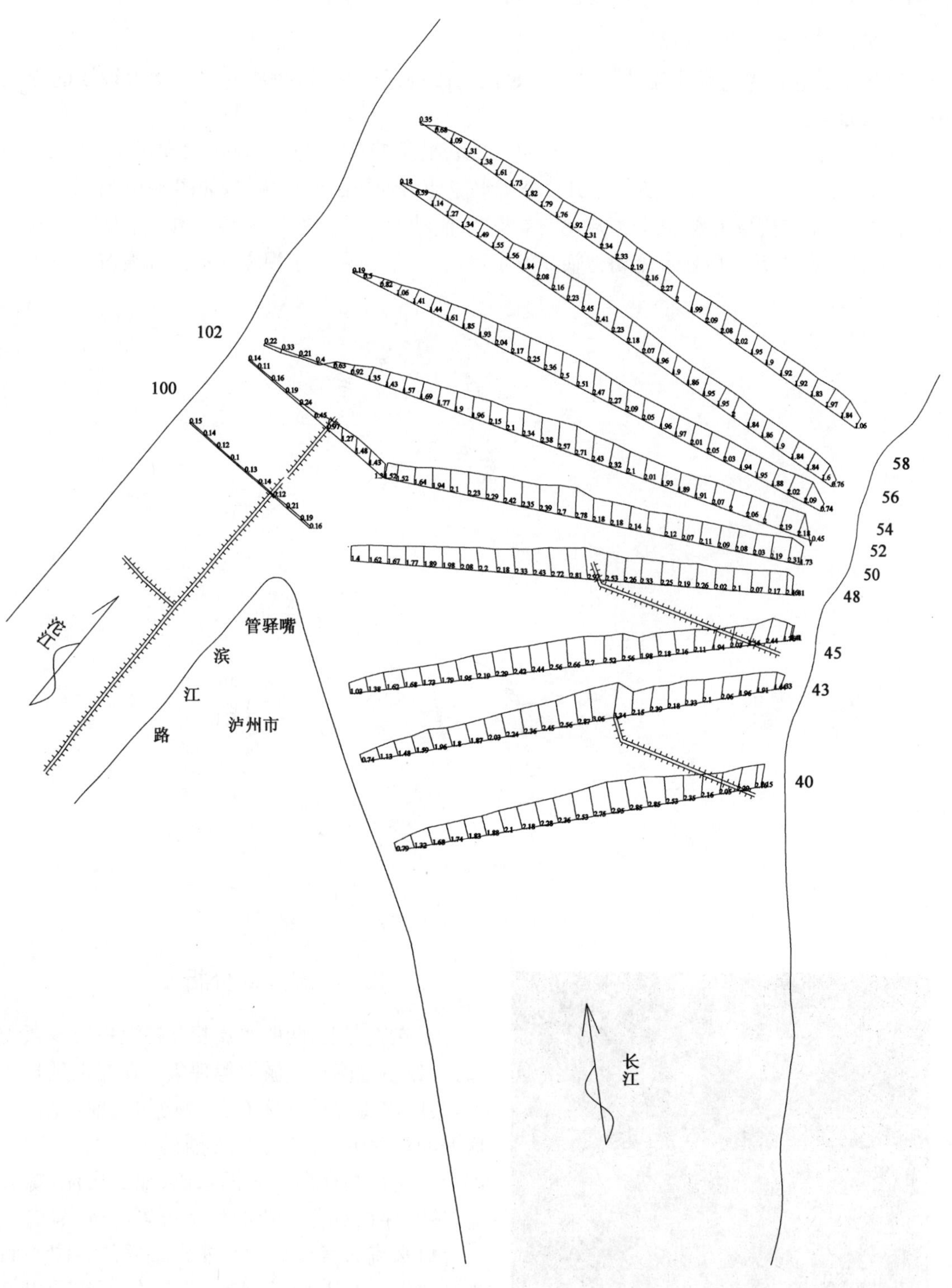

图 4-39　工况 13($Q_{沱}/Q_{长}$=300/18 037,R=0.017)各断面垂线平均流速流向

量的增大，丁坝的阻水作用减弱，合流区断面垂线平均流速变得均匀，梯度减小。

3）水流动力轴线变化特征

航道中关注的是通航水流条件是否满足该河段的通航标准，故研究水流动力轴线的变化规律具有重要意义。

选取工况 9（$Q_{沱}/Q_{长}=300/10\,600$，$R=0.028$）、工况 11（$Q_{沱}/Q_{长}=300/14\,600$，$R=0.021$）和工况 13（$Q_{沱}/Q_{长}=300/18\,037$，$R=0.017$）分析水流动力轴线的变化规律，如图 4-40 所示。从图中可以看出，沱江流量不变，随着汇流比的减小，水流动力轴线向右岸偏移。由于丁坝对其附近水流的影响，在靠近丁坝处水流动力轴线发生弯曲，上丁坝和下丁坝之间动力轴线波动较大。

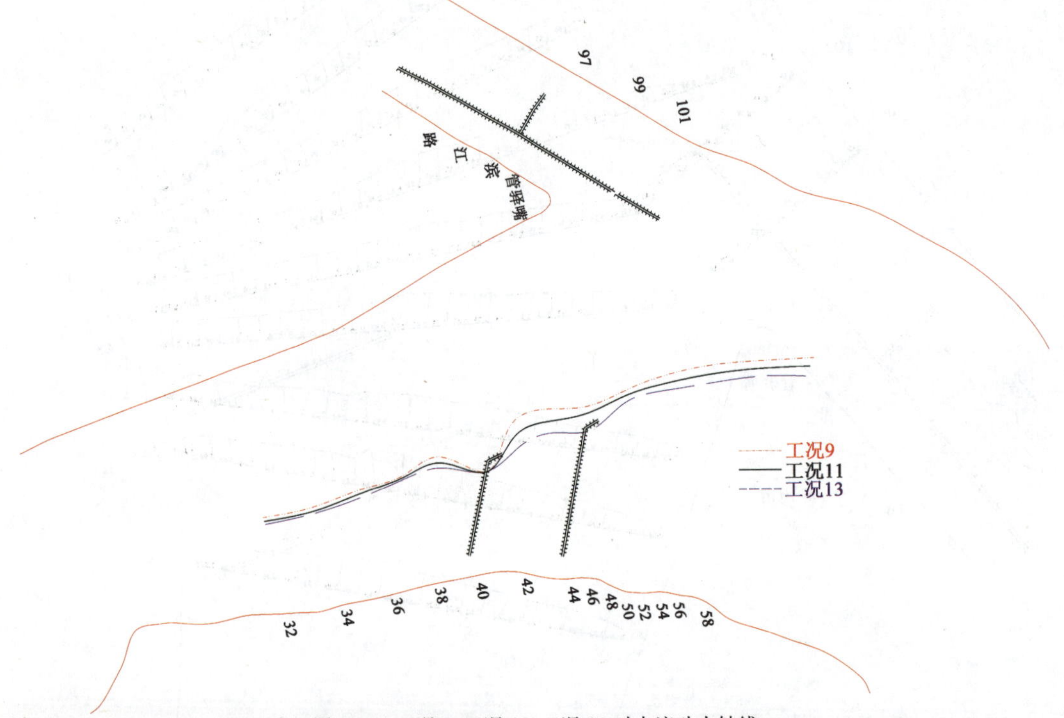

图 4-40　工况 9、工况 11、工况 13 时水流动力轴线

图 4-41　工况 11 下汇合口水流照片

4.4.3　水流紊动分析

干支流交汇，两股水流相互掺混挤压。紊动加强，致使水流产生漩涡等现象。在交汇延长线上，两股水流在趋于完全汇合均匀之前，存在一掺混的过渡带，此带存在强烈的三维紊流特性，汇合口还存在许多复杂的水流，如二次流、螺旋流，甚至存在有背对背的螺旋流等。所以，研究汇合口水流的紊动特性是非常重要的。图 4-41 为试验中工况 11 下的水流照片，能大致看出交汇处流速脉动强烈。

1)水流脉动动能分析

用 u 表示水流的瞬时流速，$\bar{u}$ 为瞬时流速 u 的时均值，σ_u 为瞬时流速的均方差，u' 为脉动流速。脉动流速的均方根为水流紊动强度，即 $\sigma_{u_i}=\sqrt{\frac{1}{n}\sum_{i=1}^{n}u'^2_i}$ 。水流的脉动动能用 η 来表示，则某点的脉动动能可表示为 $\eta_i=0.5\sigma_{u_i}^2$ 。

水流的脉动动能对泥沙的起动和河底的冲刷起重要作用，不同频率的脉动对泥沙的运动的贡献也不同，脉动动能越大，贡献也越大。为了进一步研究汇合口段的泥沙运动情况及冲刷问题，分析汇合口段水流的脉动动能是非常必要的。

(1)水流脉动动能在整个测区的分布。以工况 5($Q_{沱}/Q_{长}=3\,520/20\,730$，$R$=0.17)为例，分析相对水深(测点距水面的深度与总水深的比值)为 0.2、0.6、0.8 和垂线平均时脉动动能的分布情况，见图 4-42。

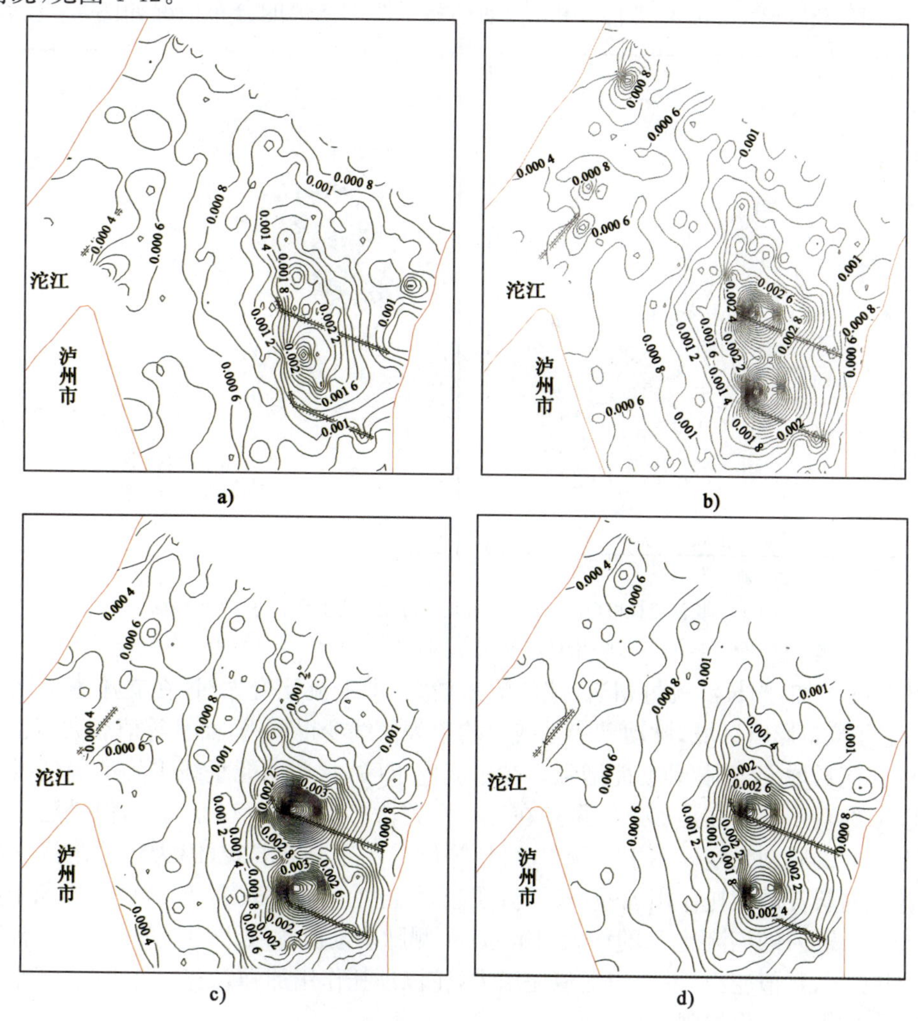

图 4-42　工况 5 脉动动能在整个测量区域的分布图

(图中等值线上的数值单位为 J)

a)相对水深 0.2 时；b)相对水深 0.6 时；c)相对水深 0.8 时；d)垂线平均

从测量区域的等值线分布图4-42可以看出，汇合口汇合区等值线分布较稀疏，说明在此区的脉动动能变化不大，且其值相对较小，随水深的增大，脉动数值有所增大。这是因为两江汇合，水流掺混所致，下层水流掺混更剧烈。在丁坝强紊动区等值线最为稠密，说明此区域脉动动能变幅较大，且在此区域的脉动动能较其他的地方大，主要集中在勾头丁坝坝头处，能量相对集中，达到最大值，随着水深的增加，脉动动能等值线更密集，数值也有所增大。在双丁坝之后的区域，等值线比较稀疏，等值线数值也减小，这是由于丁坝的拦阻作用使得丁坝下游区域流速减缓，所以其脉动值也较小。沱江进口区由于地形和顺坝的影响，随着水深的增加，脉动动能值有所增加。总的说来，有工程布置的地方，脉动动能强，如丁坝坝头处，容易淘刷。在汇合口处，由于两江水流的相互剧烈掺混，使得脉动动能比上下游单一河道的脉动动能大。

(2)长江流量相当，沱江流量增大时水流脉动动能的变化。研究当长江流量相当，沱江流量增大时与水流脉动动能的变化关系，选取工况3($Q_{沱}/Q_{长}=280/10\ 200$，$R=0.027$)、工况4($Q_{沱}/Q_{长}=5\ 868/10\ 632$，$R=0.552$)进行分析，脉动动能垂线平均值的分布情况如图4-43所示。

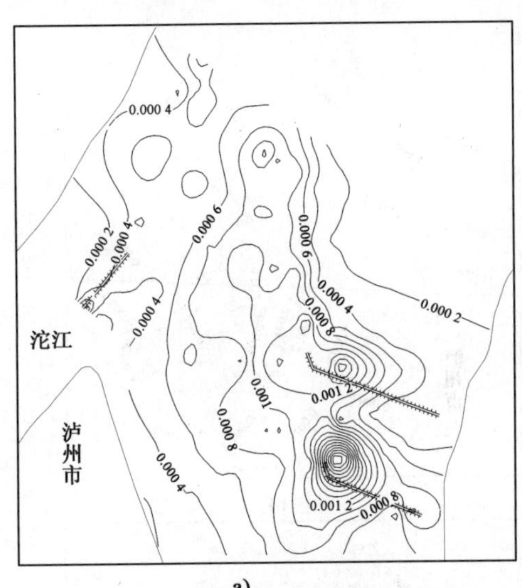

a)

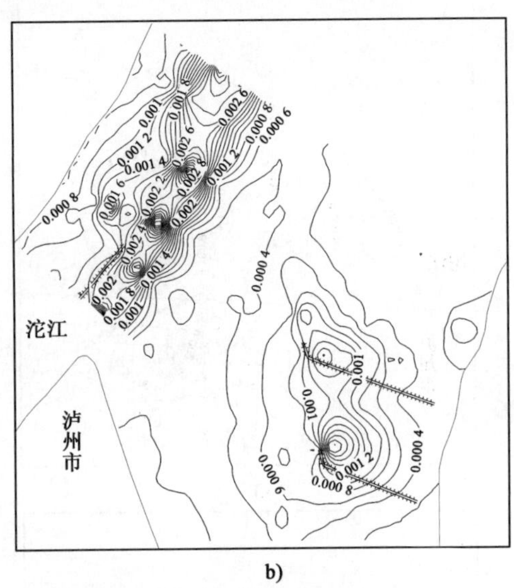

b)

图4-43　长江流量相当沱江流量变化时的脉动动能垂线平均值等值线图

a)工况3($Q_{沱}/Q_{长}=280/10\ 200$，$R=0.027$)；b)工况4($Q_{沱}/Q_{长}=5\ 868/10\ 632$，$R=0.552$)

从图4-43可知，当长江流量相当，沱江流量增大，即汇流比变大时，在支流壅水区及合流区的左岸沱江流量影响区域，脉动动能垂线平均值等值线变得稠密，而且等值线数值也有所增大，说明沱江流量增大，其脉动动能增强。在干流壅水区，脉动动能垂线平均值等值线变得稀疏且值变小，在双丁坝段亦是如此。虽然在工程布置段等值线较密，脉动强，但是随汇流比的增大，工况4时的脉动强度要弱于工况3，而且等值线比工况3要疏，因为随着沱江支流流量的增大，沱江对长江的顶托作用加强，长江流速减缓，脉动动能值减小，泥沙更易淤积于此。在两江汇合延长线上，随汇流比R的增大，偏沱江一侧脉动动能垂线平均值等值线变密，紧挨着的长江一侧变稀，数值变小，说明当汇流比增大，沱江顶托作用加强，沱江水流对长江水流的挤压作用加强，掺混作用也加强。

(3)沱江流量不变，长江流量增大时水流脉动动能的变化。为研究当沱江流量不变，长江流量增大时与水流脉动动能的变化关系，选取工况10($Q_{沱}/Q_{长}=300/12\ 600$，$R=0.024$)和工况 13($Q_{沱}/Q_{长}$＝ 300/18 037,R=0.017)进行分析,脉动动能垂线平均值的分布情况如图 4-44 所示。

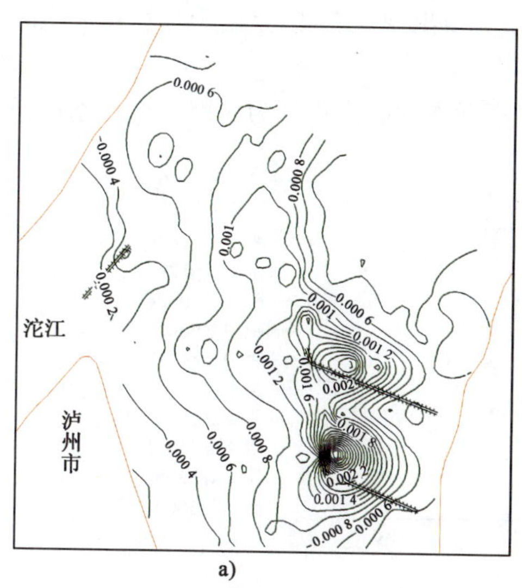

a)

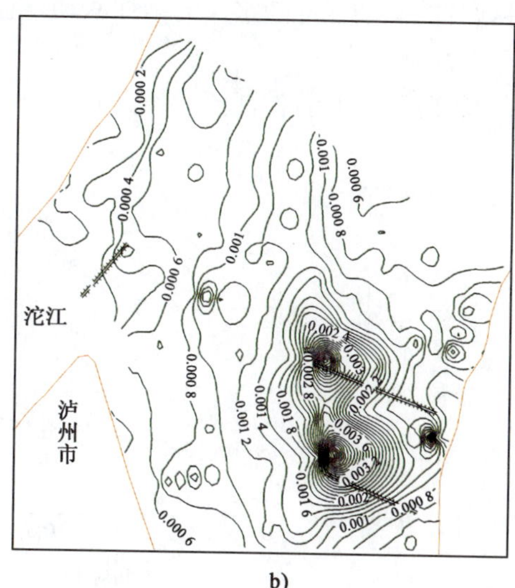

b)

图 4-44　沱江流量不变长江流量变化时的脉动动能垂线平均值等值线图

a)工况 10($Q_{沱}/Q_{长}$=300/12 600,R=0.024);b)工况 13($Q_{沱}/Q_{长}$＝ 300/18 037,R=0.017)

从图 4-44 可知,当沱江流量不变,长江流量增大,即汇流比变小时,在干流壅水区,水面变宽,脉动动能垂线平均值等值线变得稠密且值变大,除在双丁坝段亦是如此,工况 13 时的脉动强度要强于工况 10,而且等值线比工况 10 要密,这是因为流量增大,脉动增大。图示段为弯道段,小水顶冲凹岸,随着长江流量逐渐增大,主流线向凸岸摆动,又因为随着长江干流流量的增大,沱江对长江的顶托作用加强,两江汇合延长线上的脉动动能垂线平均值等值线最大值向凸岸摆动。在沱江流量影响区域,脉动动能垂线平均值等值线值变小,因为长江对其顶托作用加强,流速减缓,脉动动能值减小,泥沙易淤积于此。

2)水流紊动强度分析

(1)水流相对紊动强度在断面上的分布。以工况 5($Q_{沱}$/ $Q_{长}$＝ 3 520/20 730,R=0.17)为例,分析相对水深为 0.2、0.6 和 0.8 时的相对紊动强度的分布情况。

选择长江壅水区 CS43、合流区 CS52、支流壅水区 CS100 断面进行分析,研究水流相对紊动强度在断面上各测点的大小,见图 4-45。

长江壅水区 CS43 右侧穿过两丁坝之间,从图 4-45 可知,其断面上的各测点相对紊动强度基本上随着水深的增大而增大,并且各垂线 0.2h、0.6h、0.8h 三点处相对紊动强度增大的幅度不一样,靠近左岸各测点相对紊动强度较小且增幅较慢,而中导右侧位于丁坝后的各测点相对紊动强度较大且增幅较快。由于丁坝的影响,有些垂线的 3 个点没有完全测到。最大值出现在靠近丁坝勾头处,由前面的脉动动能分析中可知,丁坝勾头处脉动动能相对较大,紊动也强。合流区 CS52 是模型制作时第一个同时跨过长江与沱江的断面,该断面上的相对紊动强度随水深的变化不明显,同一垂线上的三点差值变化很小,此断面处于弯道之上,而且水面放宽,但在中导的左侧部分点出现最大值,而且随水深的增大变幅也大。这是因为左侧由于沱江支流的汇入，两江水流相互掺混，紊动加强所致。支流壅水区 CS100 上相对紊动强度随水深的变化不明显。总的来看，最小值出现在左岸附近没有受到沱江顺坝和干流顶托影响的地方，且此种地方的紊动强度随水深的增加紊动增强，最大值出现在右侧，是由于与长江水流的掺混作用，紊动加强。

（2）长江流量相当，沱江流量增大时水流相对紊动强度的变化。为研究当长江流量相当，

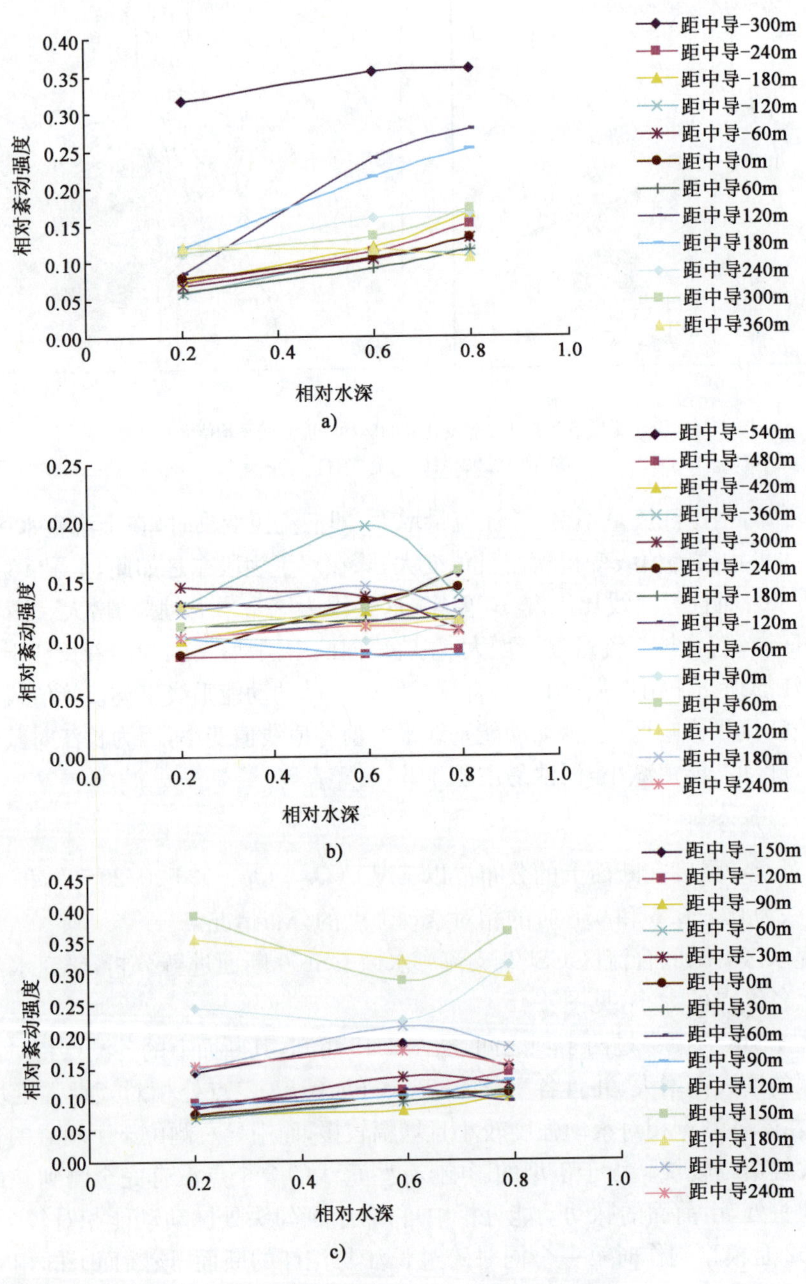

图 4-45　断面水流相对紊动强度分布图

a)CS43；b)CS52；c)CS100

沱江流量增大时与水流紊动强度的变化关系，选取工况 3($Q_{沱}/Q_{长}$=280/10 200m³/s，R=0.027)、工况 4($Q_{沱}/Q_{长}$= 5 868/10 632m³/s，R=0.552)进行分析，紊动强度垂线平均值的分布情况如图 4-46 所示。

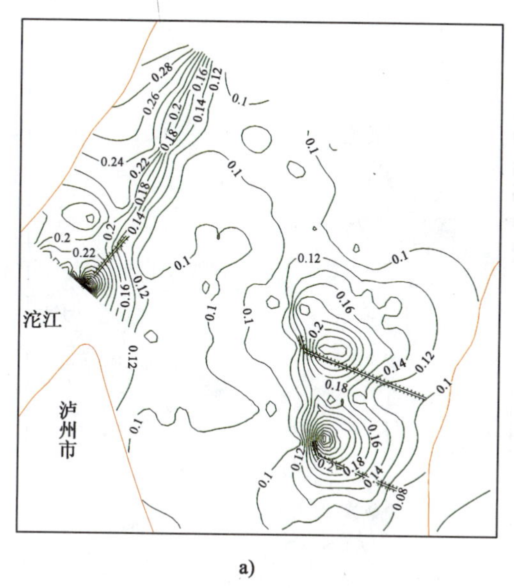

a)

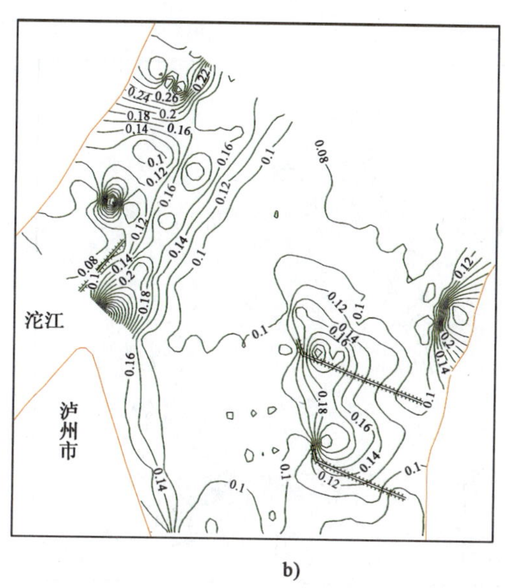

b)

图 4-46　长江流量相当沱江流量变化时的相对紊动强度垂线平均值等值线图

a)工况 3($Q_{沱}/Q_{长}$=280/10 200，R=0.027)；b)工况 4($Q_{沱}/Q_{长}$= 5 868/10 632，R=0.552)

从图 4-46 可知，当长江流量相当，沱江流量增大，即汇流比 R 变大时，在沱江流量影响区域，相对紊动强度垂线平均值等值线变得稠密，而且等值线最大值也有所增大，顺坝的相对紊动强度中心向右侧转移，靠近下游的相对紊动强度等值线变得更密集。这是因为流量增大，水深增加，顺坝的影响减小，但是地形的变化影响变大，如石梁、凸嘴等。总的说来，沱江流量增大，其相对紊动强度增强。在干流壅水区，相对紊动强度垂线平均值等值线变得稀疏且数值变小，虽然在双丁坝工程布置段等值线较密，紊动强，但是随汇流比的增大，工况 4 的相对紊动强度要弱于工况 3，而且等值线比工况 3 要疏，因为随着沱江支流流量的增大，沱江对长江的顶托作用加强，相对紊动强度值减小，泥沙更易淤积于此。在两江汇合延长线上，随汇流比 R 的增大，偏沱江一侧相对紊动强度垂线平均值等值线变密，紧挨着的长江一侧变稀，部分区域值变小，说明当汇流比增大，沱江顶托作用加强，沱江水流对长江水流的挤压作用加强，掺混作用也加强。相对紊动强度等值线往长江一侧偏离，数值也有所增加。

(3)沱江流量不变，长江流量增大时水流相对紊动强度的变化。为研究当沱江流量不变，长江流量增大时与水流脉动动能的变化关系，选取工况 10($Q_{沱}/Q_{长}$=300/12 600m³/s，R=0.024)和工况 13($Q_{沱}/Q_{长}$= 300/18 037m³/s，R=0.017)进行分析，相对紊动强度垂线平均值的分布情况如图 4-47 所示。

从图 4-47 可知，当沱江流量不变，长江流量增大，即汇流比变小时，在干流壅水区，丁坝对岸的相对紊动强度等值线变密且数值增大，这是由于水面变宽，岸边地形影响所致。丁坝段相对紊动强度垂线平均值等值线随流量增大反而变得稀疏且最大值变小。流量增大，流速增大，水深增加，丁坝阻水作用减弱，相对紊动强度变弱；两江汇合延长线上的相对紊动强度垂线平均值等值线变化不明显。但是在沱江流量影响区域，相对紊动强度垂线平均值等值线变得密集，最大值也有所增加，因为长江对其顶托作用加强，流速减缓，相对紊动强度反而增大。

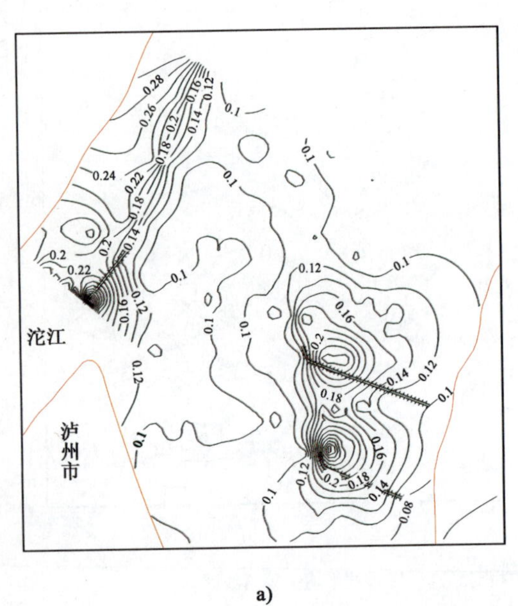

a)

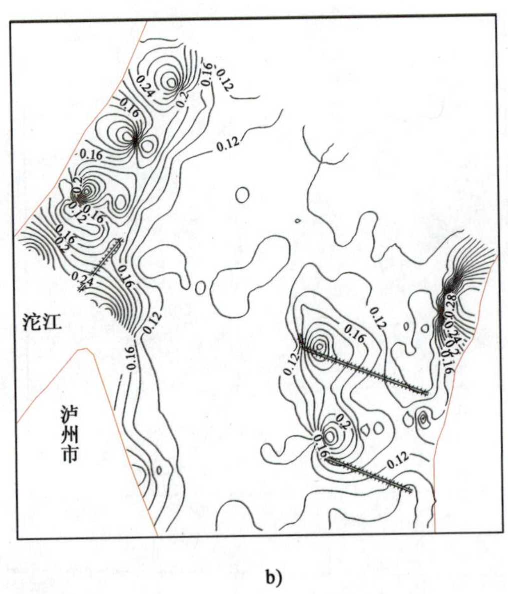

b)

图 4-47 沱江流量不变长江流量变化时的相对紊动强度垂线平均值等值线图

a)工况 10($Q_{沱}/Q_{长}$=300/12 600,R=0.024)；b)工况 13($Q_{沱}/Q_{长}$= 300/18 037,R=0.017)

4.5 汇合口河段河床变形

由 2003 年 3 月、2007 年 3 月和 2007 年 9 月三次地形图可知，沱江汇合口近几年来床面的冲淤变化不大。本次试验采用 2007 年 3 月测图制模，为了研究不同的流量组合对河床的影响，选择三个典型的汇流比(工况 D3～工况 D5)，观察河床冲淤变化情况。试验放水前后地形相对比，可得在不同流量组合下汇合口段河床的冲淤变形特征。

由图 4-48 可知，工况 D3($Q_{沱}/Q_{长}$= 280/10 200,R=0.027)下，整个区域冲淤变化较小，仅在深槽处有较为明显的冲刷。在设计水位时航槽水深满足通航要求。

由图 4-49 可知，工况 D4($Q_{沱}/Q_{长}$=5 868/10 632,R=0.552)下，大部分区域都有不同程度的淤积，在交汇处出现明显的淤积现象(CS46、CS48、CS50)，在深槽处冲刷较为明显。在设计水位时航槽水深满足通航要求。

由图 4-50 可知，工况 D5($Q_{长}/Q_{沱}$= 20 730/3 520,R=0.17)下，交汇区域从横断面上来看总体呈现左淤右冲的现象，但冲淤变化量较小。在设计水位时航槽水深满足通航要求。

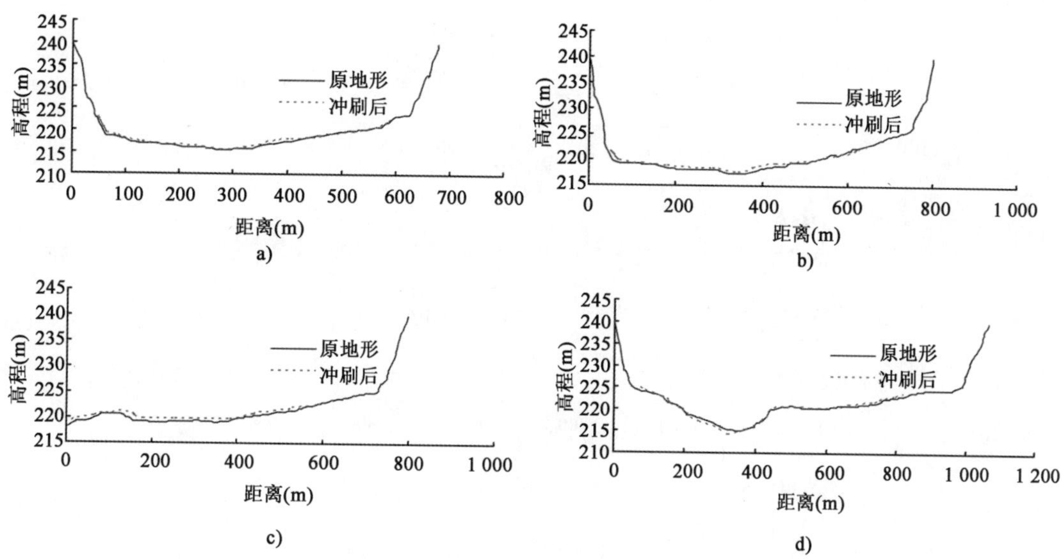

图 4-48 工况 D3 断面冲淤变化
a)CS40;b)CS44;c)CS48;d)CS52

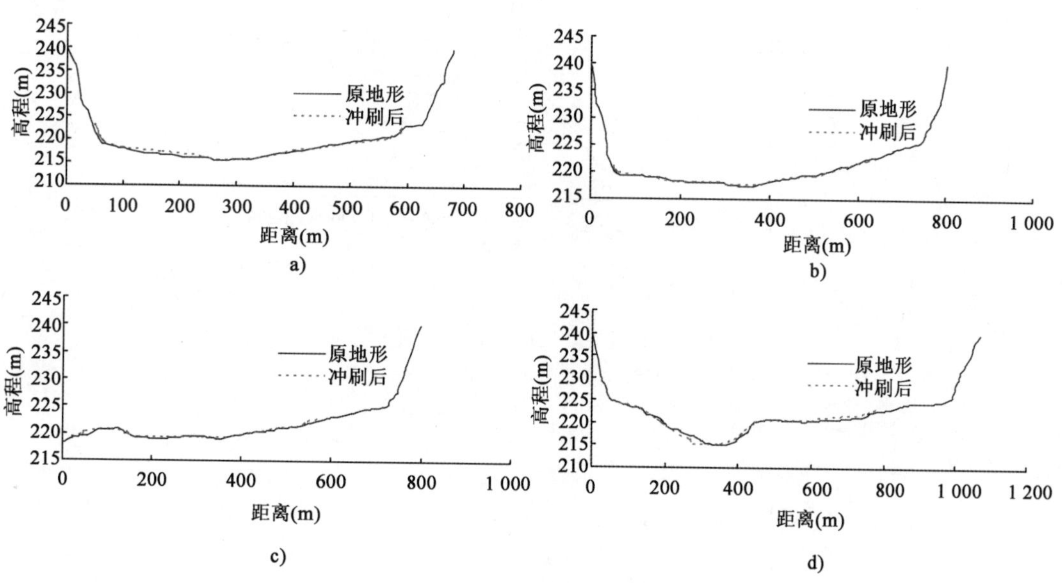

图 4-49 工况 D4 断面冲淤变化
a)CS40;b)CS44;c)CS48;d)CS52

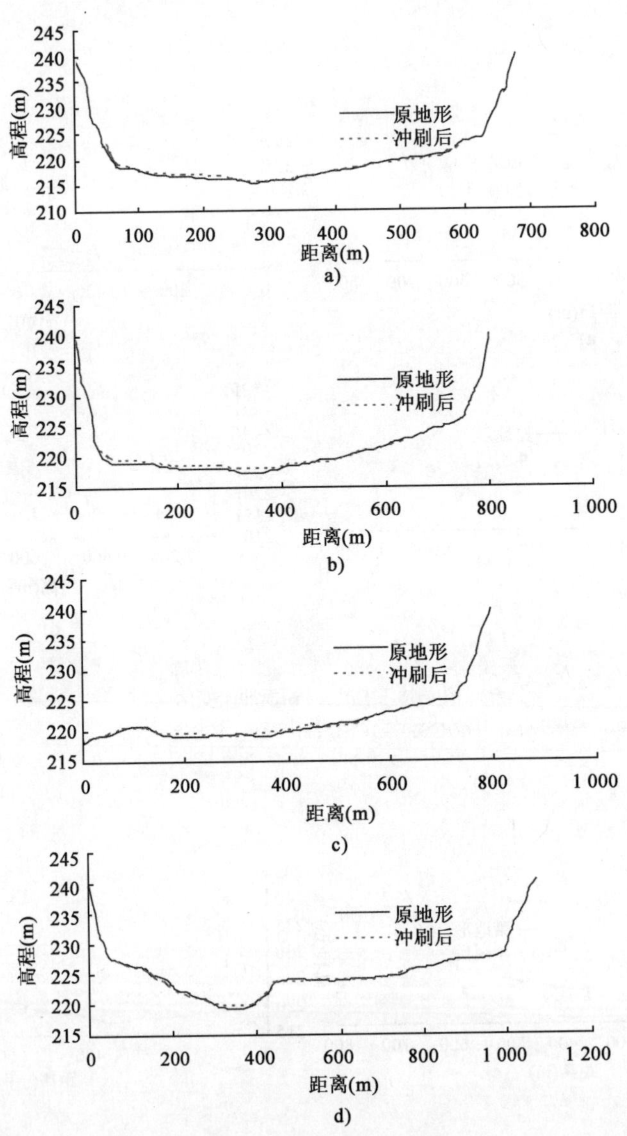

图 4-50　工况 D5 断面冲淤变化

a)CS40；b)CS44；c)CS48；d)CS52

第 5 章　长江与沱江汇合口金钟碛滩整治

5.1　金钟碛滩整治工程

金钟碛滩位于宜昌上游 912.5km，系长江与沱江干支汇流形成的过渡段枯水浅滩，滩段长 500m，枯水河宽约 600m，落差为 0.20m，枯水平均比降为 0.40‰，最大局部比降为 0.68‰，枯水最大表面流速约 2.0m/s；洪水河宽约 800m，平均比降为 0.32‰，最大局部比降为 0.54‰[72]。河床主要有沙卵石组成。

本滩所在河段为一弯道河段，沱江在弯道上口左岸与长江交汇后顺河弯而下。滩段左岸岸线较为规则，建有滨江路，其水域部分为泸州港的码头布置密集区，江中有金钟碛暗碛潜伏，将河道分为左右两槽，右槽较浅，左槽较深，为枯水航槽（图 5-1）。该滩的枯水主流偏向右岸，受右岸二郎滩石梁（距金钟碛上游 1.5km 处）的阻碍，主流折向江中，再沿左岸港区经沱江口而下；中洪水期主流趋向右槽。由于上游二郎滩石梁挑流，滩段中部又有金钟碛碛翅暗浅，沱江出口处又有河口淤积浅区，束窄航槽形成卡口，而下游航道又极为弯曲，船舶过此滩时须在防港区停靠船舶，右防金钟碛暗浅，特别是下水船舶，过此滩时首先在二郎滩上游调整航向，到滩口时进入左槽，再沿金钟碛边缘和港区船舶之间通过，最后还需绕金钟碛下端折向右岸，与沱江出口趋向一致。整个航线曲折，船舶转向频繁，滩段碍航状况较为严重，船舶过滩比较困难。

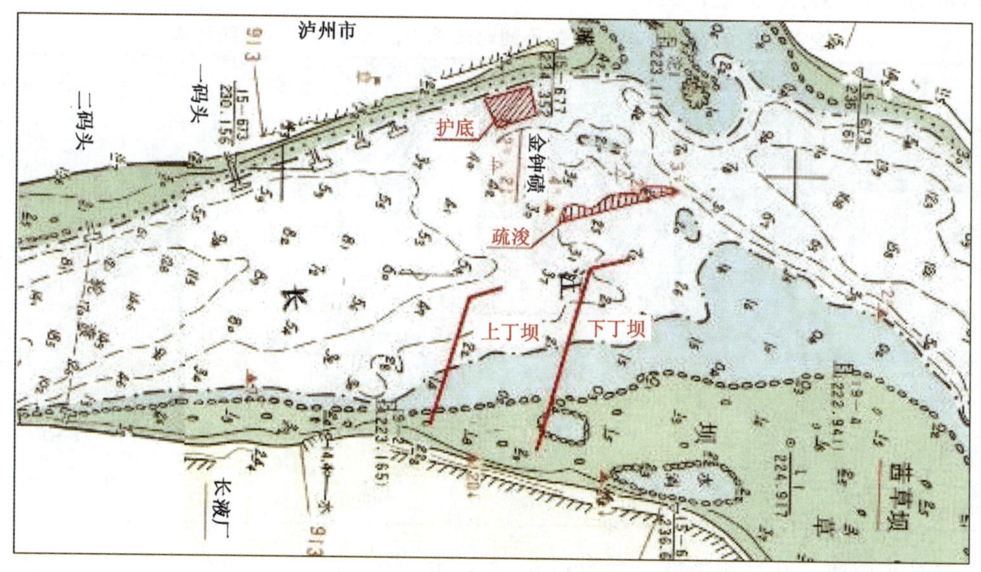

图 5-1　金钟碛滩河势图

为此，1988 年 12 月～1989 年 3 月对金钟碛左碛翅进行疏浚，拓宽金钟碛北槽，增大弯曲半径，后因泸州市修建滨江路将大量泥土倒入长江使北槽逐年淤浅而碍航。1997 年遂对金钟碛南槽进行疏浚，将金钟碛南槽开辟成主航槽，自此过往船舶不再走北槽而走金钟碛南槽，航槽得到加宽、加深，弯曲半径增大，航道尺度达到了 2.7m×50m×560m 的设计标准，但其后在 1997～1998 年航槽又一度出现严重淤积，航道尺度仅能达到 1.8m×40m×400m。根据 2003 年 4 月测图比较，南槽又有所淤积，必须进行整治才能满足 III 级航道通航尺度和水流条件的要求。为此，2003 年正式启动了泸渝段航道建设工程的前期工作，2005 年初该工程按Ⅲ级航道标准正式开工建设，于 2007 年基本完工，其中对金钟碛滩进行了整治。但已实施的整治工程未考虑向家坝枢纽调度运行的影响。

5.2 河床演变及滩险成因分析

5.2.1 河床演变分析

1)水文泥沙特性

(1)来水来沙情况。长江上游干流河段的水沙主要来自金沙江及沿程支流(岷江、沱江、嘉陵江、乌江等)水沙的汇入，沱江干流泥沙主要来自上游山区及沿江表土冲蚀，水沙关系十分密切，大水大沙，小水基本无沙的特点突出，中下游以悬移质为主，沙量集中出现在汛期，枯水期含沙量较小。

根据金沙江屏山站、岷江高场站、沱江李家湾站(2001 年迁至富顺站)、长江宜昌站实测水沙资料统计(表 5-1)，上游干流河道悬移质输沙主要来源于金沙江，金沙江屏山站集水面积占宜昌站的 48.2%，其输沙量和径流量分别占宜昌站的 51.8%和 33.3%；沱江来沙量最少，仅占宜昌站的 1.6%，年径流量占宜昌站的 2.7%。

宜昌、屏山、高场和李家湾站不同时段年均径流量与输沙量统计表　　表 5-1

河名	站名	集水面积		多年平均径流量		多年平均输沙量		含沙量	统计年份(年)
		km^2	占宜昌	亿 m^3	占宜昌百分比(%)	亿 t	占宜昌百分比(%)	kg/m^3	
长江	宜昌	1 005 501	100	4 390	100	5.21	100	1.19	1950～1990
				4 286	100	3.91	100	0.91	1991～2002
金沙江	屏山	485 099	48.2	1 440	32.8	2.46	47.2	1.71	1950～1990
				1 506	35.1	2.81	71.9	1.87	1991～2002
岷江	高场	135 378	13.5	882	20.1	0.526	10.1	0.60	1950～1990
				815	19.0	0.345	8.8	0.42	1991～2002
沱江	李家湾	23 283	2.3	129	2.9	0.117	2.2	0.93	1950～1990
				109	2.5	0.0372	1.0	0.34	1991～2002

从长江上游干流水沙组成变化来看，1991～2002 年与 20 世纪 90 年代前相比，金沙江输沙量有所增加，屏山站年均输沙量和径流量分别为 2.81 亿 t 和 1 506 亿 m^3，分别占宜昌站的

71.9%和35.1%；沱江李家湾站年均输沙量和径流量则有所下降，输沙量从0.117亿t下降到0.037 2亿t，径流量从129亿m^3下降到109亿m^3，仅占宜昌站的1.0%和2.5%。

从长江上游主要测站20世纪50～90年代各年代年均水沙统计结果(表5-2)可以看出，宜昌站水量各年代间并无明显变化，但进入90年代后，年均输沙量明显减少，与80年代相比，年均减少沙量约1.58亿t；金沙江屏山站50～90年代水量无明显变化，但沙量有所增加，分别为50年代、60年代、70年代、80年代的106%、115%、127%、109%；沱江李家湾站90年代后水沙量明显减少，水沙量分别为50年代的90%和27%、60年代的80%和24%、70年代的97%和43%、80年代的84%和35%，与80年代相比，近期年均减少约0.069 8亿t，减少近2/3；岷江高场站水沙量也有一定程度的减小。

20世纪50～20世纪90年代年均径流量与输沙量统计表　　表5-2

统计年份	宜昌站		屏山站		高场站		李家湾站	
	年均径流量(亿m^3)	年均输沙量(亿t)	年均径流量(亿m^3)	年均输沙量(亿t)	年均径流量(亿m^3)	年均输沙量(亿t)	年均径流量(亿m^3)	年均输沙量(亿t)
50年代	4 430	5.2	1520	2.66	913	0.552	121	0.139
60年代	4 540	5.49	1 500	2.44	910	0.623	136	0.154
70年代	4 150	4.75	1 330	2.21	822	0.339	112	0.087
80年代	4 450	5.49	1 410	2.57	877	0.571	130	0.107
90年代(1991～2002年)	4 286	3.91	1 506	2.81	815	0.345	109	0.037

长江上游各测站输沙量年内分配基本与径流量相应，而沙量年内分配更为集中。近年来各站水沙年内分配规律未发生明显变化。屏山站、宜昌站汛期5～10月径流量、输沙量分别占全年的79.3%～80.5%和96.1%～97.9%，主汛期7～9月径流量、输沙量分别占全年的50.4%～53.7%和73.7%～78.2%；沱江李家湾站汛期5～10月径流量、输沙量分别占全年的76.6%～86.5%和95.5%～99.9%，主汛期7～9月径流量、输沙量分别占全年的37.7%～62.8%和46.7%～86.2%。

根据朱沱站实测资料统计，多年平均输沙量3.12亿t，其中悬移质泥沙多年平均含沙量为1.16kg/m^3，多年推移质的输沙量为32.8万t，5～10月的卵石推移量占全年推移量的98.2%[73]。由于水土保持、上游建库、采砂等的作用和影响，该站上游来沙量从20世纪90年代起有逐年减少的趋势。

(2)水文特性。金钟碛河段主要来水来沙均源于长江上游干流和支流沱江。根据金钟碛下游约56km的朱沱水文站(本站水沙资料包括长江干流及沱江)资料统计，多年平均径流量为8 520m^3/s，多年平均水位为200.13m，通航保证率98%对应的设计流量为$Q_{长江}$＝2 160m^3/s，$Q_{沱江}$＝80m^3/s，2007年逐日平均流量过程线(见图5-2)。流域内雨量充沛，降水为其径流的主要来源，但年内分配很不均衡，其中70%的降水多集中在5～9月。天然情况下，本河段通常5月下旬进入汛期，7～9月为主汛期，洪峰多集中于此，10月下旬水位逐渐回落。流域的枯水期水源补给较稳定，枯水历时较长，一般从11月下旬至次年4月。

2)地质地貌

金钟碛滩险位于泸州城区长江与沱江汇合口附近,河床南北两岸均为阶地,基本对称,平坦开阔,相对高差20m左右。北岸坡冲积物以沙土为主,南岸河漫滩以漂、卵石土为主,分布范围宽度20～200m,长度2 000m。

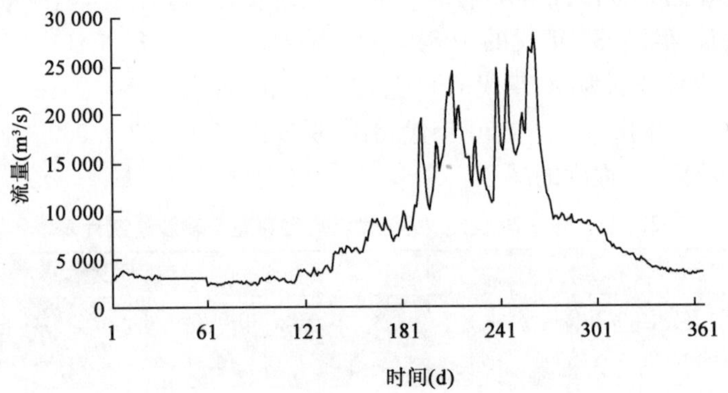

图5-2　2007年朱沱站逐日平均流量过程线

河床地貌南高北低,河床地貌呈不规则的U形,水深小于3m的航道范围大致呈不规则的楔状,宽度100～200m,长度达600m,河床底质0～3m内未见基岩,全部为卵石土,并含大量漂石,密实。

河床物质成分、特征如下:

(1)卵石:浅灰色,母岩以石英岩、灰岩为主,次为闪长岩、砂岩等,卵石粒径22～140mm,含量55%～60%,卵石以浑圆状、肾状为主,级配差,磨圆度及分选较好,为主河床主要的物质组分。

(2)漂石:浅灰色,母岩以石英岩、闪长岩为主,次为灰岩,漂石粒径300～450mm,含量20%～25%,漂石以浑圆状为主,磨圆度好,级配与分选差。

(3)砾石:深灰色,母岩以灰岩为主,次为石灰岩、闪长岩,砾石粒径为1～18mm,含量10%～15%,砾石以饼状为主,级配与磨圆度好,分选差。

(4)细—中砂:深灰色,矿物成分以石英、长石为主,含少量白云母及暗色矿物,粒径0.075～0.3mm,总含量约10%。

3)金钟碛河段历史演变

该河段为典型的山区性河道,位于川江上段,河床受两岸基岩的控制较为稳定,但在长期的水流冲刷下,河床缓慢下切,河床形态变化十分缓慢。河流基本沿"向斜"层发育。由于地质组成不同,侧蚀强弱有差异,形成了参差不齐的岸线,逐步形成近期河道平面形态。根据有史以来考古发掘、史籍记载及近100年来的航道图,证明工程河段河道平面形态,近千年来基本稳定,无显著变化。

金钟碛滩总体河势较稳定。从1987年1月、1992年2月和2003年4月的测图来看,滩段左岸由于受泸州市城市滨江路建设岸线有所变化,其余岸线(沱江口以下左岸和滩段右岸)均基本无变化。

金钟碛潜碛及其左右槽冲淤变化不定。从1987年1月的测图看，金钟碛碛坝最浅处为设计水位下1.2m，左槽3m等深线仅有约40m未贯通，最浅水深为2.5m，但由于右侧金钟碛的存在，航槽弯曲。右槽较浅，最浅处水深为2.1m。

1988年12月至1989年3月，针对当时右槽浅，左槽较深但弯、窄的特点，对金钟碛左边碛翅进行疏浚。经过该次整治，枯水主流右移，水流趋于平顺，疏浚区流速也由整治前的1.2m/s增加到1.6m/s，加强了对浅区的冲刷，航槽得到拓宽加深，弯曲半径扩大，达到了2.7m×50m×560m的设计通航标准。后来由于泸州市进行城市滨江路建设，使左槽航道淤积，1997年2月对金钟碛右侧进行疏浚，开始封闭左槽，将金钟碛右槽开辟为主航槽，右槽顺直，开始维护右槽。

但由于金钟碛碛脑不稳定，引起左右槽汊道分流比不断改变，导致航槽不断变化。在1997～1998年枯水期，航槽曾一度出现严重淤积，航道尺度仅1.8m×40m×400m，但从1999年枯水期起，该淤积体又得到一定的冲刷。根据2000年和2002年的测图显示其变化情况。

2000年汛后测图：航槽左右侧3m等深线相距仅40m，2m等深线相距140m。

2002年汛后测图：航槽左右侧3m等深线相距仅32m，2m等深线相距110m。

4)河段的近期演变

根据2003年3月金钟碛整治前的实测地形图和2007年3月和9月整治后的两次实测地形图，在金钟碛浅滩段上取5个横断面，可以看出此滩险河段河床演变情况如下(见图5-3，图5-4)。

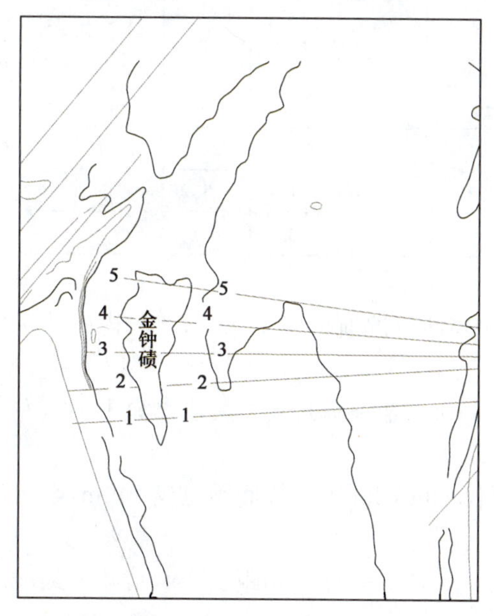

图5-3　金钟碛CS1～CS5断面位置图

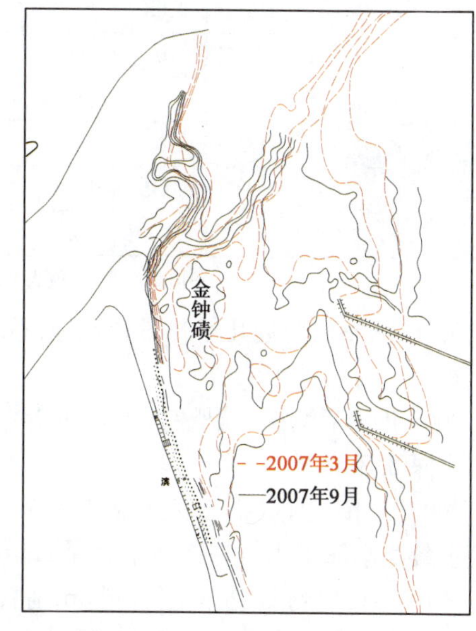

图5-4　金钟碛等深线图

金钟碛滩浅区采取了疏浚和修建丁坝整治工程措施后，通过表5-3可以看出：整个滩段区域冲淤变化较小，其中最大的冲刷深度为1.9m，最大的淤积厚度为0.7m，在深槽处有较为明显的冲刷。在设计水位时航槽水深满足通航要求，但是经过洪水期之后，通过2007年9月实测地形图可以看出：由于洪水期时水流趋直且流速较大和受下游沱江汇合口的顶托及弯道环流作用的影响，有部分泥沙淤积在浅滩疏浚区，在下游丁坝的对面有长40m、宽9m近似为矩形的区域水深在2m左右，2007年9月份滩段区域平均水深为2.5m。2007年滩段河床演变表明，金钟碛滩段浅区泥沙洪水淤积、汛后水流归槽冲刷，从横断面上来看总体呈现左淤右冲的现象，但冲淤变化量较小，冲淤变化在－1～0.7m之间，滩段其余部位年内冲淤变化甚微。通过对比2007年3月和2007年9月等深线实测图（见图5-4）可以看出：金钟碛滩段3m等深线的区域明显增大，等深线的位置有向下游移动的趋势，这样有利于冲刷浅滩，改善该河段通航水深条件。

金钟碛1～5号断面地形冲淤变化表 表5-3

断面号	时 间	高 程 (m)									
1	2003年3月	219.2	219.8	220	220.2	219.7	219.5	219.3	219.2	219.1	219.2
	2007年3月	0.6	−0.5	−0.5	−0.7	−0.7	−0.7	−0.6	−0.6	−0.6	−0.7
	2007年9月	0.5	−0.2	−0.2	−0.6	−0.6	−0.5	−0.4	−0.2	−0.1	0.2
2	2003年3月	219.7	219.8	220.8	220.7	219.9	219.5	219.5	219.4	219.4	219.3
	2007年3月	−0.6	−0.7	−0.8	−0.4	0.2	0.5	0.2	−0.2	−0.4	−0.4
	2007年9月	0.2	0.6	−0.5	−0.9	−0.6	−0.3	−0.2	−0.1	−0.2	−0.2
3	2003年3月	219.6	220.5	221	220.7	220.3	220.1	219.9	219.8	219.7	219.7
	2007年3月	−0.4	−0.5	−0.5	−0.7	−0.7	−0.7	−0.7	−0.6	−0.6	−0.6
	2007年9月	0.2	0.1	−0.2	−0.7	−0.8	−0.7	−0.4	−0.3	−0.2	−0.1
4	2003年3月	219.8	220.4	221.2	221.4	220.8	220.5	220.3	220.1	219.9	219.8
	2007年3月	−0.5	−0.9	−0.9	−0.7	−0.1	0.3	0.1	−0.2	−0.5	−0.6
	2007年9月	−0.1	−0.6	−0.4	−0.4	−0.1	−0.1	−0.3	−0.3	−0.3	−0.1
5	2003年3月	218.9	219.4	219.8	220.5	221	221	221.1	221.1	220.8	220.3
	2007年3月	−0.7	0.2	0.1	−0.6	−1.2	−1.4	−1.7	−1.9	−1.9	−1.4
	2007年9月	0.6	0.4	0.7	0.6	−0.3	−0.3	−0.7	−1	−0.8	−0.6

注：高程以黄海高程为基础。正值为淤积，负值为冲刷。

另外，从整治后近几年测图看，根据不同年份的来沙情况航槽极不稳定，滩段碍航状况较为严重。

2008年汛后测图：航槽左右侧3m等深线相距110m，金钟碛暗碛上最浅水深1.7m，左槽最小水深2.8m。

2009年汛后测图：航槽左右侧3m等深线间距仅80m，2m等深线间距也仅140m，金钟碛暗碛上最浅水深1.7m，左槽最小水深2.9m。

2010年枯期测图：航槽左右侧3m等深线相距90m，2m等深线相距170m，暗碛上最浅水深1.7m，左槽最小水深3.1m。

从金钟碛整治后的前三年看，金钟碛右槽得到冲刷，但从2009年汛后测图看，右槽出现了一定程度的淤积，3m等深线间距由2008年的110m缩减至80m，航道尺度减小，在经历2009～2010年枯期退水冲刷，航槽得到拓宽。从近几年测图看，金钟碛右槽有一定的变化；金钟碛暗碛及左槽相对稳定。

5)河段的演变趋势分析

根据历年实测地形图、固定断面资料和河段地质资料分析，金钟碛河段为典型的山区河流,河床、河岸上伏主要为河流冲积漂卵石层、砾石层、人工堆积漂卵砾石土层,下伏为基岩,岩性较好,抗冲性能较强,河段处于冲淤平衡状态之中,220(河床底)~240m(岸边线)年际间等高线变化较小,边坡、岸线长期以来基本保持稳定。总体上,该河段河道、河势及岸线长期以来基本保持稳定。

金钟碛河段上游金沙江江段正在修建溪洛渡和向家坝两个大型水利枢纽工程。上述两个工程建成运行后,将会拦蓄金沙江挟带的部分泥沙,从而减少金钟碛河段的来沙量。其下泄"清水"富余的挟沙能力可能会引起下游河道冲刷。在溪洛渡和向家坝工程运行前,金钟碛河段保持近期天然河道演变的特点,河床总体保持冲淤基本平衡状态。但随着溪洛渡和向家坝水利枢纽工程的正常运行,金钟碛河段在运行后一定时期内将可能会出现累积性冲刷,河段内的洲滩边碛将会有所萎缩,但河势基本保持不变。

5.2.2 滩险成因分析

根据该河段河床演变情况及水沙运动特点的分析,形成金钟碛浅滩的原因主要有以下三个方面:

一是河段进口段受月亮岩和二郎滩两个突出节点的控制,河宽在350m左右,洪枯水河宽变化不大,最大水深达30m以上,是一深槽河段,河床冲淤演变规律表现为洪冲枯淤。二郎滩—沱江口河面逐渐放宽,呈一喇叭形,至金钟碛滩段处枯水河宽在650m左右,洪水河宽达850m左右。该河段河床演变规律表现为洪淤枯冲,洪水期水流过二郎滩后,由于水面逐渐放宽,水流分散,流速减小,水流的挟沙能力逐渐减弱,泥沙在此落淤,汛后水位退落时,水流归槽,汛期落淤的泥沙开始被冲刷,金钟碛滩段由于汛后退水期河宽仍较大,水流分散,不能将汛期落淤的泥沙全部带走,因而在河心形成金钟碛潜碛,导致该河段航道枯水期水深不足,形成浅滩而碍航。

二是滩下游河道成90°弯道,受弯道环流作用,左岸(凹岸)被冲刷形成深槽,右岸(凸岸)淤积形成茜草坝大边滩,河床缩窄,洪水期弯道的阻水作用使滩段流速和比降有所减小,使水流的挟沙和输沙能力降低,从而也加重了滩段的泥沙淤积。

三是滩尾左侧沱江汇入,受沱江水流顶托作用,泥沙在此落淤,特别是如遇年内最后一次洪水来自沱江,将可能使滩段产生淤积,又没有长江较大水流的冲刷,在滩段形成壅水减弱了滩段的输沙能力,就会在当年枯水期成滩;而且汇合口水流泥沙变化较大,水流特性复杂。

5.3 整治标准

根据《长江干线航道发展规划》的要求长江重庆至宜宾段为Ⅲ级航道标准,金钟碛滩险河段位于该河段,本滩航道维护尺度为2.7m(水深)×50m(航宽)×560m(弯道半径),通航保证率98%,通行881kW(推轮)顶推1艘1 000t(驳船)和588kW单船机驳,根据《内河通航标准》(GB 50139—2004)规定,Ⅲ级航道标准通航的尺度和通航船队尺度见表5-4,以及金钟碛滩险通航水流航行标准(见表4-6)。

Ⅲ级航道标准通航的尺度和通航船队尺度　　表 5-4

航道等级	泊船吨级(t)	代表船型尺度(m)(总长×型宽×设计吃水)	船舶、船队尺度(m)(长×宽×设计吃水)	航道尺度(m)			
				水　深	直线段宽度		弯曲半径
					单线	双线	
Ⅲ	1 000	驳船 67.5×10.8×2.0 货船 85.0×10.8×2.0	238.0×21.6×2.0	2.0～2.4	55	110	720
			167.0×21.6×2.0		45	90	500
			160.0×10.8×2.0		30	60	480

5.4　通航水位的确定

根据研究河段的水文特性，在充分调查研究和详细收集水文资料的基础上，依据相关的规范，结合实际情况，通过多种方法对研究河段的通航水位进行推求。

5.4.1　最低通航水位推求

设计最低通航水位是确定航道标准尺度的起算水位，即要求通航河流在通航期内允许符合该航道等级的标准船舶航行的最低起算水位，一般简称设计水位。

1)综合历时曲线法

统计泸县 1958～2002 年日平均最高和最低水位分别为 241.12m 和 222.36m，将日平均水位以 20cm 为一级分为 95 级，编制水位历时统计表，绘制综合历时曲线，见图 5-5。

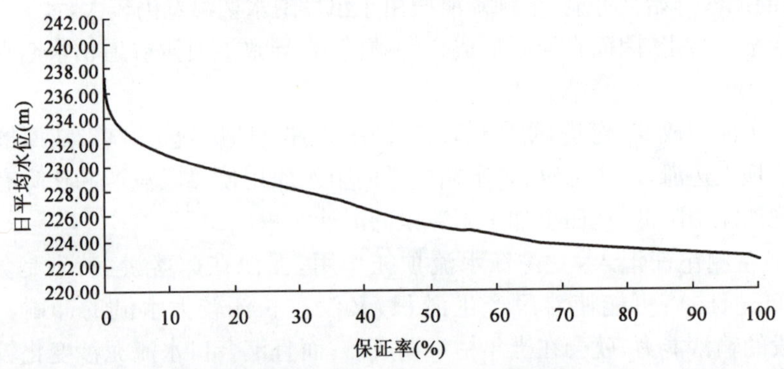

图 5-5　泸县 1958～1979 年综合历时曲线

长江泸州段航道等级为Ⅲ级，通航水位保证率取 98%，所对应的水位为 222.65m，最终结果见表 5-5。

泸县 1958～2002 年综合历时曲线结果表　　表 5-5

系　　列	保证率(%)	汇合口水位(m)
1958～2002 年	98	222.65

2)年最低水位累积频率法

取系列中每年的最低水位进行频率计算，组成 1958～2002 年最低水位系列，可以得出一条经验频率曲线，见图 5-6。

得到了累积频率曲线后，用矩法计算统计参数均值 $\bar{x}$、变差系数 C_v。再选定比较合适的概率分布曲线，即理论频率曲线（如皮尔逊Ⅲ型等），由统计参数 $\bar{x}$、C_v 和 C_s（假定为 C_v 的若干倍）绘制理论频率曲线，与经验点距分布比较其配合情况。如不一致，可适当修改 C_s 的倍数，必要时，还可在一定误差范围内适当调整另外两个统计参数 $\bar{x}$ 和 C_v，使得理论频率曲线与经验频率曲线点距配合较好为止，找到一条满意的频率曲线。最终分析结果见图 5-7。

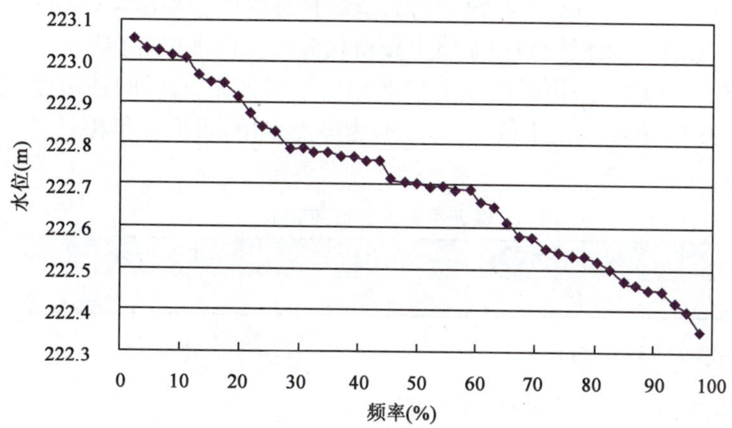

图 5-6 泸县 1958～2002 年年最低水位经验频率曲线

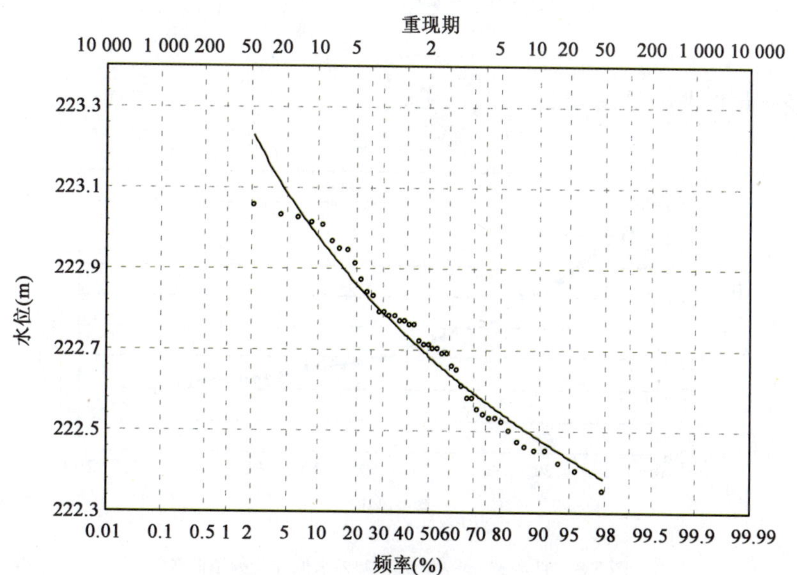

图 5-7 泸县 1958～2002 年年最低水位理论频率曲线(皮尔逊Ⅲ型)

由图 5-7 查得频率为 20％所对应的水位为 222.86m，最终结果见表 5-6。

泸县 1958～2002 年年最低水位频率曲线结果表　　表 5-6

系　　列	频率(％)	重现期(年)	汇合口水位(m)
1958～2002 年	20	5	222.86

3)保证率频率法

此方法在保证率中引进频率概念。例如，n年可绘出n条保证率曲线，任一指定保证率p_j，各年均有与其相对应的水位$Z_i(p_j)(i=1,2,\cdots,n)$。保证率频率法是将这些水位看作随机变量，进行频率分析，然后在累积频率曲线上求得指定频率下的水位(流量)，作为设计水位(流量)。其步骤是：首先根据通函要求，按规范确定频率和保证率；其次在每年的水位(流量)历时曲线中，根据选定的保证率摘取水位(流量)值；最后将选取的各年水位(流量)作为样本进行频率分析计算。根据指定的累积频率在曲线上查得相应的设计水位(流量)。

在多年水位资料所绘制的历时曲线上摘取相应于保证率98%的枯水位、逐年最枯水位。再以历年最枯水位(1999年最枯水位222.36m)为零点水位，求出各年相对零点的98%保证率水位，见表5-7。

保证率频率曲线统计表

表5-7

系　列	保证率(%)	频率(%)	重现期(年)	汇合口水位(m)
1958～2002年	98	80	5	222.80

采用以下公式初估计算参数：

$$\overline{Z}=\frac{\sum Z}{n}=222.96\text{m}$$

$$C_v=\sqrt{\frac{\sum(K_i-1)^2}{n-1}}=\sqrt{\frac{9.558}{44}}=0.47$$

相应的经验频率曲线见图5-8。

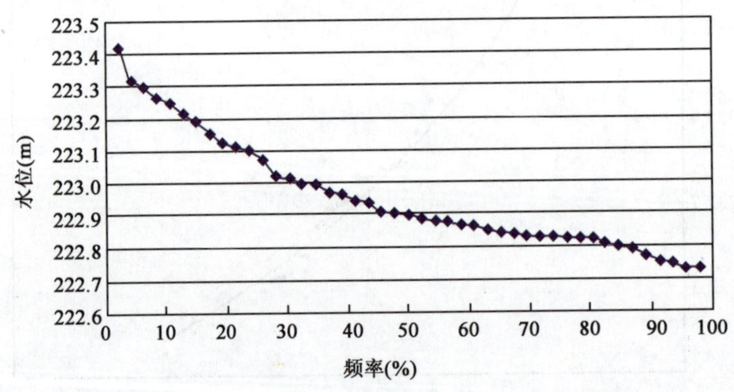

图5-8　泸县1958～2002年98%水位经验频率曲线

取$C_v=0.47$，$C_s=2C_v$适线，调整参数直至满意为止，最终适线结果见图5-9。

最后从理论累积频率曲线上查出频率为80%、保证率为98%的最低通航水位为222.80m，结果见表5-7。

确定了最低通航水位，对应的最小通航流量可以根据泸县1958～2002年的水位流量关系曲线(即Q-H相关曲线)查得。在处理Q-H相关曲线时，最终采用的是月平均数据，这是因为如果用日平均数据来绘制Q-H相关曲线，数据量大会增加绘制曲线的误差；而采用年平均数

据来绘制 Q-H 相关曲线，数据量小会使曲线的精度降低；采用月平均数据，虽然数据稍显不足，但是整体效果尚佳，所得数据与采用日平均数据所得结果相差很小。泸县 1958～2002 年的水位流量关系曲线见图 5-10。

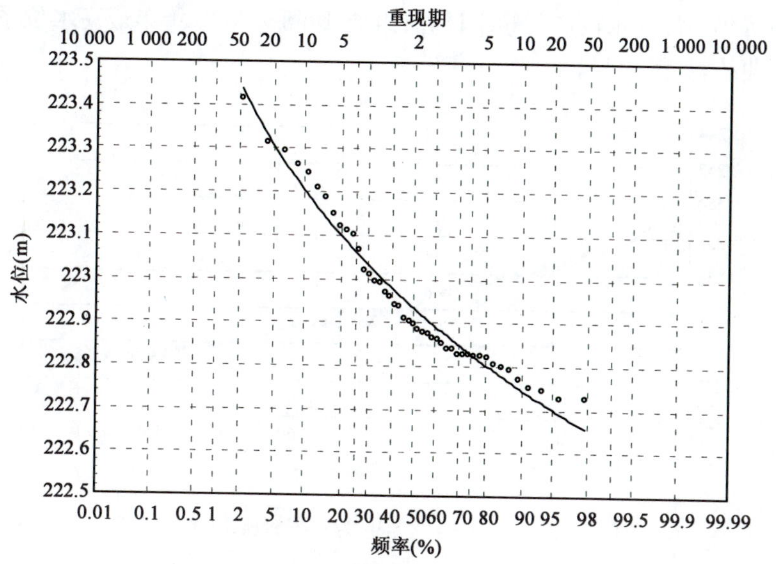

图 5-9　泸县 1958～2002 年 98%水位理论频率曲线(皮尔逊Ⅲ型)

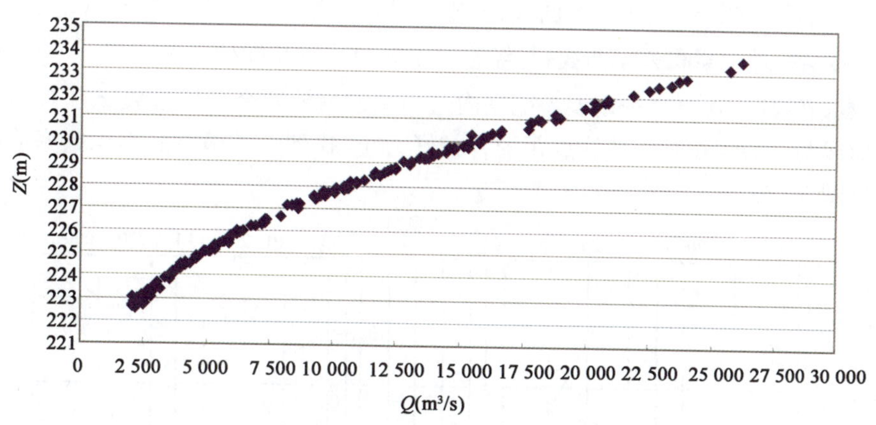

图 5-10　泸县 1958～2002 年的水位流量关系曲线(Q-H 相关曲线)

将以上三种方法的计算结果汇总，见表 5-8。

泸县 1958～2002 年最低通航水位推求结果统计表　　表 5-8

方　　法	综合历时曲线法	年最低水位累积频率法	保证率频率法
汇合口水位(m)	222.65	222.86	222.80
汇合口流量(m^3/s)	2 020	2 220	2 130

5.4.2　最高通航水位推求

内河设计最高通航水位是指河流中标准船舶或船队容许在港口、航道、船闸、升船机和船厂水工建筑物等进行正常营运作业时的上限临界水位。在通常的情况下，对于航运运输链各个环节的航道、船闸或升船机、船坞、滑道、港口码头等，这个概念和标准应该是基本协调一致的。

1)频率法

取系列中每年的最高水位进行频率计算，组成1958～2002年年最高水位系列，得出一条经验累积频率曲线，见图5-11。

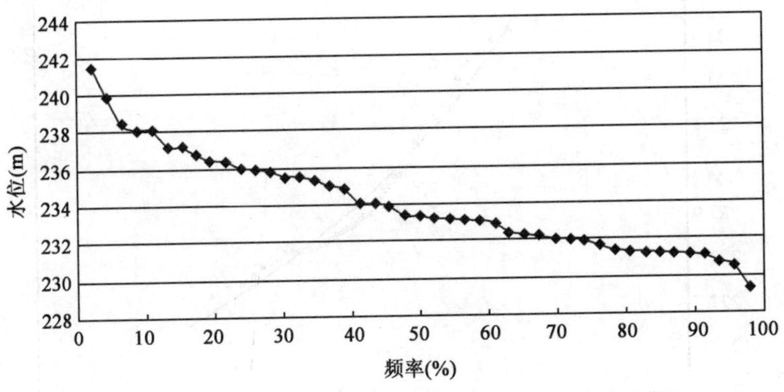

图5-11　泸县1958～2002年年最高水位经验累积频率曲线

得到了累积频率曲线后，仍然用矩法计算统计参数均值$\overline{x}$、变差系数C_v。再选定比较合适的概率分布曲线，即理论累积频率曲线(如皮尔逊Ⅲ型等)，由统计参数$\overline{x}$、C_v和C_s(假定为C_v的若干倍)绘制理论累积频率曲线，与经验点距分布比较其配合情况。如不一致，可适当修改C_s的倍数，必要时，还可在一定误差范围内适当调整另外两个统计参数$\overline{x}$和C_v，使得理论累积频率曲线与经验累积频率曲线点距配合较好为止，找到一条满意的累积频率曲线。最终分析结果见图5-12。

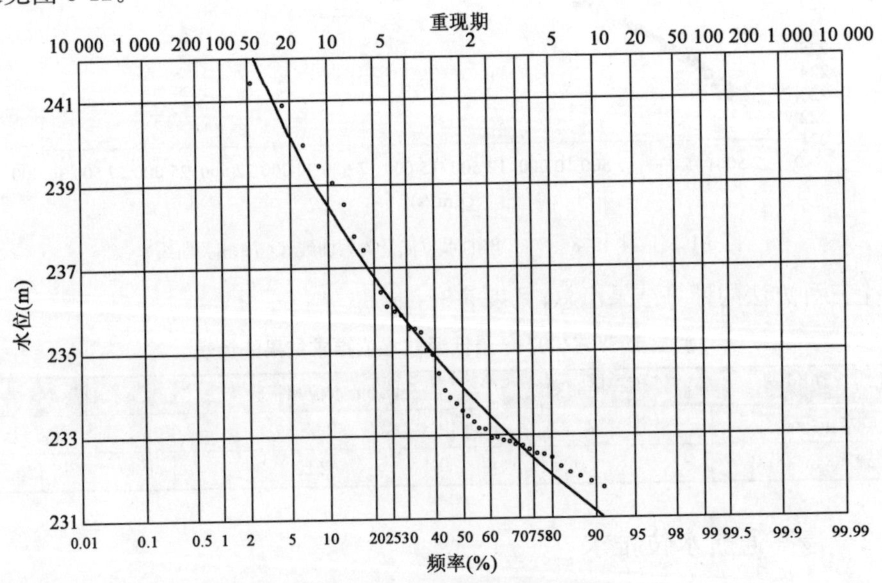

图5-12　泸县1958～2002年年最高水位理论累积频率曲线(皮尔逊Ⅲ型)

由图5-12可以查得频率为5%的最高通航水位为240.31m，对应的最大通航流量为38 100m³/s，最终统计结果见表5-9。

泸县1958～2002年最高水位理论累积频率曲线统计表　　表5-9

系　列	频率(%)	重现期(年)	汇合口水位(m)	汇合口流量(m³/s)
1958～1979年	5	20	240.31	38 100

2)保证率法

由上面的计算可知，频率为5%的最高通航水位为240.31m，再由泸县1958～2002年的水位资料可以把频率指标转换为保证率指标，得出最高通航水位保证率为99.97%，最高水位的综合历时曲线见图5-13。

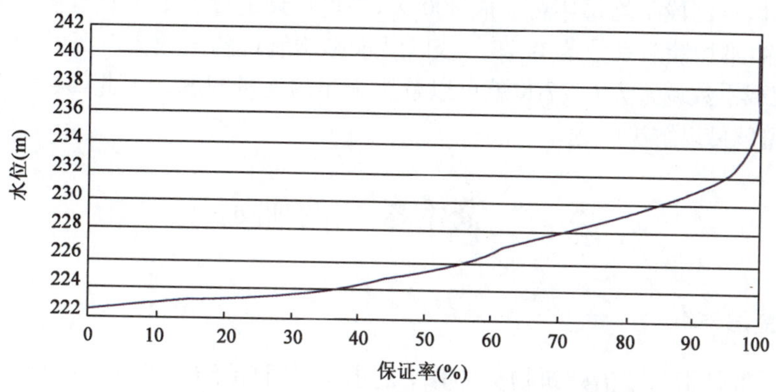

图5-13　最高通航保证率曲线

由该曲线查得99.97%保证率的水位为240m。由该保证率看，一年中影响通航的天数为0.1天，这说明洪水对通航影响天数极少。

山区天然河流，洪水期水位暴涨暴落，洪峰历时较短，河床断面形态多呈U形或V形，洪水期间，坡陡流急，而且表面流速和平均流速一般都随流量增大而加大，各种不利于航行的恶劣流态比比皆是，船舶难以航行。在《内河通航标准》(GB 50139—2004)对天然河流设计最高通航水位的确定中也已注意到这一情况。《内河通航标准》(GB 50139—2004)除对天然河流设计最高通航水位的洪水重现期作了一般规定（Ⅰ～Ⅲ级航道20年，Ⅳ～Ⅴ级航道10年，Ⅵ～Ⅷ级航道5年)外，还对山区河流专门加了一个“注”，对出现高于设计最高通航水位历时很短的山区性河流，Ⅲ级航道的洪水可降为10年一遇，Ⅳ、Ⅴ级可降为5年一遇，Ⅵ、Ⅶ级可按2～3年一遇执行。《内河通航标准》(GB 50139—2004)又对此“注”中的Ⅳ、Ⅴ级航道作了进一步修改，对出现高于设计通航水位历时很短的山区性河流，Ⅲ级航道的洪水重现期可降为10年一遇，Ⅳ、Ⅴ级可降低为5～3年一遇，Ⅵ、Ⅶ级可按3～2年一遇执行。

尽管如此，在一些山区航道规划设计和营运工作中，为确保船舶航行安全，不得不定出洪水禁航水位(或禁航流量)。如四川的沱江、涪江等一些通航河流上的禁航水位，其禁航率约为2%～3%，一年中因洪水停航的天数约为7～11天。此禁航水位远低于《内河航道标准》(GB 50139—2004)中关于山区天然河流设计最高通航水位的洪水重现期中“注”所相应的水位。

又如黄河府谷至禹门口500多kmⅥ级航道工程可行性研究阶段，经实地调查，在3 000m³/s

以上全河段流速较大,流态恶劣,无法通航。故在工研报告中,定出洪水禁航流量为3 000m³/s,其相应洪水频率为91.296%,即重现期约为1.1年。而按"国标"中规定的重现期5年一遇,其流量约为12 000m³/s,即使按《内河通航标准》(GB 50139—2004)"注"中规定可降低为2~3年一遇,流量也在7 500~9 000m³/s,比实际可通航的流量大2~3倍。

通过以上分析,如把保证率降低为99%,这样一年中影响通航的天数仅为4天,所得最高通航水位为234.71m,对应最大通航流量为30 040 m³/s,水位比原来降低了5.29m,流量比原来减小了8 080 m³/s。因此,根据实际情况适当降低《内河通航标准》所规定的标准,可以解决通航水位偏高的问题。从船舶运输的营运角度来说,降低通航保证率后,洪水影响的天数增加得并不算太多,只要在运输调度方面做一些调整,可进一步减少因此造成的损失。如岷江运输较为繁忙的乐山至宜宾段,2002年实际完成货运量68万t。预计2010年货运量将达到450万t,保守地估计,该河段平均每年可通航300天,平均每天运量为1.5万t,假定有40艘500t级货轮往返运输,平均装载系数为0.75。若以洪水影响航行的天数为7天计,平均每天运量为1.54万t,装载系数调整为0.77也就可以解决全年的运量问题。因此,只要在船舶营运调度方面略加调整就可以解决问题。

5.5 整治参数的确定

5.5.1 整治水位

整治水位一般是指与整治建筑物头部齐平的水位,从整治结果来看,整治水位是整治工程对滩险航行条件能产生显著改善的水位;从对河床造床机理来看,整治水位是与造床流量相应的水位。整治水位的确定,一方面确定整治建筑物的高程,直接影响着整治工程的数量和工程投资;另一方面,在某种程度上决定着整治后浅滩的冲刷历时。当水位降至整治水位时,整治建筑物将水流束至整治线宽度范围内,使水流流速增大冲刷浅滩滩脊,达到增深航道的目的。当水位降至设计最低通航水位时,要求浅滩上的航道水深能达到航道标准水深,保证设计通航期内能正常通航。一般认为水位从整治水位降至设计水位的经历的时间为整治建筑物实施后浅滩的冲刷历时。若整治水位定得太低,会导致冲刷不力,达不到预期的整治效果;反之,若定得太高,一方面会给行洪安全带来不利影响,另一方面还有可能引起过度冲刷,导致输沙不平衡,在下游产生新的浅滩。

整治水位选用冲刷作用较大的水位,也就是水流归槽后流速最大的水位,其目的是加大冲刷能力,延长冲刷历时,以达到设计航道尺度。交汇河段尽管受干支流相互顶托,水位壅高,其回水段一般具复轨性的洪水淤积、落水冲刷,且年内冲淤平衡的普遍规律,汇合口浅滩航道整治主要着眼于加大落水期水流冲刷能力,所以汇合口河段整治水位计算方法通常采用平滩水位法或造床流量法计算。根据兰叙段的整治经验,本段采用的整治水位一般在设计水位上1.0~2.5m,因此本滩取整治水位高于设计水位2.11m,相应的泸县基本水尺水位为224.92m,整治流量为4 300m³/s。

5.5.2 整治线宽度

整治线宽度就是指整治水位时的河面宽度。整治线宽度的确定,一方面确定了整治建筑物(丁坝)的长度,从而影响着整治工程的数量和工程投资的大小;另一方面,在某种程度上决定着整治后浅滩的冲刷强度。整治线宽度取得大,则束水作用弱,水流的冲刷能力弱,难以使河床刷深至设计的深度,航道尺度达不到设计要求;若取得过窄,将产生局部的过度冲刷,引起下游河段的淤积,或导致本河段流速过大使航行条件恶化。因此,整治线宽度作为航道整治工程的重要技术参数,应根据浅滩所需的冲刷强度以及航道等级等因素慎重确定。

由于该河段主要着眼于通过整治建筑物“束水攻沙”,加大落水期水流冲刷能力。所以“输沙平衡计算方法”应当同样适用于确定干支流河口的整治线宽度。根据川江经验,先采用输沙平衡的整治线宽度计算公式进行计算,根据计算值,再根据类似优良河段的河宽情况,综合确定整治线宽度。计算公式为:

$$B_2 = B_1\left(\frac{H_1}{H_2}\right)^{y_1}\left(\frac{Q_2}{Q_1}\right)^{y_2}$$

式中:B_1 、B_2 ——整治水位时筑坝前、后的河宽;

H_1 、H_2 ——整治水位时筑坝前、后的断面平均水深;

Q_1 、Q_2 ——整治水位时筑坝前、后通过河槽断面的流量(Q_2 为扣除丁坝坝体渗流后的流量);

y_1 、y_2 ——与断面平均流速、起动流速有关的指数。

最后确定金钟碛滩整治线的宽度为400m。

5.6 整治方案的确定

根据金钟碛的滩险特性、碍航情况及航道等级整治要求,西南水运工程科学研究所利用河工模型进行了以下5组优化试验方案,优化思路主要在两个方面:一是对右岸丁坝的平面布置进行优化,在能够满足疏浚稳定的条件下,减少工程量;二是考虑左槽有船舶通过,筑潜坝护底有碍航的可能,选择更优的护底方式。模型试验方案以右槽为通航汊道,对右槽右侧浅区进行疏浚,同时考虑布置整治建筑物以稳定整治区。为找到经济、合理、可行的方案,本滩模型试验采取疏浚、在右岸修建整治建筑物等方案,试验方案结果见表5-10。

整治方案1在设计和整治流量情况下,挖槽上游断面平均流速略有增加,由于只进行航槽疏浚,挖槽断面的过水面积增加,从而挖槽处的断面平均流速均较整治前减小,导致水流的输沙能力减弱,挖槽回淤的可能性极大,因此金钟碛航道整治只采取航槽疏浚措施是不行的,必须采取其他工程措施来维持航槽的稳定。方案2在航槽疏浚的基础上,在右岸边滩修筑单丁坝和在左槽采取护底措施,挖槽的流速较整治前在设计流量时增加0.2m/s左右,在整治流量增大0.5m/s左右。方案3在方案2的基础上将左槽的护底改为两条潜坝后,挖槽的流速较方案2有所增加,设计和整治流量时平均流速均增大0.1m/s左右,说明左槽潜坝对调整挖槽流量有一定的作用。该方案的整治效果略优于方案2。方案4在方案2的基础上将右岸边滩的单丁坝改为双丁坝后,挖槽中下段的流速整治流量时较方案2增大0.2m/s左右,整治效果明显,工程后航槽的稳定性好。方案5在方案4的基础上将右岸边滩上丁坝缩短20m,下丁坝缩短40m,工程量较省,整治流量时挖槽的流速较方案4略有减小,挖槽中下段流速较方案2有所增加。

金钟碛整治方案结果统计表　　表 5-10

试验方案	工程内容	整治效果	滩头水位壅高(m)	工程量(m^3)	综合评价
方案 1	疏浚航槽	挖槽上游流速略有增加，而挖槽流速降低	0	挖槽:4 010	航行条件有一定的改善，但航槽易回淤
方案 2	①疏浚航槽；②右岸筑 1 条勾头丁坝，长 390m；③左槽护底	挖槽的流速较整治前在设计流量时增加 0.2m/s 左右，在整治流量时增大 0.5 m/s 左右	0.06	挖槽:4 010 筑坝:23 585	航行条件有所改善，挖槽的稳定性略差
方案 3	①疏浚航槽；②右岸筑 1 条勾头丁坝，长 390m；③筑两条潜坝	挖槽的流速较方案 2 有所增加，设计和整治流量时均增大 0.1 m/s 左右	0.06	挖槽:4 010 筑坝:24 957	略优于方案 2
方案 4	①疏浚航槽；②右岸边滩筑 2 条勾头下挑丁坝，长分别为 336.5m 和 432m；③左槽护底	挖槽中下段的流速在整治流量时较方案 2 增大 0.2 m/s 左右，整治效果明显，工程后航槽的稳定性好	0.14	挖槽:4 010 筑坝:34 120	优于方案 2
方案 5	①疏浚航槽；②右岸边滩筑 2 条勾头下挑丁坝，长分别为 316.5m 和 392m；③左槽护底	整治流量时挖槽的流速较方案 4 减小 0.2 m/s，较方案 2 挖槽中下段的流速略有增加。整治效果明显，工程后航槽冲淤变化较小	0.06	挖槽:4 010 筑坝:28 516	整治效果较好

综上所述，金钟碛滩险航道整治只采取航槽疏浚单一措施是不够的，还必须采取其他工程措施相配合。最后本滩采取的整治方案为：①疏浚：沿金钟碛右槽深泓线开挖航槽，开挖范围为 3.0m×50m。②筑坝：为保持挖槽稳定，在右岸边滩筑两条勾头丁坝，长度分别为 316.5m 和 392m，坝顶高程为设计水位以上 2m。③混凝土铰链排护底：保证左槽及左岸的稳定，采取混凝土铰链排对左槽进行带状护底，整治措施布置图(见图 5-1)。

5.7 金钟碛整治效果分析

通过测量金钟碛滩段的水位和表面流速，由于金钟碛枯水期水深不足造成的碍航浅滩，所以主要分析表 5-11 中工况 1 和工况 2 测量的数据。由工况 1 和工况 2 可以看出金钟碛滩段的平均流速较整治前增加 0.04～0.35m/s，其中滩段的最大表面平均流速为 2.39m/s，比降有所减小，滩头水位壅高 1.1m 左右，水流流态良好，没有回流和乱水现象，水流动力轴线的走向和深泓线的走向基本一致；水流动力轴线存在的历时和走向，往往决定河槽的走向，这样有利于船舶的通行。由于工况 3～工况 6 的流量比工况 1 和工况 2 的流量大 4.8～9.6 倍，而且过流面积变化不大，因此能够满足通航标准的水深条件，主要考虑是否满足通航水流标准，在用流速仪测量过程中，可以观察到在金钟碛下游段和丁坝附近局部有回流和乱流流态，两坝间有环流流态，但是流速都很小，不会影响正常通航。工况 D3 时整个区域冲淤变化较小，仅在深槽处有较为明显的冲刷；工况 D4 时深槽处冲刷较为明显，在交汇处出现明显的淤积现象；工况 D5 时交汇区域从横断面上来看总体呈现左淤右冲的现象，但冲淤变化量较小。随着流量的增大，水流的动力轴线向右岸偏移，水流动力轴线的变化是引起航道纵向、横向变化的主要动力，在于水动力轴线处的流速最大，其挟沙能力和输沙能力最大，往往容易形成河槽，这样有利于航道尺度的发展。由于勾头丁坝的挑流作用对坝体附近水流的影响，在靠近丁坝处水流动力轴线发生弯曲，上丁坝和下丁坝之间水动力轴线波动较大。但丁坝区域的表面平均流速在 1.47～2.35m/s 之间，比降在 0.04‰～0.30‰之间，满足通航水流条件的标准。在整治工程实施前，该滩段枯水期通航水流条件很差，滩段水深落差为 0.2m，枯水期平均比降为 0.40‰，局部最大比降为 0.68‰，平均流速为 0.96m/s，经过整治后整治建筑物发挥了应有的作用，达到了稳定航槽，束水归槽，冲深航槽，增加水深，使疏浚区的水深均在 3.0m 以上，3m 等深线宽度在 90m 左右；该河段形成了中水期和枯水期水流流向稳定单一的航槽，河道输沙顺畅，基本保持输沙平衡，滩段通航水流条件（比降、表面平均流速）有明显的改善（见表 5-11 和表 5-12）。

金钟碛滩段整治前后表面平均流速对照表（单位：m/s）　　表 5-11

工况 \ 断面号		CS45	CS46	CS47	CS48	CS49
1	整治前	1.14	1.31	1.39	1.46	1.59
	整治后	1.49	1.39	1.43	1.74	1.81
2	整治前	1.46	1.52	1.68	1.76	1.83
	整治后	1.81	1.82	1.77	1.98	2.06

金钟碛整治前后比降对照表　　表 5-12

工　况	1	2	3	4	5	6
整治前的比降（‰）	0.42～0.68					
整治后的比降（‰）	0.38	0.42	0.30	0.06	0.06	0.04

第 6 章 干支流汇合口水沙数学模型

6.1 二维水沙数学模型基本原理

6.1.1 控制方程

对于河道水流、泥沙的模拟，如何布置网格，使之贴合曲折边界，并反映随着水位变化的边界地形，同时克服计算域长宽比悬殊的困难，是一个关键问题。如果选择矩形网格，为了顾及边界形状及河道横断面上的地形，不得不采用众多尺度很小的单元，这就大大增加了对计算机内存的要求，计算工作量也显著增加。本书通过引入近些年发展起来的边界贴体坐标，采用贴体正交曲线网格系统来克服边界复杂及计算域尺度悬殊所造成的困难。

所谓贴体正交曲线网格，就是将沿着边界的变化趋势，借助函数变换，将复杂的不规则物理求解域转化为规则的计算域，将复杂区域上的定解问题转化为规则变换区域上的定解问题，使边界条件得到准确满足。在此规则变换域上，无论采用有限差分法、分布法或者有限体积法等进行离散计算，其网格的选取以及边界条件的满足都将很方便，计算精度得以提高。如图 6-1 所示，物理域边界 ABCD 是不规则的，通过坐标变换后，转换成了规则的边界的计算域。边界拟合坐标中坐标转换实际上就是已知计算平面内的坐标，通过计算平面和物理平面之间的函数表达式，找出与已知计算平面相对应的物理平面上的坐标。对生成的边界拟合坐标有以下几个要求：①物理平面上的节点应与计算平面上的节点一一对应，同一族中的曲线不能相交，不同族中的两曲线仅能相交一次；②在边界拟合坐标中的每一个节点应当是一系列的曲线坐标的交点，而不是一群三角元素的顶点或一个无序的点群，以便设计有效、经济的算法及程序，要做到这一点，只要在计算平面中采用矩形网格即可。物理平面求解区域内部的网格疏密程度要易于控制。在边界拟合坐标的边界上，网格线最好与边界线正交或接近正交，以便于边界条件的离散化。

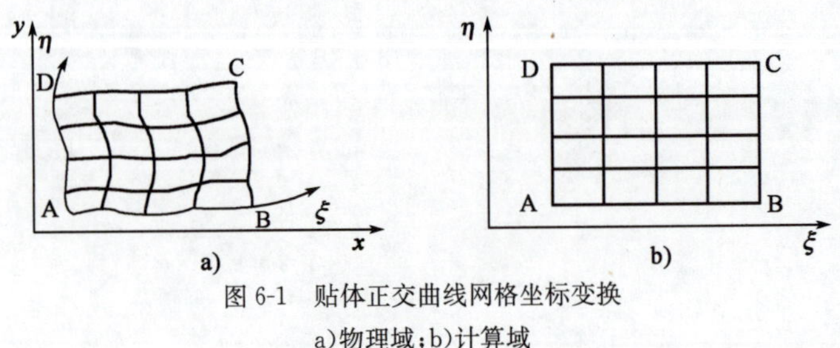

图 6-1 贴体正交曲线网格坐标变换

a)物理域；b)计算域

基于贴体坐标以上优点，故本研究采用贴体正交曲线坐标来克服干支流汇合口处河道边界形状复杂的困难。

1)坐标转换关系的基本方程

平面直角坐标系下的任意形状的区域，通过边界贴体坐标，可转化为新坐标系下的规则区域。新旧坐标采用：$\xi=\xi(x,y)$，　$\eta=\eta(x,y)$函数关系联系起来。假定变换关系满足 Poisson 方程与 Dirichllet 边界条件。

Poisson 方程：

$$\frac{\partial^2\xi}{\partial x^2}+\frac{\partial^2\xi}{\partial y^2}=P(\xi,\eta,x,y) \tag{6-1}$$

$$\frac{\partial^2\eta}{\partial x^2}+\frac{\partial^2\eta}{\partial y^2}=Q(\xi,\eta,x,y) \tag{6-2}$$

Dirichllet 边界条件：

$$\begin{pmatrix}\xi\\ \eta\end{pmatrix}=\begin{bmatrix}D_1\\ \eta_1(x,y)\end{bmatrix}\qquad (x,y)\in\Gamma_1$$

$$\begin{pmatrix}\xi\\ \eta\end{pmatrix}=\begin{bmatrix}\xi_1(x,y)\\ C_1\end{bmatrix}\qquad (x,y)\in\Gamma_2$$

$$\begin{pmatrix}\xi\\ \eta\end{pmatrix}=\begin{bmatrix}D_2\\ \eta_2(x,y)\end{bmatrix}\qquad (x,y)\in\Gamma_3$$

$$\begin{pmatrix}\xi\\ \eta\end{pmatrix}=\begin{bmatrix}\xi_2(x,y)\\ C_2\end{bmatrix}\qquad (x,y)\in\Gamma_4$$

新旧坐标的变换关系为：

$$\xi=\xi(x,y) \tag{6-3}$$

$$\eta=\eta(x,y) \tag{6-4}$$

式中：P、Q——与ξ、η、x、y有关的某一函数，反映了(ξ,η)平面上等值线在(x,y)平面上的疏密程度，适当选择P、Q函数，可使坐标变换为正交变换。

根据水流势函数与流函数的性质及水流等势线与等流线的正交性，可导出生成正交曲线网格的转换方程：

$$\begin{cases}\alpha\dfrac{\partial^2 x}{\partial\xi^2}+\gamma\dfrac{\partial^2 x}{\partial\eta^2}+J^2\left(P\dfrac{\partial x}{\partial\xi}+Q\dfrac{\partial x}{\partial\eta}\right)=0\\[2ex] \alpha\dfrac{\partial^2 y}{\partial\xi^2}+\gamma\dfrac{\partial^2 y}{\partial\eta^2}+J^2\left(P\dfrac{\partial y}{\partial\xi}+Q\dfrac{\partial y}{\partial\eta}\right)=0\end{cases} \tag{6-5}$$

式中：$\alpha=x_\eta^2+y_\eta^2$；$\gamma=x_\xi^2+y_\xi^2$；$J=\sqrt{\alpha\gamma}$；$P=-\dfrac{1}{\gamma}\dfrac{\partial(\ln K)}{\partial\xi}$；$Q=-\dfrac{1}{\alpha}\dfrac{\partial(\ln K)}{\partial\eta}$；$K=\sqrt{\gamma/\alpha}$。

2)水流运动控制方程

水流连续方程：

$$\frac{\partial H}{\partial t}+\frac{1}{C_\xi C_\eta}\frac{\partial}{\partial\xi}(huC_\eta)+\frac{1}{C_\xi C_\eta}\frac{\partial}{\partial\eta}(hvC_\xi)=0 \tag{6-6}$$

ξ方向动量方程：

$$\frac{\partial u}{\partial t}+\frac{1}{C_\xi C_\eta}\left[\frac{\partial}{\partial\xi}(C_\eta u^2)+\frac{\partial}{\partial\eta}(C_\xi vu)+vu\frac{\partial C_\xi}{\partial\eta}-v^2\frac{\partial C_\eta}{\partial\xi}\right]$$

$$=-g\frac{1}{C_\xi}\frac{\partial H}{\partial \xi}+fv-\frac{u\sqrt{u^2+v^2}n^2g}{h^{\frac{4}{3}}}+\frac{1}{C_\xi C_\eta}\left[\frac{\partial}{\partial \xi}(C_\eta\sigma_{\xi\xi})+\frac{\partial}{\partial \eta}(C_\xi\sigma_{\eta\xi})+\sigma_{\xi\eta}\frac{\partial C_\xi}{\partial \eta}-\sigma_{\eta\eta}\frac{\partial C_\eta}{\partial \xi}\right] \tag{6-7}$$

η 方向动量方程：

$$\frac{\partial v}{\partial t}+\frac{1}{C_\xi C_\eta}\left[\frac{\partial}{\partial \xi}(C_\eta vu)+\frac{\partial}{\partial \eta}(C_\xi v^2)+uv\frac{\partial C_\eta}{\partial \xi}-u^2\frac{\partial C_\xi}{\partial \eta}\right]$$

$$=-g\frac{1}{C_\eta}\frac{\partial H}{\partial \eta}-fu-\frac{v\sqrt{u^2+v^2}n^2g}{h^{\frac{4}{3}}}+\frac{1}{C_\xi C_\eta}$$

$$\left[\frac{\partial}{\partial \xi}(C_\eta\sigma_{\xi\eta})+\frac{\partial}{\partial \eta}(C_\xi\sigma_{\eta\eta})+\sigma_{\eta\xi}\frac{\partial C_\eta}{\partial \xi}-\sigma_{\xi\xi}\frac{\partial C_\xi}{\partial \eta}\right] \tag{6-8}$$

式中：ξ、η——分别表示正交曲线坐标系中两个正交曲线坐标；

u、v——分别表示沿 ξ、η 方向的流速；

h——水深；

H——水位；

C_ξ、C_η——正交曲线坐标系中的拉梅系数，

$$C_\xi=\sqrt{x_\xi^2+y_\xi^2},C_\eta=\sqrt{x_\eta^2+y_\eta^2};$$

$\sigma_{\xi\xi}$、$\sigma_{\xi\eta}$、$\sigma_{\eta\xi}$、$\sigma_{\eta\eta}$——紊动应力。

$$\sigma_{\xi\xi}=2\upsilon_t\left[\frac{1}{C_\xi}\frac{\partial u}{\partial \xi}+\frac{v}{C_\xi C_\eta}\frac{\partial C_\xi}{\partial \eta}\right]\quad \sigma_{\eta\eta}=2\upsilon_t\left[\frac{1}{C_\eta}\frac{\partial v}{\partial \eta}+\frac{u}{C_\xi C_\eta}\frac{\partial C_\eta}{\partial \xi}\right]$$

$$\sigma_{\xi\eta}=\sigma_{\eta\xi}=\upsilon_t\left[\frac{C_\eta}{C_\xi}\frac{\partial}{\partial \xi}\left(\frac{v}{C_\eta}\right)+\frac{C_\xi}{C_\eta}\frac{\partial}{\partial \eta}\left(\frac{u}{C_\xi}\right)\right]$$

式中：υ_t——紊动黏性系数，一般情况下，$\upsilon_t=\alpha u_* h$，$\alpha=0.5\sim1.0$，u_* 表示摩阻流速；对于不规则岸边、整治建筑物、桥墩作用引起的回流，可采用 $k-\varepsilon$ 紊流模型 $\upsilon_t=\frac{C_\mu k^2}{\varepsilon}$，$k$ 表示紊动动能，ε 表示紊动动能耗散率。

正交曲线坐标系下：

紊动动能输运方程：

$$\frac{\partial hk}{\partial t}+\frac{1}{C_\xi C_\eta}\left[\frac{\partial}{\partial \xi}(uhkC_\eta)+\frac{\partial}{\partial \eta}(vhkC_\xi)\right]$$

$$=\frac{1}{C_\xi C_\eta}\left[\frac{\partial}{\partial \xi}\left(\frac{\upsilon_t}{\sigma_k}\frac{C_\eta}{C_\xi}\frac{\partial hk}{\partial \xi}\right)+\frac{\partial}{\partial \eta}\left(\frac{\upsilon_t}{\sigma_k}\frac{C_\xi}{C_\eta}\frac{\partial hk}{\partial \eta}\right)\right]+h(G+P_{kv}-\varepsilon) \tag{6-9}$$

紊动动能耗散率输运方程：

$$\frac{\partial h\varepsilon}{\partial t}+\frac{1}{C_\xi C_\eta}\left[\frac{\partial}{\partial \xi}(uh\varepsilon C_\eta)+\frac{\partial}{\partial \eta}(vh\varepsilon C_\xi)\right]$$

$$=\frac{1}{C_\xi C_\eta}\left[\frac{\partial}{\partial \xi}\left(\frac{\upsilon_t}{\sigma_\varepsilon}\frac{C_\eta}{C_\xi}\frac{\partial h\varepsilon}{\partial \xi}\right)+\frac{\partial}{\partial \eta}\left(\frac{\upsilon_t}{\sigma_\varepsilon}\frac{C_\xi}{C_\eta}\frac{\partial h\varepsilon}{\partial \eta}\right)\right]+h\left(C_{1\varepsilon}\frac{\varepsilon}{k}G-C_{2\varepsilon}\frac{\varepsilon^2}{k}+P_{kv}\right) \tag{6-10}$$

紊动动能产生项：

$$G=\sigma_{\varepsilon\varepsilon}\left(\frac{1}{C_{\varepsilon}}\frac{\partial u}{\partial \xi}+\frac{v}{C_{\xi}C_{\eta}}\frac{\partial C_{\xi}}{\partial \eta}\right)+\sigma_{\xi\eta}\left[\left(\frac{1}{C_{\eta}}\frac{\partial u}{\partial \eta}+\frac{1}{C_{\xi}}\frac{\partial v}{\partial \xi}\right)-\left(\frac{u}{C_{\xi}C_{\eta}}\frac{\partial C_{\xi}}{\partial \eta}+\frac{v}{C_{\xi}C_{\eta}}\frac{\partial C_{\eta}}{\partial \xi}\right)\right]$$
$$+\sigma_{\eta\eta}\left(\frac{1}{C_{\eta}}\frac{\partial v}{\partial \eta}+\frac{u}{C_{\xi}C_{\eta}}\frac{\partial C_{\eta}}{\partial \xi}\right)$$

式中：　P_{kv}、$P_{\varepsilon v}$——因床底切应力所引起的紊动效应，它们与摩阻流速 u_* 间的关系为：

$$P_{kv}=\frac{C_k u_*^3}{h};P_{\varepsilon v}=\frac{C_\varepsilon u_*^4}{h^2};C_k=\frac{h^{\frac{1}{6}}}{(n\sqrt{g})};C_\varepsilon=3.6C_{2\varepsilon}\frac{C_\mu^{\frac{1}{2}}}{C_f^{\frac{1}{4}}};C_f=\frac{n^2 g}{h^{\frac{1}{3}}};$$

C_μ、σ_k、σ_ε、$C_{1\varepsilon}$、$C_{2\varepsilon}$——经验常数，采用 Rodi 建议的值：$C_\mu=0.09$，$\sigma_k=1.0$，$\sigma_\varepsilon=1.3$，$C_{1\varepsilon}=1.44$，$C_{2\varepsilon}=1.92$，$\sigma_s=1.0$。

3)推移质不平衡输移方程

如图 6-2 所示，设推移层的厚度为 βD，β 为系数，D 为床沙粒径；河宽为 B；推移质平均运动速度为 u_b；推移层在 Δx 河段内平均含沙量为 S_b，则推移层的平均输沙率为：

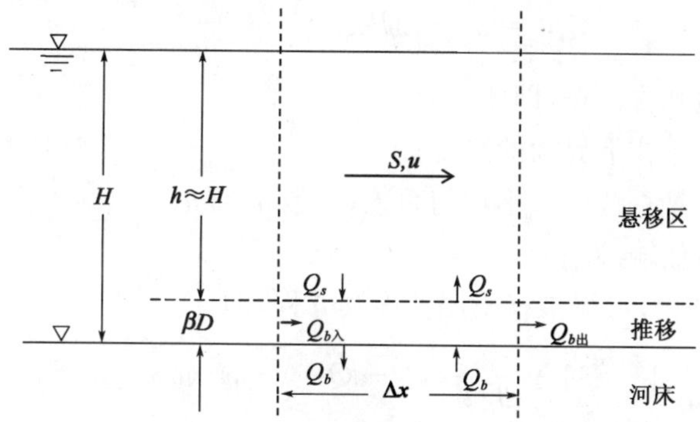

图 6-2　推移质输沙守恒示意图

$$Q_b=\beta DBu_bS_b \tag{6-11}$$

进口断面单位时间的来沙量为：

$$Q_{b进}=Q_b-\frac{1}{2}\frac{\partial Q_b}{\partial x}\Delta x \tag{6-12}$$

出口断面单位时间的排沙量为：

$$Q_{b出}=Q_b+\frac{1}{2}\frac{\partial Q_b}{\partial x}\Delta x \tag{6-13}$$

下界面落至河床的单位时间落淤量为：

$$Q_{b\downarrow}=\alpha_b S_b\omega B\Delta x=\frac{\alpha_b Q_b\omega\Delta x}{\beta Du_b} \tag{6-14}$$

式中：α_b——下界面的含沙量与平均含沙量 S_b 的比值；

ω——泥沙沉速。

下界面单位时间从河床上冲起的沙量为：

$$Q_{b\uparrow}=\alpha_{b*}S_{b*}\omega B\Delta x=\frac{\alpha_{b*}Q_{b*}\omega\Delta x}{\beta Du_b} \tag{6-15}$$

式中：S_{b*}——推移质饱和含沙量；

Q_{b*}——推移质有效输沙率；

α_b——饱和条件下，推移层下界面含沙量与平均含沙量 S_{b*} 的比值。

考虑到推移层厚度 βD 很小，在下文里假定 $\alpha_{b*} \approx \alpha_b \approx 1$。

上界面单位时间从悬移层下沉（进入）的沙量为：

$$Q_{s\downarrow} = \alpha S \omega B \Delta x = \frac{\alpha Q_s \omega \Delta x}{q} \tag{6-16}$$

式中：S——悬移层平均含沙量；

αS——悬移层下界（即推移质层上界）面含沙量；

α——含沙量垂线分布不均匀系数；

Q_s——悬移质输沙率；

q——单宽流量。

上界面单位时间从推移层上悬（排出）的沙量为：

$$Q_{s\uparrow} = \alpha_* S_* \omega B \Delta x = \frac{\alpha_* Q_{s*} \omega \Delta x}{q} \tag{6-17}$$

式中：S_*——悬移质饱和含沙量，即挟沙力；

$\alpha_* S_*$——饱和含沙量在下界面的浓度；

α_*——饱和含沙量垂线分布不均匀系数；一般 $\alpha_* \neq \alpha$；

Q_{s*}——悬移质有效输沙率。

根据推移层沙量守恒，可得推移质泥沙连续方程，即：

$$\frac{\partial}{\partial t}\left(\frac{Q_b}{u_b}\right) + \frac{\partial Q_b}{\partial x} + \frac{\omega}{\beta D u_b}(Q_b - Q_{b*}) - \omega B(\alpha S - \alpha_* S_*) = 0 \tag{6-18}$$

4）悬沙不平衡输移方程

悬移质的上界面为水面，界面无泥沙交换；下界面为推移质上界面；若忽略纵向扩散影响，根据沙量守恒，可写出悬移质泥沙连续方程为：

$$\frac{\partial}{\partial t}\left(\frac{Q_s}{u}\right) + \frac{\partial Q_s}{\partial x} + \omega B(\alpha S^* - \alpha_* S_*) = 0 \tag{6-19}$$

式中：u——悬移质平均流速，即悬移层平均水流速度。

5）河床变形方程

在求解河床变形时，我们通常把河床变形面积 A 分割成两部分，一是悬移质 A_b 影响部分，另一个是推移质影响部分。

$$\gamma'_s \frac{\partial A_s}{\partial t} = -\frac{\partial Q_s}{\partial x} - \frac{\partial}{\partial t}\left(\frac{Q_s}{u}\right) = \omega B(\alpha S - \alpha_* S_*) \tag{6-20}$$

$$\gamma'_s \frac{\partial A_b}{\partial t} = -\frac{\partial Q_b}{\partial x} - \frac{\partial}{\partial t}\left(\frac{Q_b}{u_b}\right) = \frac{\omega}{\beta D u_b}(Q_b - Q_{b*}) - \omega B(\alpha S - \alpha_* S_*) \tag{6-21}$$

$$A = A_s + A_b$$

式中：γ'_s——泥沙干密度，内河粗沙 γ'_s 取 $1.35 t/m^3$，河口淤泥 γ'_s 取 $0.65 t/m^3$；

A_b——推移质河床变形面积；

A_s——悬移质河床变形面积。

通过比较方程式(6-1)～式(6-10)，可以发现它们的形式是相似的，那么，拟合坐标系下平面二维 k-ε 紊流和悬移质泥沙运动表示成如下统一形式：

$$\frac{\partial(h_2Hu\varphi)}{\partial\xi}+\frac{\partial(h_1Hv\varphi)}{\partial\eta}=\frac{\partial}{\partial\xi}\left(\Gamma_\varphi H\frac{h_2}{h_1}\frac{\partial\varphi}{\partial\xi}\right)+\frac{\partial}{\partial\eta}\left(\Gamma_\varphi H\frac{h_1}{h_2}\frac{\partial\varphi}{\partial\eta}\right)+S_\varphi \tag{6-22}$$

各方程主要差别体现在源项 S_φ 上，源项是因变量的函数，可统写为 $S_\varphi=S_p\varphi+S_c$，负坡线性化后($S_p\leqslant0$)见表 6-1。

各方程负坡线性化后的 S_p、S_c 汇总表　　表 6-1

方　程	φ	Γ_φ	S_p	S_c
连续方程	H	0	$-\frac{h_1h_2}{\Delta t}$	$-\frac{h_1h_2}{\Delta t}H^*$
ξ—动量方程	U	v_t	$-[\frac{h_1h_2H}{\Delta t}+\frac{h_1h_2\sqrt{u^2+v^2}}{C^2}+Hv\frac{\partial h_1}{\partial\eta}]$	$\frac{h_1h_2Hu^*}{\Delta t}-gh_2H\frac{\partial h}{\partial\xi}+Hv^2\frac{\partial h_2}{\partial\xi}+h_1h_2[-\frac{v}{h_2}\frac{\partial}{\partial\eta}(\frac{v_tH}{h_1h_2}\frac{\partial h_2}{\partial\xi})-\frac{2v_tH}{h_1h_2}\frac{\partial h_2}{\partial\xi}\frac{\partial v}{\partial\eta}+\frac{2v_tH}{h_1^2h_2}\frac{\partial h_1}{\partial\mu}\frac{\partial v}{\partial\xi}+\frac{v_tHu}{h_2}\frac{\partial}{\partial\eta}(\frac{1}{h_1h_2}\frac{\partial h_1}{\partial\eta})+\frac{v}{h_1}\frac{\partial}{\partial\xi}(\frac{v_tH}{h_1h_2}\frac{\partial h_2}{\partial\xi})+\frac{v_tHu}{h_1}\frac{\partial}{\partial\xi}(\frac{1}{h_1h_2}\frac{\partial h_2}{\partial\xi})]$
η—动量方程	V	v_t	$-[\frac{h_1h_2H}{\Delta t}+\frac{h_1h_2\sqrt{u^2+v^2}}{C^2}+Hu\frac{\partial h_2}{\partial\xi}]$	$\frac{h_1h_2Hv^*}{\Delta t}-gh_1H\frac{\partial h}{\partial\eta}+Hu^2\frac{\partial h_1}{\partial\eta}+h_1h_2[-\frac{u}{h_1}\frac{\partial}{\partial\xi}(\frac{v_tH}{h_1h}\frac{\partial h_1}{\partial\eta})-\frac{2v_tH}{h_1^2h_2}\frac{\partial h_1}{\partial\eta}\frac{\partial u}{\partial\xi}+\frac{2v_tH}{h_1h_2^2}\frac{\partial h_2}{\partial\xi}\frac{\partial u}{\partial\eta}+\frac{v_tHv}{h_1}\frac{\partial}{\partial\xi}\frac{1}{h_1h_2}\frac{\partial h_2}{\partial\xi})+\frac{u}{h_2}\frac{\partial}{\partial\eta}(\frac{v_tH}{h_1h_2}\frac{\partial h_2}{\partial\xi})+\frac{v_tHv}{h_2}\frac{\partial}{\partial\eta}(\frac{1}{h_1h_2}\frac{\partial h_1}{\partial\eta})]$
K—输运方程	K	$-\frac{v_t}{\delta_k}$	$-Hh_1h_2\left(\frac{2C_uK}{v_t+\frac{1}{\Delta t}}\right)$	$h_1h_2H\left(P_k+P_kv+\varepsilon+\frac{K^*}{\Delta t}\right)$
ε—输运方程	ε	$\frac{v_t}{\delta_\varepsilon}$	$-Hh_1h_2\left(2C_{2\varepsilon}\frac{\varepsilon}{K}+\frac{1}{\Delta t}\right)$	$h_1h_2H\left(C_{1\varepsilon}\frac{\varepsilon}{K}P_k+P_{\varepsilon v}+\frac{\varepsilon^*}{\Delta t}\right)$
悬沙输运方程	S_i	$\frac{v_t}{\delta_s}$	$-\left[\frac{H}{\Delta t}+a\omega_i\right]h_1h_2$	$h_1h_2\left(H\frac{S_i}{\Delta t}+a\omega_iS_i^*\right)$

注：表中 k^*、u^*、H^* 为前一次迭代值。

6)泥沙模型的辅助方程

(1)非均匀沙不平衡输沙水流挟沙力。由于天然河流输沙的非均匀性以及床沙组成沿程不一致性，因而一般存在着单向淤积、单向冲刷和淤粗冲细三种不平衡输沙状态。这三种状态恢复饱和的泥沙来源不同，挟沙力也不同。

①单向淤积。当来沙处于过饱和而床沙又较粗的条件下，床沙和悬沙就总体而言不发生交换，悬沙发生单向淤积。挟沙力级配是由来沙决定的，与床沙无关。

判别条件：　　$S_b>(1-S_w/S_w^*)S_b^*$；$P_sS_e^*<S_b^*$

式中：S_b——床沙质含沙量，$S_b=\sum\limits_{i=k+1}^{n}P_iS$，$S_i=P_iS$，$P_i$ 为悬沙级配；

S_w——冲泻质含沙量，$S_w=\sum\limits_{i=1}^{k}S_i$；

P_s——床沙可悬百分数，$P_s=\sum\limits_{i=k+1}^{n}P_{bi}$，$P_{bi}$ 为床沙级配；

S_w^*——冲泻质挟沙能力，$S_w^* = K(\frac{W^3}{H\omega_w})^m, W=(u^2+v^2)^{1/2}, \omega_w^m = \sum_{i=1}^{k} P_i\omega_i^m / \sum_{i=1}^{k} P_i$；

S_b^*——床沙质挟沙能力，$S_b^* = K(\frac{W^3}{H\omega_b})^m, \omega_b^m = \sum_{i=k+1}^{n} P_i\omega_i^m / \sum_{i=1}^{n} P_i$；

S_e^*——掀沙能力，$S_e^* = K(\frac{W^3}{H\omega_e})^m, \omega_e^m = \sum_{i=k+1}^{n} P_{ei}\omega_i^m$；

P_{ei}——掀沙级配，$P_{ei} = (P_{bi}/\omega_i^m) / \sum_{i=k+1}^{n} (P_{bi}/\omega_i^m)$。

挟沙力：

$$S^* = S_\omega + \left(1 - \frac{S_\omega}{S_\omega^*}\right) S_b^*$$

$$S_i^* = S_\omega + \left[\frac{P_i}{\sum_i^k P_i}\right]_{i=1\to k} + \left(1 - \frac{S_\omega}{S_\omega^*}\right) S_b^* \left[\frac{P_i}{\sum_i^n P_i}\right]_{i=k+1\to n} \tag{6-23}$$

②单向冲刷。当来沙处于次饱和而床沙也较粗的条件下，由于挟沙力有富余，较细的悬沙难以下沉，似冲泻质，挟沙力亏缺部分由床沙补偿，此时为单纯冲刷。

判别条件：

$$S_b < \left(1 - \frac{S_\omega}{S_w^*}\right) S_b^* ; \quad P_s S_e^* < S_b^*$$

挟沙力：

$$S^* = S_0 + \left(1 - \frac{S_0}{S_0^*}\right) P_s S_e^* \qquad S_i^* = S_i + \left(1 - \frac{S_0}{S_0^*}\right) P_s P_{ei} S_e^* \tag{6-24}$$

式中：S_0^*——来沙级配所构成挟沙力，即 $S_0^* = K\left(\frac{W^3}{H\omega_0}\right)^M, \omega_0 = (\sum_{i=1}^{n} P_i\omega_i^m)^{1/m}$。

③淤粗冲细。不论来沙饱和与否，只要悬沙粗于掀沙级配，悬沙必为被掀起的床沙所替换，发生不等质不等量的交换。

判别条件：

$$\rho_* < \rho_b$$

挟沙力：

$$S^* = S_\omega + \left(1 - \frac{S_\omega}{S_\omega^*}\right) S_e^*$$

$$S_i^* = S_\omega + \left[\frac{P_i}{\sum_i^k P_i}\right]_{i=1\to k} + \left(1 - \frac{S_\omega}{S_\omega^*}\right) S_e^* P_{ei} (i = k+1 \to n) \tag{6-25}$$

(2)床沙级配调整方程。在河床冲淤过程中，床沙级配在不断的调整，反过来影响水流挟沙能力，使冲淤向各自方面转化，因此床沙级配的调整，对河床变形计算十分重要。本书床沙级配调整方程采用吴伟民、李义天模式，即

$$P_{bi} = (\Delta Z_i + (E_m - \Delta Z) P_{obi}) / E_m \tag{6-26}$$

式中：P_{obi}、P_{bi}——分别为时段初和时段末的床沙级配；

E_m——床沙可动层厚度，其大小与河床冲淤状态、冲淤强度及冲淤历时有关，当单向淤积时 $E_m = \Delta Z$，当处于单向冲刷时 E_m 的限制条件是保证床面有足够的泥沙补偿。

6.1.2 边界条件给定

数学模型进口给定 u 和 S 沿河宽的分布，u 分布遵循曼宁公式，并经过进口流量闭合校正，进口断面含沙量分布采用均匀分布。

6.1.3　控制方程的离散和求解

1)网格划分

采用有限差体积法求解控制方程,其基本思想是:将计算区域划分为网格,并使每个网格点周围有一个互不重复的控制体积;将待解控制方程对每个控制体积积分,从而得出一组离散方程。其中的未知数是网格点上的因变量Φ,为了求出控制体积的积分,必须假定Φ值在网格点之间的变化规律。

使用计算网格来划分整个计算域,网格中实线的交点是计算节点,由虚线所围成的小方格是控制体积。将控制体积的界面放置在两个节点中间的位置,这样,每个节点由一个控制体积所包围(图 6-3)。

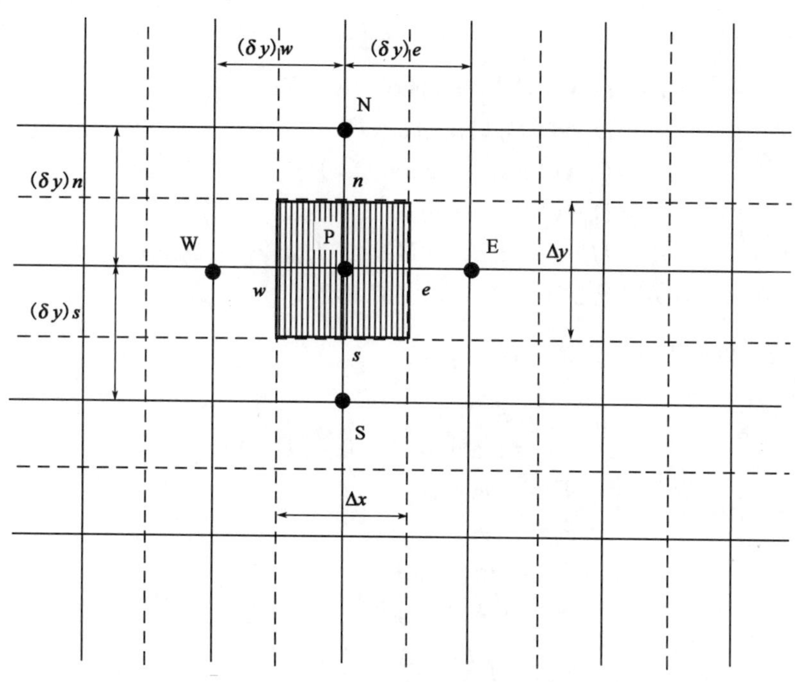

图 6-3　离散网格示意图

用P来标识一个广义的节点,其东西两侧的相邻节点分别用E和W标识,南北两侧的相邻节点分别用S和N标识,与各节点相对应的控制体积也用相应字符标识。图 6-4 中影线表示出节点P处的控制体积P,控制体积的东西南北四个界面分别用e、w、s、n标识,控制体积的体积值为$\Delta V=\Delta x\Delta y$,$\Delta x$、$\Delta y$分别为$x$、$y$向宽度。$J_e$、$J_w$、$J_n$、$J_s$为通过相应交接面的总通量。

为了避免普通网格产生"棋盘效应"带来不真实的解和给数值计算带来困难,采用交错网格作为计算网格,把速度u、v及水深h分别存储在三套不同网格上,如图 6-4 所示。

2)控制方程离散

统一积分方程式(6-22)在交错网格结点的控制体积内积分,并代入连续方程,可得到下列离散形式:

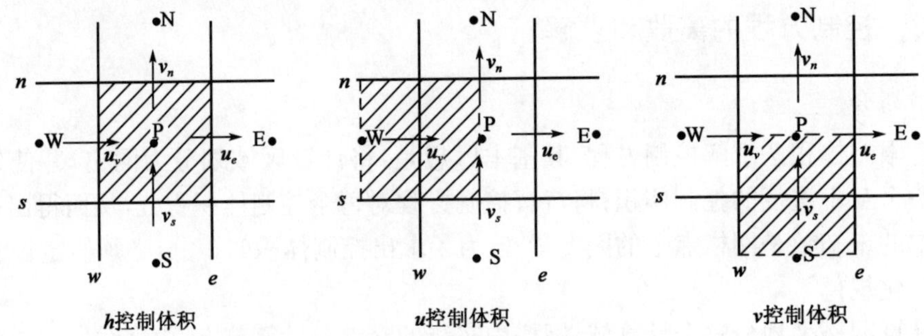

图 6-4 交错网格示意图

$$a_p\varphi_p = a_e H\varphi_e + a_w H_w\varphi_w + a_n H_n\varphi_n + a_s H_s\varphi_s + b \tag{6-27}$$

式中：

$$\begin{aligned}
a_e &= D_e A(|P_e|) + \max(-F_e, 0);\\
a_w &= D_w A(|P_w|) + \max(F_w, 0);\\
a_n &= D_n A(|P_n|) + \max(F_n, 0);\\
a_s &= D_s A(|P_s|) + \max(F_s, 0);\\
a_p &= H_e a_e + H_w a_w + H_n a_n + H_s a_s - S_p\Delta\xi\Delta\eta;\\
b &= S_c\Delta\xi\Delta\eta
\end{aligned}$$

F、D——表示对流强度和扩散率，$P=\dfrac{F}{D}$；

$$\begin{aligned}
A(P) &= \max[0, (1-0.1|P|^5)];\\
F_e &= (uh_2)_e\Delta\eta;\\
F_w &= (uh_2)_w\Delta\eta;\\
F_n &= (vh_2)_n\Delta\xi;\\
F_s &= (vh_1)_s\Delta\xi;\\
D_e &= (\Gamma\frac{h_2}{h_1})_e\frac{\Delta\eta}{\Delta\xi_e};\\
D_w &= (\Gamma\frac{h_2}{h_1})_w\frac{\Delta\eta}{\Delta\xi_w};\\
D_n &= (\Gamma\frac{h_1}{h_2})_s\frac{\Delta\xi}{\Delta\eta_s};\\
D_s &= (\Gamma\frac{h_1}{h_2})_s\frac{\Delta\xi}{\Delta\eta_s}
\end{aligned}$$

u_e、u_w、v_n、v_s——控制体垂直面上的速度；

Γ_e、Γ_w、Γ_n、Γ_s——控制面上紊动扩散系数；

$\Delta\xi_e$、$\Delta\xi_w$、$\Delta\eta_n$、$\Delta\eta_s$——为相邻结点网格间距。

3)控制方程的求解

水流方程组的求解采用 Spalding 和 Patankar 提出的 SIMPLEC 计算程式，所不同的是压

力校正 p' 变成水深校正 h'，为了避免由计算机截断误差引起的发散，在数值计算中采用了欠松弛技术，经推导，水深校正方程为：

$$a_p{}'h'_P = a_e{}'h_E{}' + a_w{}'h_W{}' + a_n{}'h_N{}' + a_s{}'h_S{}' + B \tag{6-28}$$

式中：

$$a'_e = \frac{g(h_2 H\Delta\eta)_e^2}{(a_e - \sum a_{nb}^u H_{nb}^u)};$$

$$a'_w = \frac{g(h_2 H\Delta\eta)_w^2}{(a_w - \sum a_{nb}^u H_{nb}^u)};$$

$$a'_n = \frac{g(h_1 H\Delta)\xi_n^2}{(a_n - \sum a_{nb}^u H_{nb}^u)};$$

$$a'_s = \frac{g(h_1 H\Delta\xi)_s^2}{(a_s - \sum a_{nb}^u H_{nb}^u)}$$

$$B = [(h_2 Hu^*)_w - (h_2 Hu^*)_e]\Delta\eta + [(h_1 Hv)_s - (h_1 Hv^*)_n]\Delta\xi + \frac{h_1 h_2 \Delta\xi\Delta\eta(h_p^* - h_p)}{\Delta t}$$

相应水深 h、流速 u、v 校正表达式为：

$$\begin{cases} h_p = h_p^* + h'_p \\ u_e = u_e^* + \dfrac{g(Hh_2)_e\Delta\eta}{a_e - \sum a_{nb}^u H_{nb}^u}(h'_p - h'_e) \\ u_w = u_w^* + \dfrac{g(Hh_2)_w\Delta\eta}{a_w - \sum a_{nb}^u H_{nb}^u}(h'_p - h'_w) \\ v_n = v_n^* + \dfrac{g(Hh_1)_n\Delta\xi}{a_n - \sum a_{nb}^v H_{nb}^v}(h'_p - h'_n) \\ v_s = v_s^* + \dfrac{g(Hh_1)_s\Delta\xi}{a_s - \sum a_{nb}^v H_{nb}^v}(h'_p - h'_s) \end{cases} \tag{6-29}$$

恒定流场收敛判据符合下列要求：

$$|h_{i,j}|_{\max} \leqslant 0.000\,1\text{m}$$

$$\frac{|B_{i,j}|_{\max}}{Q_0} \leqslant 0.01 \tag{6-30}$$

式中：$|h_{i,j}|_{\max}$——各网格点中水深校对值最大值；

$|B_{i,j}|_{\max}$——各网格点质量源（式 6-28 中 B 值）绝对值最大值；

Q_0——进口总流量。

恒定流根据计算域长度的大小不同，迭代次数一般为 150～500 次；恒定含沙量场计算时间间隔取为 10^{30} s，迭代 4～5 次。

非恒定流在每一时间步内，u、v、k、ε 方程迭代次数为 2～3 次，h' 场迭代 4～6 次；非恒定沙场迭代 4～5 次。

整个水流、泥沙计算步骤为：

(1)根据河道比降或水面线推求确定初始水位场 h^*。

(2)求解动量离散方程得 u^*、v^*。

(3)计算离散方程(6-28)，得 h'。

(4)依式(6-30)判断恒定流场是否收敛，若满足收敛判断，则执行步骤(9)，否则继续下一步。

(5)按计算式(6-29)分别得水位 h、流速 u、v。

(6)根据统一方程的离散格式(6-22),求解 k、ε 方程,得到 k、ε。

(7)计算紊动黏性系数的分布,$v_t=\frac{C_u k^2}{\varepsilon}$。

(8)将校正后的水位作为新的估算值,返回步骤(2)。

(9)据式(6-27)的离散格式求解分组含沙量方程。

(10)求解河床变形方程式(6-20)、(6-21)。

(11)校正河床高程,进行下一时间步计算。

6.1.4 数学模型计算有关问题的处理[74]

1)各物理量初始场的设定

初始水位场可利用计算域上、下边界水位和纵向网格间距进行线性插值,在横向上可以不考虑横比降。对于初始速度场设为冷启动,$u=v=0$。紊动量 k、ε 初始分布,采用全场均匀分布。

2)移动边界的处理

河道中的边滩和江心洲,以及河口滩地等随水位波动其边界位置也发生相应调整。在计算中精确地反映边界位置是比较困难的,因为计算网格间距往往达到数十米。为了体现不同潮位和流量下边界位置的变化,常采用"冻结"技术,即将露出单元的河床高程降至水面以下,并预留薄水层水深(0.005m),同时更改其单元的糙率(n 取 10^{30} 量级),使得露出单元 u、v 计算值自动为 0,水位冻结不变,这样就将复杂的移动边界问题处理成固定边界问题。

3)水流、悬沙方程计算时步长的选择

本研究中,水流和悬沙方程采用守恒性较好的控制体积法离散,在动量方程、紊动量方程及分组含沙量方程的离散过程中已隐含连续方程,因而计算模式具有较好的稳定性。水流方程组迭代计算时步长 $\Delta t_f=5\text{s}$。悬沙方程计算时步长 $\Delta t_s=5\text{s}$。每一时步流场和沙场迭代步数约需 2~4 次,本模式由于采用了边界贴体坐标系统,使曲线网格沿河道走向布置,同时采用守恒性较好的控制体积法离散水流和泥沙统一的偏微分方程,因而具有占用储存少和收敛速度快的优点。

4)恢复饱和系数 α 的选取

一般情况下,悬移质中各粒径组泥沙均发生冲淤时,$\alpha=0.25$,悬移质中粗颗粒不落淤,床沙中可冲颗粒部分均发生冲刷时,$\alpha=1.0$,悬移质中粗颗粒落淤而床沙中细颗粒被冲刷时,$\alpha=0.5$。

6.2 二维水沙数学模型的建立与验证

6.2.1 模型计算范围、计算网格剖分及边界条件

数学模型计算范围为长江自上游何家坝至下游小米滩,沱江边界为汇合口上游约 2.5km 处,模拟河段全长约 14km(具体位置如图 6-5 所示)。

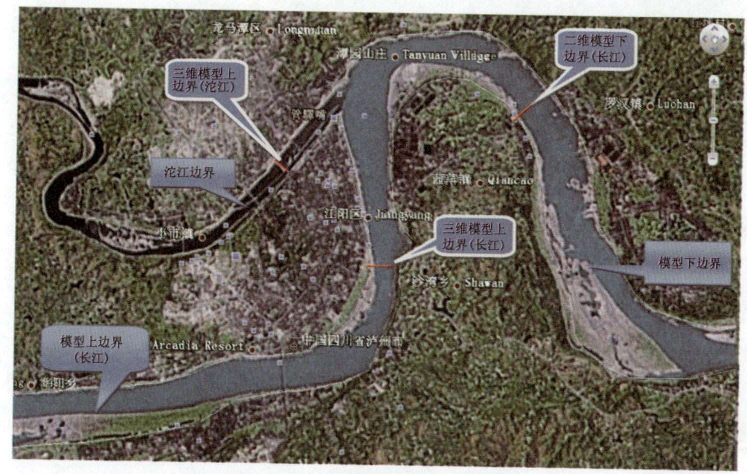

图 6-5 数学模型计算范围示意图

模型采用贴体正交曲线网格，在域内共布置 258 个×101 个网格点，其中，沱江布置 50 个×36 个网格点，汇合口区域局部加密，网格间距垂直于水流方向为 3～20m，沿水流方向为 8～108m，模拟河段网格剖分如图 6-6 所示。

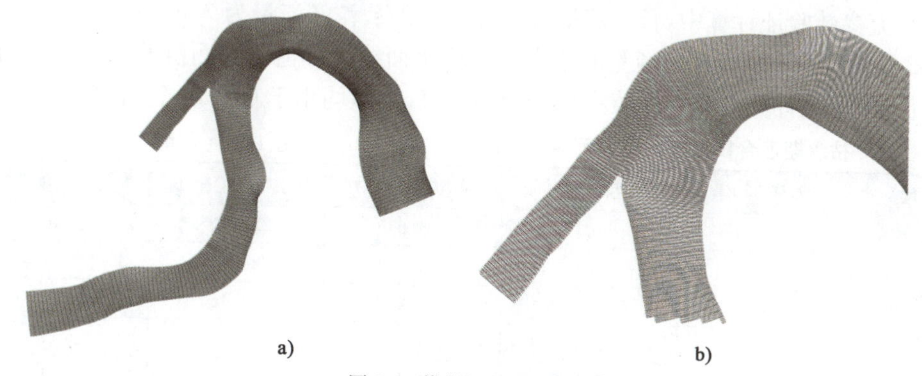

图 6-6 模拟河段网格剖分图

a)二维水沙数字模型网格剖分示意图；b)局部放大图

模型计算基础地形资料为长江干线泸渝段(小米滩至兰田镇)2007 年 3 月、4 月航道测图(图 6-7)。

数学模型进口边界给定流量、含沙量及含沙量级配过程，出口开边界由水位边界控制，对于岸边界采用水流无滑移条件，即岸边流速为零。

6.2.2 水面线及流速分布验证

对汇合口河段枯水、中水、洪水流量(同河工模型)时的水面线及断面流速分布进行验证。图 6-8 为研究河段水位测点布置示意图。在枯、中水期，研究河段(月亮岩到洞滨岩)共布置了 15 个水文测点，其中沱江布置了 1 个施测点，长江布置了 14 个施测点(1 号～14 号)；在洪水期，研究河段共布置了 13 个水位测点，其中沱江布置 1 个施测点，位置和枯、中水期一致，长江布置 12 个测点，从上游至下游依次为 5 号右 1、14 号右 1、22 号左 2、30 号左 2、35 号左 2、40 号左 3、49 号左 2、51 号左 1、59 号左 3、66 号左 3、71 号右 1、81 号右 1(洪水期长江水位测点名称与物理模型试验研究一致)。图 6-8b)给出了枯水期、中水期、洪水期下的流速施测断面示意图。以下分别说明枯、中、洪三种流量级下的水流参数验证情况。

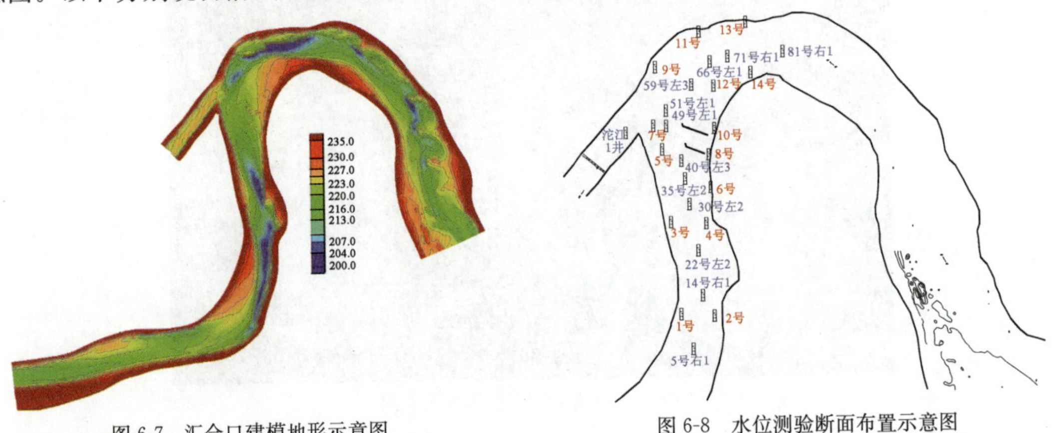

图 6-7　汇合口建模地形示意图
(分别于 2007 年 3 月和 2007 年 4 月测量)

图 6-8　水位测验断面布置示意图

1)枯水流量

枯水水流参数验证计算中,长江流量为 3 310.7m^3/s、沱江流量为 75m^3/s。

表 6-2 及图 6-9 分别为枯水流量时汇合口河段水面线计算值与实测值的比较。由图表可知:枯水流量下水位计算值与实测值大部分吻合较好,偏差均小于 0.05m,符合规范要求。

枯水期汇合口河段水位验证表(长江流量 3 310.7m^3/s,沱江流量 75m^3/s)　　表 6-2

水	尺	网格断面	距离(km)	实测水位(m)	计算水位(m)	计算—实测(m)
左岸	1 号左	71	0	224.613	224.607	−0.006
	3 号左	96	1.5	224.561	224.556	−0.005
	5 号左	115	2.7	224.452	224.450	−0.002
	7 号左	123	3.1	224.243	224.200	−0.043
	9 号左	144	3.7	224.199	224.149	−0.05
	11 号左	161	4.3	224.188	224.150	−0.038
	13 号左	173	4.8	224.140	224.131	−0.009
	沱江	113	6.7	224.287	224.317	0.030
右岸	2 号右	71	0	224.653	224.649	−0.004
	4 号右	95	1.6	224.583	224.570	−0.013
	6 号右	103	2.0	224.543	224.548	0.005
	8 号右	112	2.5	224.535	224.514	−0.021
	10 号右	130	3.0	224.114	224.149	0.035
	12 号右	159	3.6	224.134	224.086	−0.048
	14 号右	174	4.0	224.126	224.133	0.007

图 6-10 为三个施测断面(分别为 1 号、2 号、3 号断面,具体断面位置如图 6-8 所示)流速分布计算与实测的比较。可见,枯水流量时,3 个施测断面的流速计算值与实测值整体趋势一致,1 号断面计算的断面流速分布与实测流速分布吻合较好,2 号、3 号断面计算断面流速大小略小于实测值。

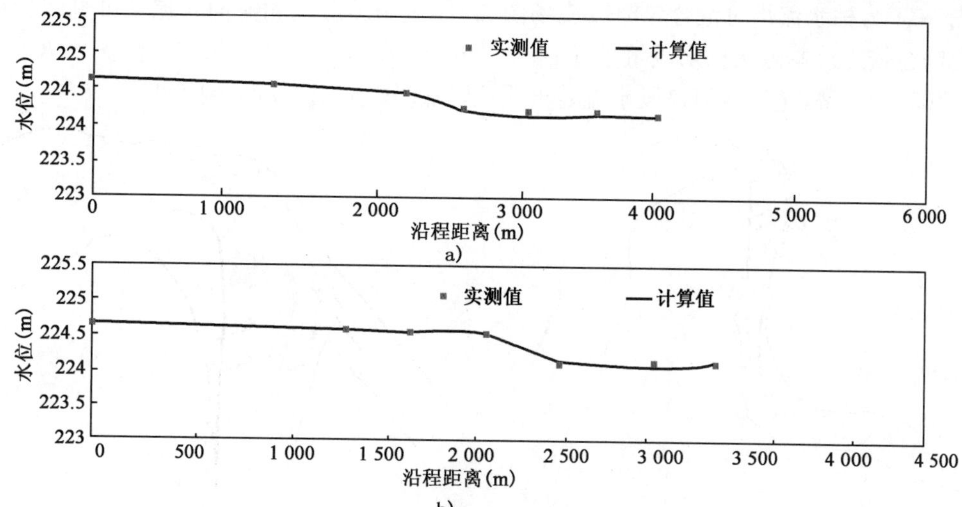

图 6-9　枯水期汇合口处水面线验证

a)左岸;b)右岸

(长江流量 3 310.7m^3/s,沱江流量 75m^3/s)

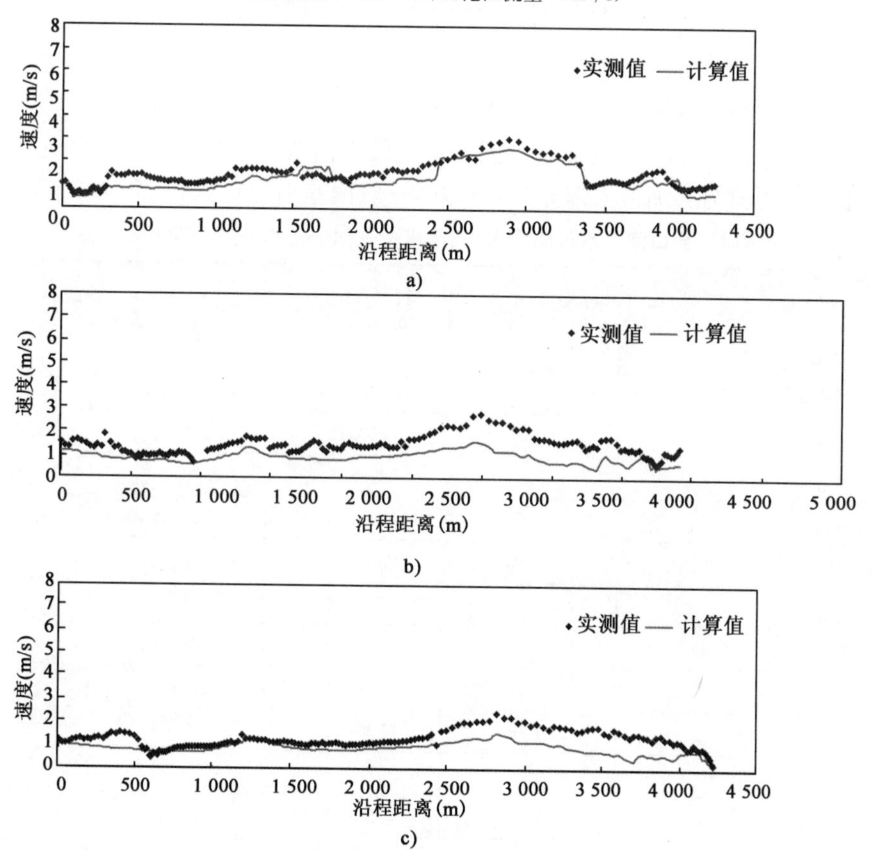

图 6-10　汇合口处水文断面流速验证

a)1 号水文断面;b)2 号水文断面;c)3 号水文断面

(长江流量 3 310.7m^3/s,沱江流量 75m^3/s)

图 6-11 为枯水流量时汇合口河段流场图、局部流场图及实测流向对比。可见，实测与计算流向吻合较好。本测次枯水流量下，$Q_{沱江}=75m^3/s$，$Q_{长江}=3\ 310.7m^3/s$，汇流比 $R=Q_{沱江}/Q_{长江}\times100\%=2\%$，沱江 6 河口段水流处于缓流，流速较小，对干流影响较小。

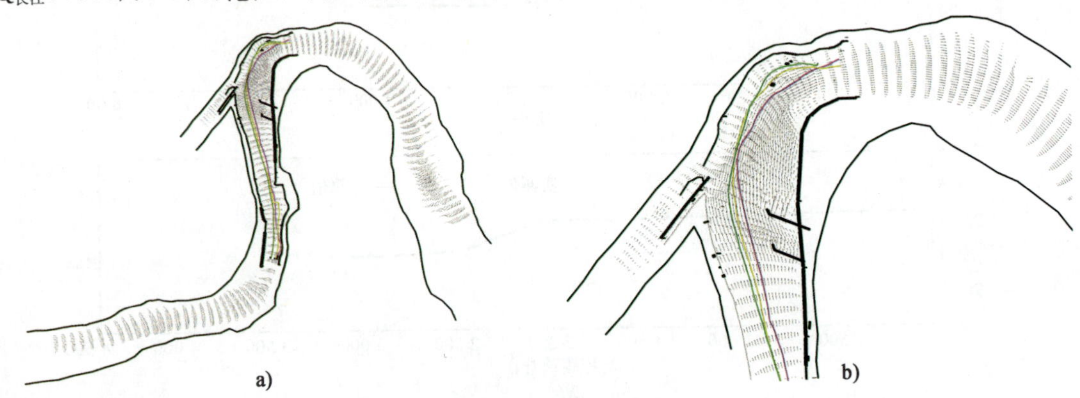

图 6-11　枯水期汇合口流场图

a)平面流场图；b)局部流场图

(长江流量 3 310.7m³/s，沱江流量 75m³/s)

2）中水流量

中水水流参数验证计算中，长江流量为 9 840m³/s、沱江流量为 250m³/s。

表 6-3 及图 6-12 分别为中水流量时汇合口河段水面线计算值与实测值的比较。可见，中水流量下水位计算值与实测值大部分吻合较好，一般偏差小于 0.05m，符合规范要求。

中水期汇合口河段水位验证表(长江流量 9 840m³/s，沱江流量 250m³/s)　　表 6-3

水　尺		网格断面	距离(km)	实测水位(m)	计算水位(m)	计算—实测(m)
左岸	1 号左	71	0	228.332	228.324	−0.008
	3 号左	96	1.5	228.241	228.236	−0.005
	5 号左	115	2.7	228.134	228.137	0.003
	7 号左	123	3.1	228.082	228.063	−0.019
	9 号左	144	3.7	228.038	228.002	−0.036
	11 号左	161	4.3	228.023	228.003	−0.020
	13 号左	173	4.8	227.881	227.869	−0.012
	沱江	113	6.7	228.121	228.114	−0.007
右岸	2 号右	71	0	228.447	228.466	0.019
	4 号右	95	1.6	228.222	228.247	0.025
	6 号右	103	2.0	228.212	228.217	0.005
	8 号右	112	2.5	228.154	228.157	0.003
	10 号右	130	3.0	227.888	227.879	−0.009
	12 号右	159	3.6	227.878	227.860	−0.018
	14 号右	174	4.0	227.794	227.804	0.010

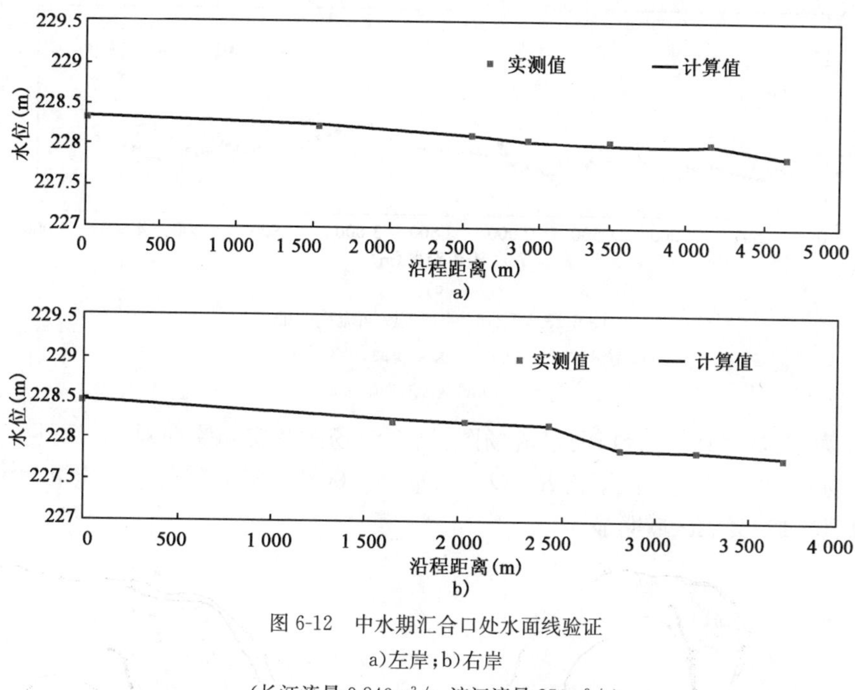

图 6-12 中水期汇合口处水面线验证

a)左岸;b)右岸

(长江流量 9 840m^3/s,沱江流量 250m^3/s)

图 6-13 为三个施测断面(分别为 1 号、2 号、3 号断面,具体断面位置如图 6-8 所示)流速分布计算与实测的比较。可见,中水流量时,3 个施测断面的流速计算值与实测值整体趋势一致,1 号断面计算的断面流速分布与实测流速分布吻合较好,2 号、3 号断面计算断面流速大小略小于实测值。

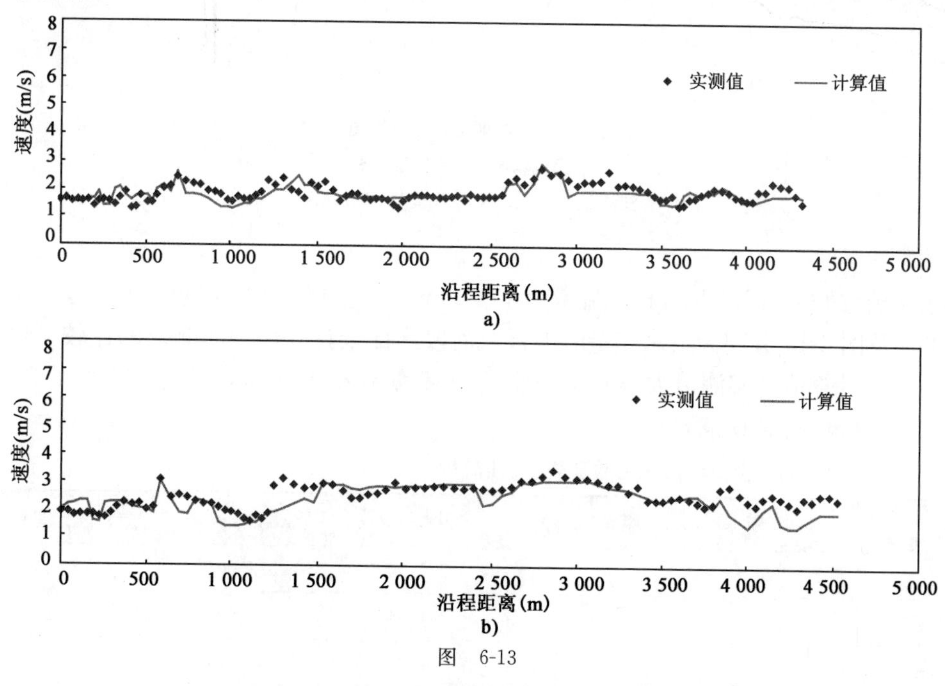

图 6-13

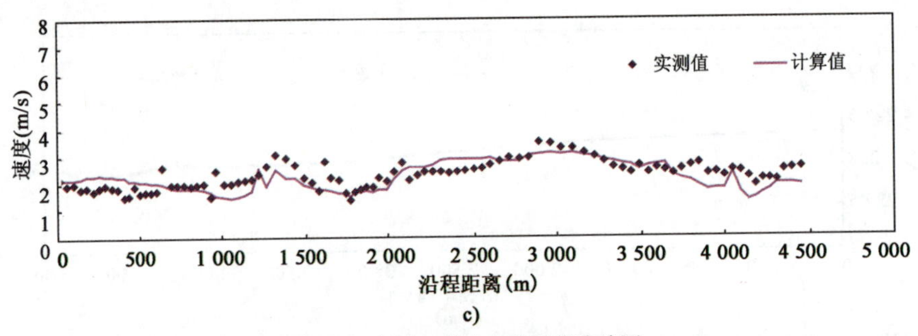

图 6-13　汇合口处水文断面流速验证

a)1 号水文断面；b)2 号水文断面；c)3 号水文断面

(长江流量 9 840m³/s，沱江流量 250m³/s)

图 6-14 为中水流量时汇合口河段流场图、局部流场图及实测流向对比。可见，实测与计算流向比较吻合。此测次下，汇流比 $R=Q_{沱江}/Q_{长江}\times100\%=3\%$，随着沱江流量增大，沱江河口段水流流速增加，交汇区域明显。

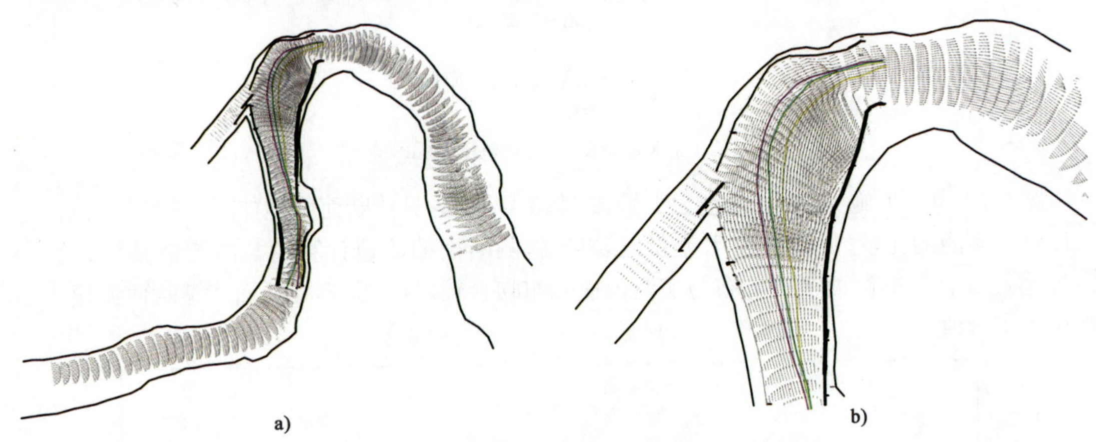

图 6-14　中水期汇合口流场图

a)平面流场图；b)局部流场图

(长江流量 9 840m³/s；沱江流量 250m³/s)

3)洪水流量

洪水水流参数验证计算中，长江流量为 17 546m³/s、沱江流量为 400m³/s。

表 6-4 及图 6-15 分别为洪水流量时汇合口河段水面线计算值与实测值的比较。可见，洪水流量下水位计算值与实测值大部分吻合较好，一般偏差小于 0.05m，只有 66 号左 3 水尺水位偏差为 0.083m，符合规范要求。

洪水期汇合口河段水位验证表(长江流量 17 546m³/s，沱江流量 400m³/s)　　表 6-4

水　尺	网 格 断 面	距离(km)	实测水位(m)	计算水位(m)	计算—实测(m)
5 号右 1	65	0	232.04	232.006	−0.034
14 号右 1	77	0.64	231.94	231.935	−0.005
22 号左 2	89	1.20	231.82	231.779	−0.041

续上表

水　　尺	网格断面	距离(km)	实测水位(m)	计算水位(m)	计算—实测(m)
30号左2	100	1.77	231.71	231.708	−0.002
35号左2	106	2.10	231.67	231.641	−0.029
40号左3	111	2.34	231.64	231.640	0.000
49号左2	128	2.82	231.58	231.587	0.007
51号左1	131	2.92	231.57	231.571	0.001
59号左3	148	3.37	231.47	231.517	0.047
466号左3	165	3.73	231.46	231.377	−0.083
71号右1	172	3.97	231.35	231.303	−0.047
81号右1	187	4.69	231.20	231.168	−0.032
沱江1号	113	6.87	231.667	231.664	−0.003

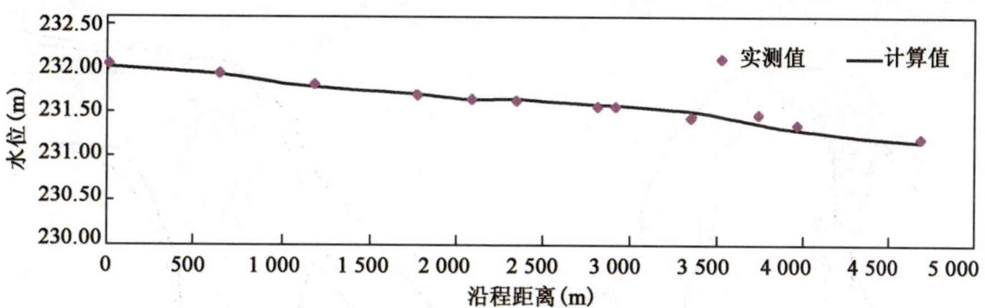

图 6-15　洪水期汇合口处水面线验证

图6-16为三个施测断面(分别为1号、2号、3号断面,具体断面位置如图6-8所示,流速分布计算与实测的比较。可见,洪水流量时,3个施测断面的流速计算值与实测值总体趋势一致,各个断面计算的断面流速分布与实测流速分布均吻合较好。

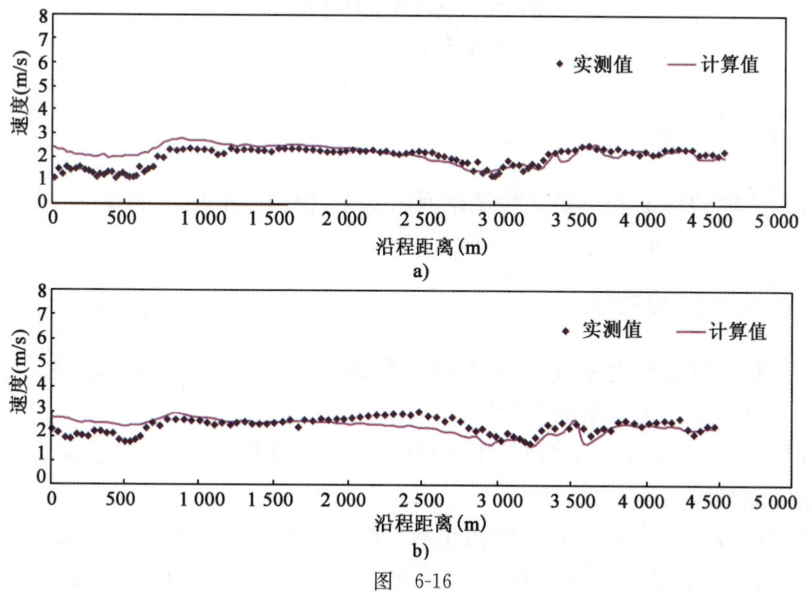

图　6-16

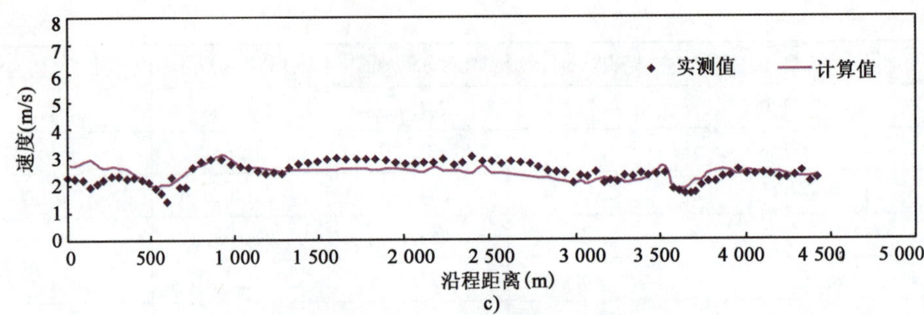

图 6-16　汇合口处水文断面流速验证

a)1 号水文断面；b)2 号水文断面；c)3 号水文断面

(长江流量 17 546m³/s，沱江流量 400m³/s)

图 6-17 为洪水流量时汇合口河段流场图、局部流场图及实测流向对比。可见，实测与计算流向比较吻合。在该测次下，$Q_{沱江}=400\text{m}^3/\text{s}$，$Q_{长江}=17\ 546\text{m}^3/\text{s}$，此时，汇流比 $R=Q_{沱江}/Q_{长江}\times100\%=2.3\%$。

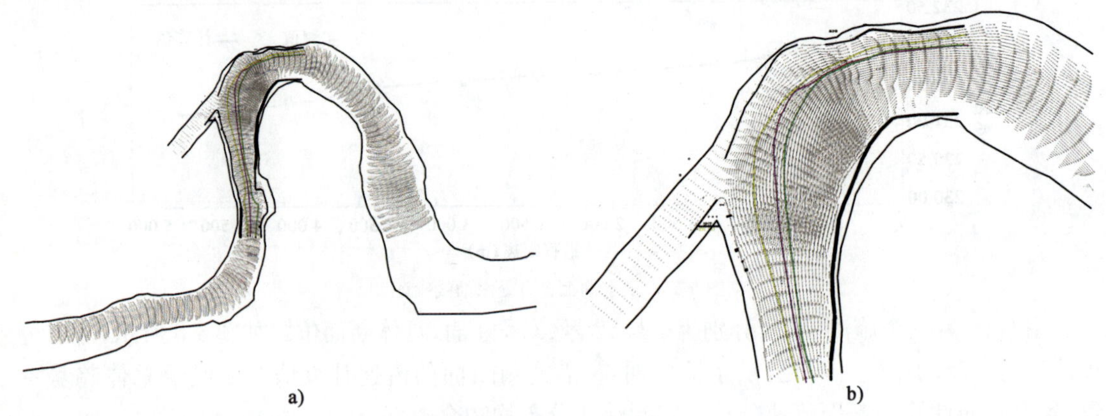

图 6-17　洪水期汇合口流场图

a)平面流场图；b)局部流场图

(长江流量 17 546m³/s，沱江流量 400m³/s)

6.2.3　糙率的率定

平面二维水流模型率定的主要参数就是河床糙率，根据实测资料的验证计算，该河段的糙率系数在 0.02～0.047 之间。

6.2.4　河床变形验证

模型主要是对河道挟沙力系数、泥沙冲淤恢复饱和系数进行率定，以反映实际冲淤情况，率定好的泥沙参数直接用于方案研究计算。

模型验证采用 2007 年 4 月至 2007 年 9 月实测水文、地形资料，模型进口采用长江泸州站及沱江富顺站实测资料。

模型对研究河段 912～913km(距宜昌里程)范围内的冲淤量进行了计算，冲淤量计算值与实测值比较见表 6-5。从表中可以看出，该区域冲淤变化计算值和实测值偏差在 30%以内，冲淤量模拟达到模拟精度要求。

汇合口河段冲淤量计算值与实测值比较 表 6-5

位置 [距宜昌里程(km)]	冲刷量(1万 m^3)		偏差 (%)	淤积量(1万 m^3)		偏差 (%)
	实测	计算		实测	计算	
912~913	−15.0	−18.3	22.0	26.3	33.0	25.5

图 6-18 给出了研究河段 2007 年 4 月至 2007 年 9 月实测和计算冲淤等值线图。由图中可以看出,计算值与实测值比较接近,冲淤部位总体上吻合较好,局部有所差异。

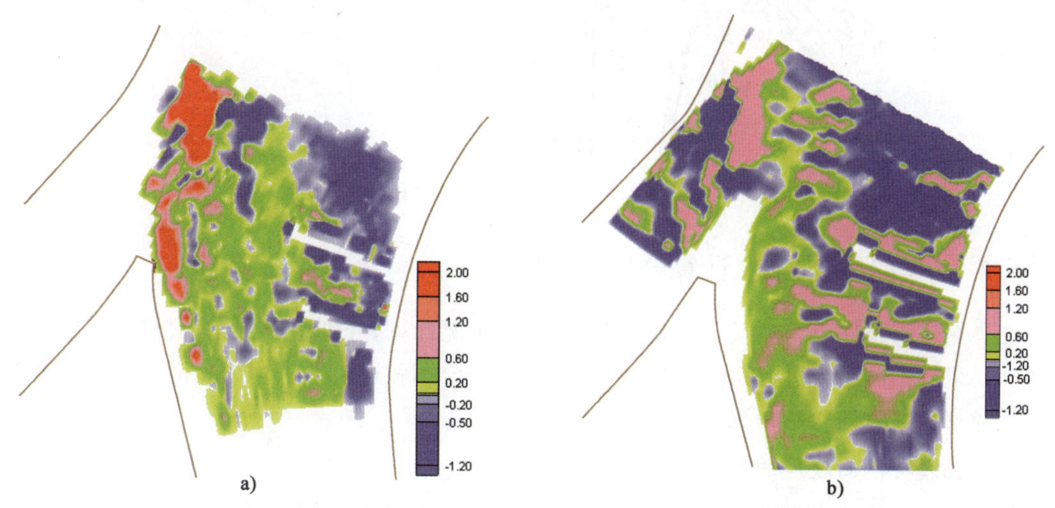

图 6-18 汇合口河段 2007-04~2007-09 冲淤分布图(单位:m)

a)实测;b)计算

模型率定后的主要参数范围为:挟沙力系数为 0.004~0.068;泥沙冲刷恢复饱和系数为 0.4~1.0;泥沙淤积恢复饱和系数为 0.1~0.4。

应用正交曲线网格体系下的平面二维水沙数学模型,模拟了研究河段的水流运动情况。模拟计算的水面线、断面流速分布与天然实测值均达到了较为理想的吻合程度,模型可以直接用于工程预报计算。

6.3 上游枢组建成前后水沙计算及分析

根据本研究河段相关研究成果,数学模型计算工况分为两大类,即自然来水和上游电站调节(包括长江向家坝电站和沱江流滩坝电站)来水的情况。模型将进行 13 种工况的计算:自然来水条件下按流量不同分为 6 种工况(工况 1~工况 6),电站日调节运行条件下分为 2 种工况(工况 7 和工况 8),电站泄洪运行条件下分为 5 种工况(工况 9~工况 13),各种工况下对应的流量组合情况见表 4-7。

由于受河道调蓄作用影响,上游电站日调节运行下,汇合口河段最小瞬时流量较天然情况有所增大,改善航运条件的同时,也将引起河道水位波动,造成枯水期河道水深的不稳定。当河道水深或流速变化过于频繁时,有可能会引起通航条件的恶化[75,76]。为此,选取典型控制断面,分析河道水流流速、水位的变化,断面布置如图 6-19 所示。

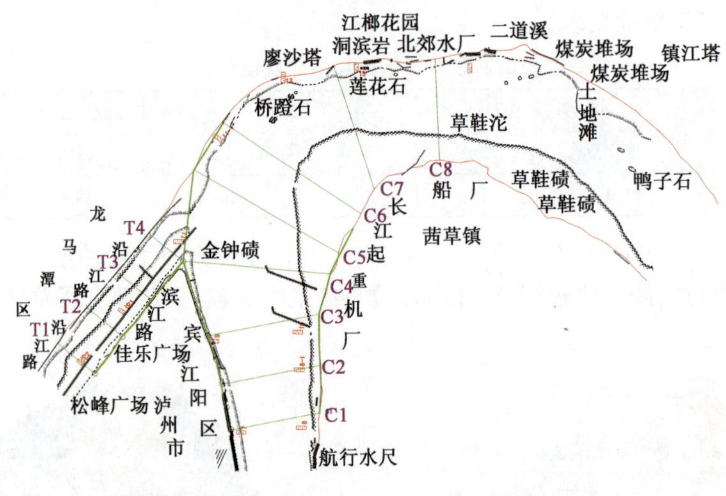

图 6-19　汇合口河段断面布置示意图

6.3.1　自然来水工况计算分析

在自然来水条件下，进行了 6 种不同流量组合工况计算，分别为设计流量、整治流量、造床流量和一组最不利组合、两组大流量组合计算。下面分别叙述自然来水工况汇合口河段水深、水面坡降及断面流速分布情况。

1)汇流比与水面坡降的关系

为了分析干支流在汇合口处的相互顶托作用，选取沱江右岸线和长江左岸线交点作为起点，分别向上游延伸 850m、1 100m 作为终点，分别计算自然来水情况下不同工况的水面坡降。表 6-6 给出了 6 种工况下干支流交汇前的水面坡降情况，从图 6-20 中可以看出，随着汇流比的不同，干支流坡降 i_c 和 i_t 有两个交点，即出现 2 次等坡降，表明，在这 6 种工况下，汇合口处出现了干支流相互顶托的现象，干流对支流的顶托主要出现在汇流比 R=0.027 和 0.047 时，即工况 2 和 3，且作用不强。支流对干流的顶托主要出现在汇流比 R=0.037、0.17、0.3、0.552 时，且当 R=0.552 时，支流坡降与干流坡降最大，顶托作用最强。将图 6-20 用图 6-21 来表达则更具实际意义，从图中可知，支干流坡降比值绝大多数都在 1 以上，说明自然来水工况下，支流对干流顶托明显。

自然来水工况下支干流水面坡降计算表　　表 6-6

工况	$Q_{沱}$ (m³/s)	$Q_{长}$ (m³/s)	汇流比 R	沱江水位 h_t(m)	长江水位 h_c(m)	沱江坡降 i_t(‰)	长江坡降 i_c(‰)	i_t/i_c
1	80	2 160	0.037	224.139	223.371	1.432	0.379	3.778
				222.936	222.988			
2	200	4 300	0.047	225.448	225.521	0.248	0.264	0.939
				225.24	225.254			
3	280	10 200	0.027	228.399	228.605	0.012	0.208	0.058
				228.389	228.395			

续上表

工况	$Q_{沱}$ (m^3/s)	$Q_{长}$ (m^3/s)	汇流比 R	沱江水位 h_t(m)	长江水位 h_c(m)	沱江坡降 i_t(‰)	长江坡降 i_c(‰)	i_t/i_c
4	5 868	10 632	0.552	231.888	230.901	1.332	0.057	23.368
				230.769	230.843			
5	3 520	20 730	0.17	234.123	233.949	0.151	0.019	7.947
				233.996	233.93			
6	5 880	19 570	0.3	234.639	234.37	0.388	0.057	6.807
				234.313	234.312			

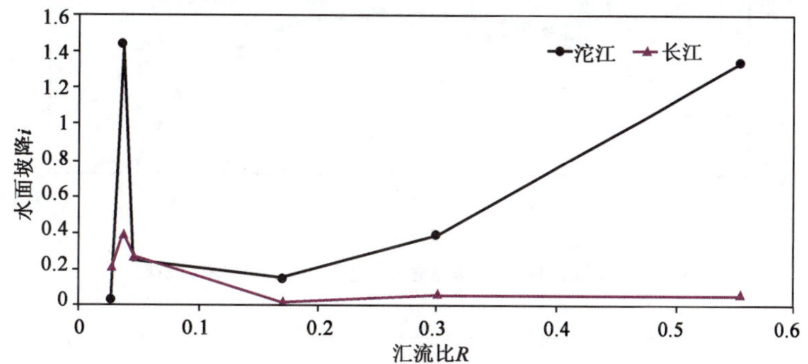

图 6-20　自然来水工况下支干流坡降线

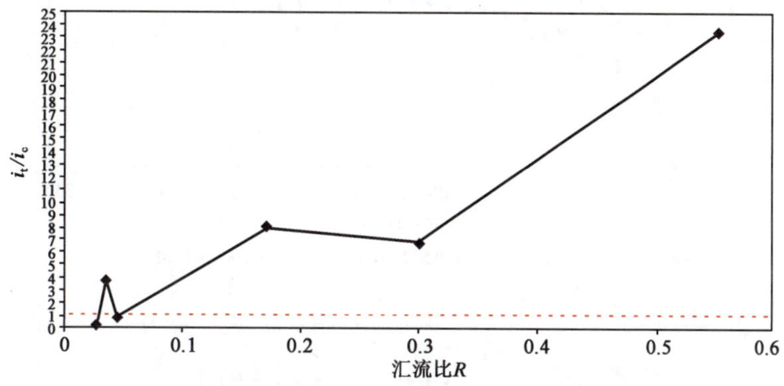

图 6-21　自然来水工况下汇流比与水面坡降的关系

2)汇流比与表面流速的关系

在自然来水情况下,由于工况 3 和工况 4 的干流流量基本一定,工况 4 和工况 6 的支流流量基本一定,故选取工况 3、工况 4、工况 6,对各工况下断面流速分布进行分析。图 6-22、图 6-23 分别为自然来水情况下汇合口河段各断面流速分布图及局部平面流场图。

在工况 3 和工况 4 下,由各个断面的流速分布规律可知,干流流量一定,随着支流流量的增加,对干流的顶托越明显,干流流速随之减小,不利于泥沙的冲刷。在断面 c1、c2 处,水流动力轴线基本在断面中心处;在断面 c3 处,由于受到丁坝影响,动力轴线开始向左岸摆动;断面 c4 处在汇流区入口,开始受到支流影响,主流动力轴线开始偏向右岸,由于坝后回流影响,主流有所波动；在断面 c5 处，由于工况 4 汇流比较大，断面上出现两条动力轴线，此时干支流交汇迹线较长，汇流角较小，对于工况 3，由于汇流比较小，进入汇流区后，干支流迅速汇合，此时汇流迹线较短，汇流角度较大，水流动力轴线向左偏移；对于断面 c6，由于汇合后工况 4 流量大于工况 3 流量，因此从图 6-22 中可以看出两个工况的断面流速位置发生互换；断面 c7 位于弯道处，此时河道宽度由 1 000m 减小到 800m，由于河道变窄，干支流相互挤压，流速出现两个峰值，流量小时，水流动力轴线靠近凹岸，有利于凹岸冲刷，随着流量的增大，水流动力轴线开始向凸岸偏移，体现了弯道水流的特性。弯道过后，到了断面 c8 处，干支流充分混合。

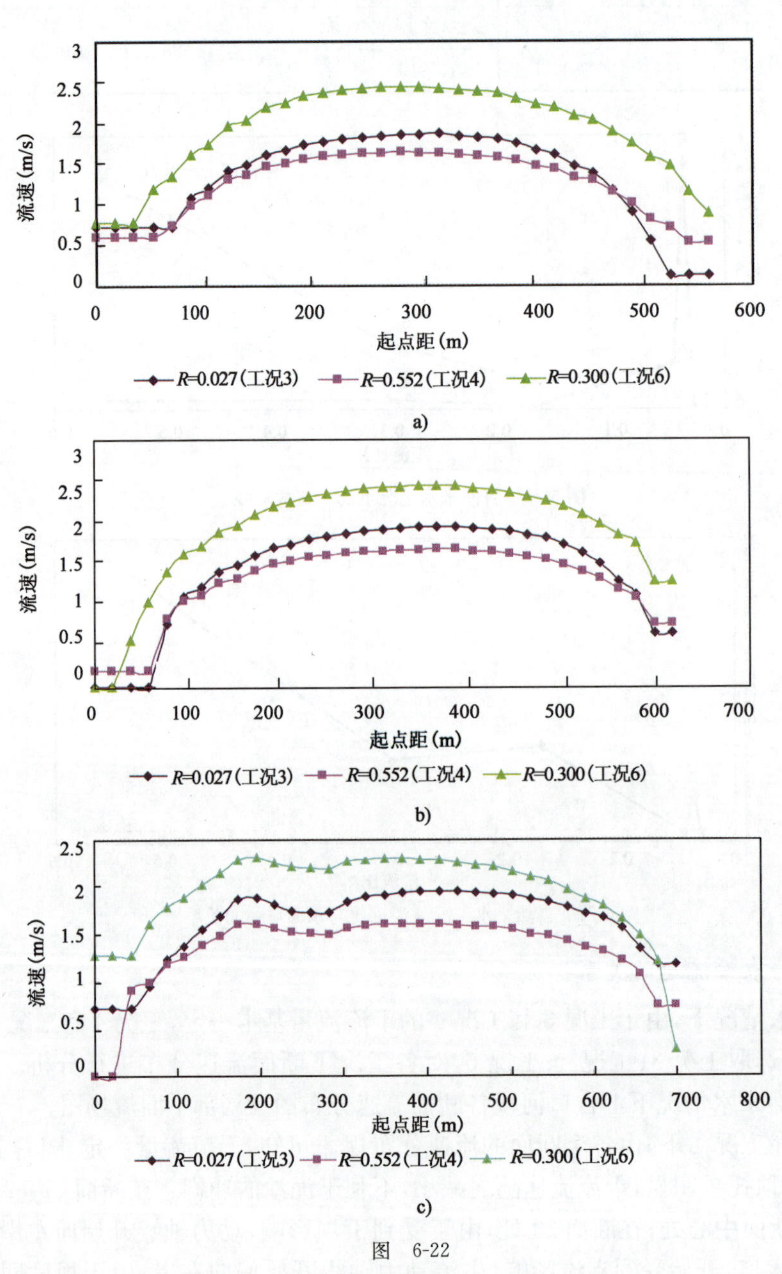

图 6-22

流速(m/s)
起点距(m)
R=0.027(工况3)
R=0.552(工况4)
R=0.300(工况6)
d)
流速(m/s)
起点距(m)
R=0.027(工况3)
R=0.552(工况4)
R=0.300(工况6)
e)
流速(m/s)
起点距(m)
R=0.027(工况3)
R=0.552(工况4)
R=0.300(工况6)
f)
流速(m/s)
起点距(m)
R=0.027(工况3)
R=0.552(工况4)
R=0.300(工况6)
g)

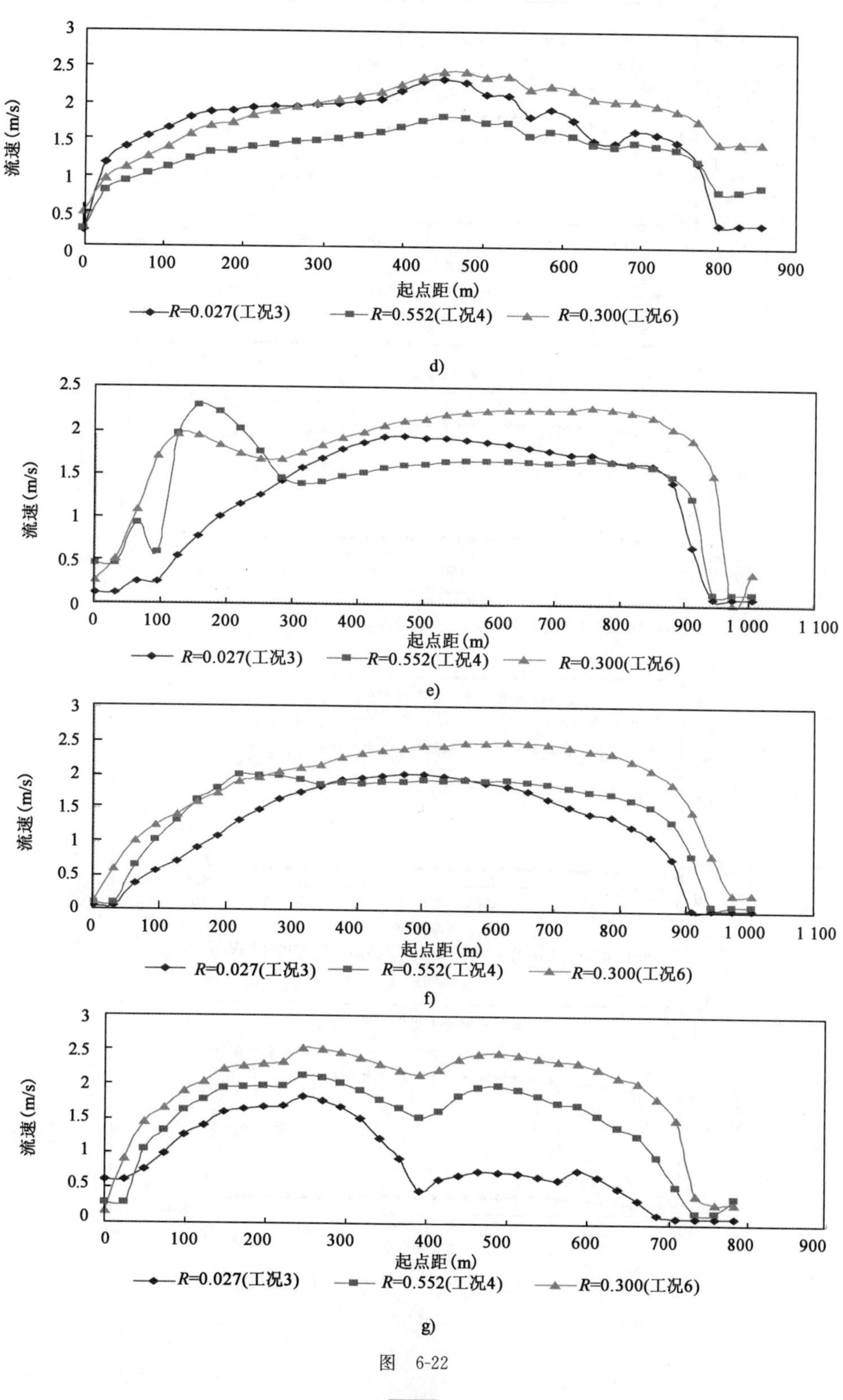

图 6-22

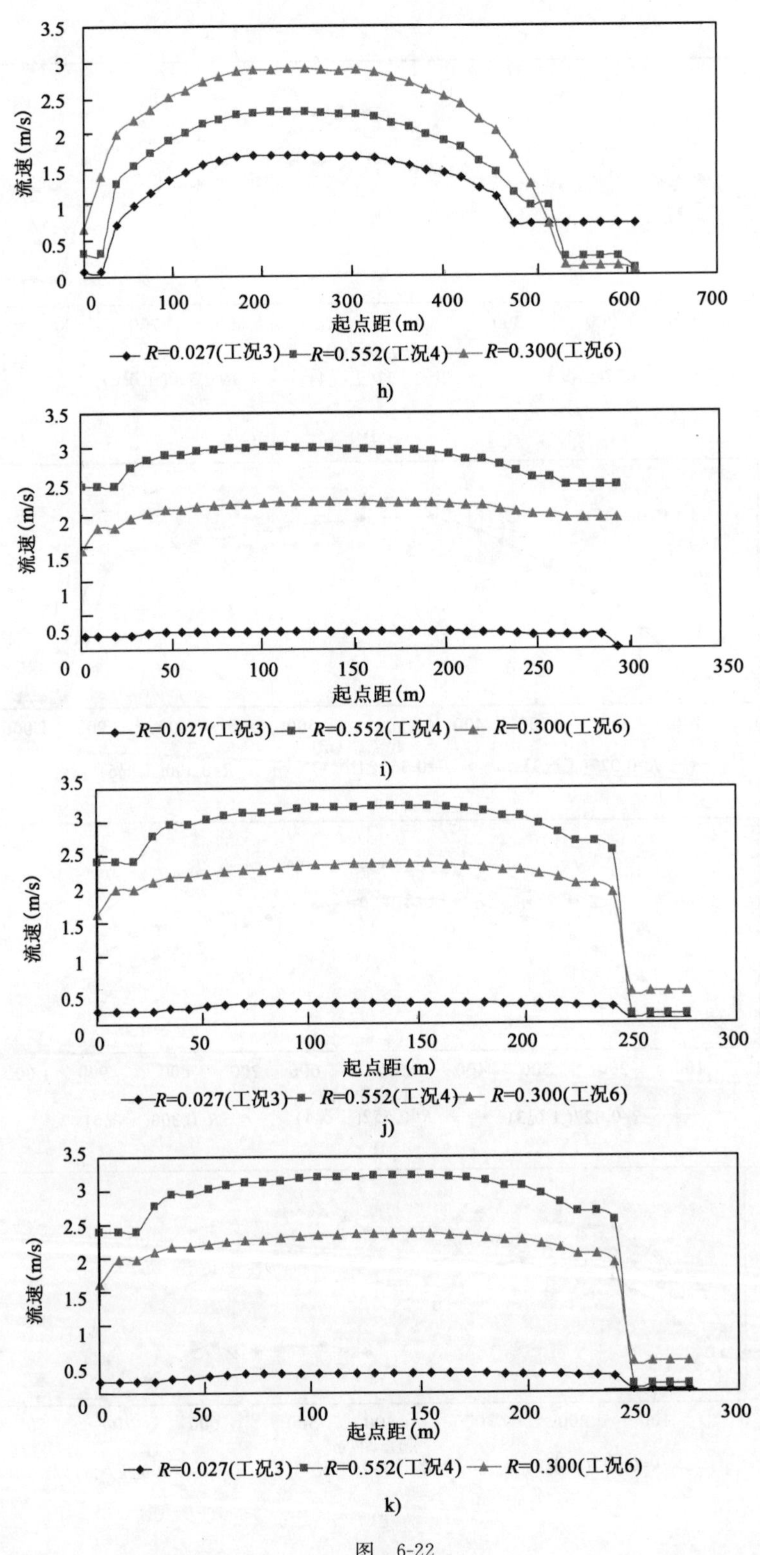

图 6-22

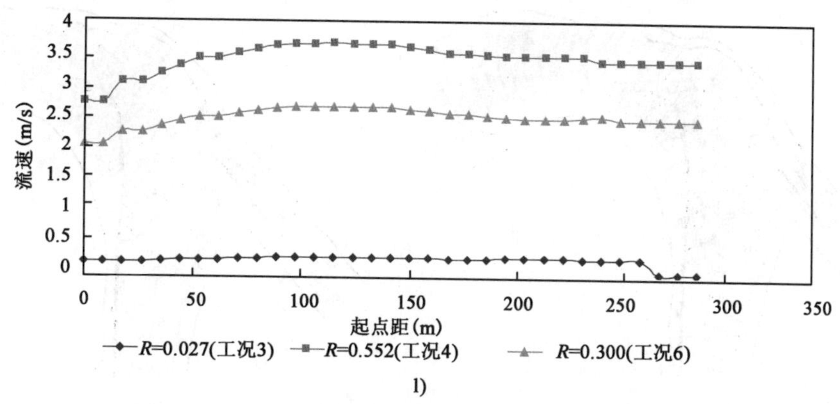

l)

图 6-22 自然来水情况下汇合口河段各断面流速分布图

a)c1;b)c2;c)c3;d)c4;e)c5;f)c6;g)c7;h)c8;i)t1;j)t2;k)t3;l)t4

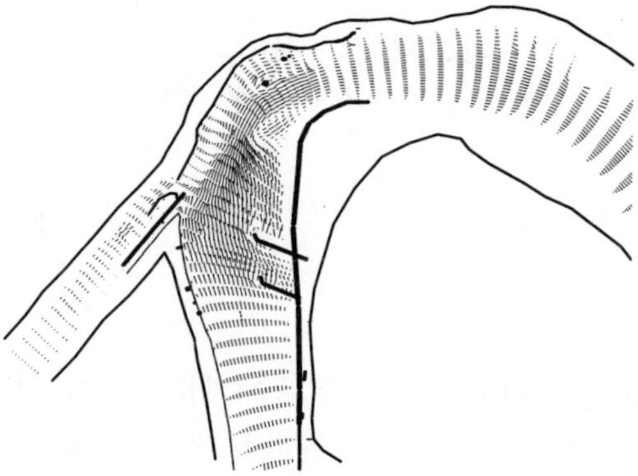

a)

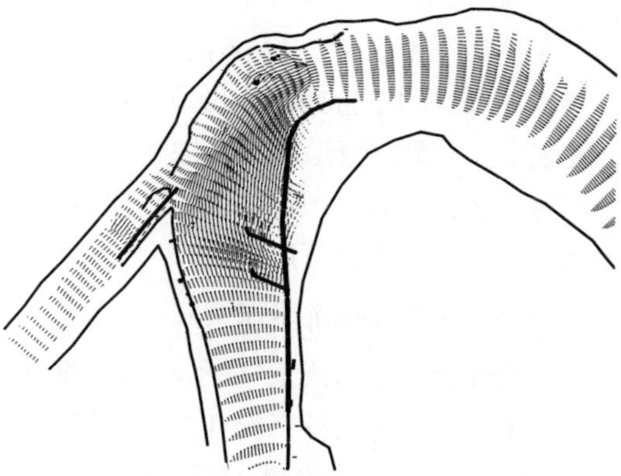

b)

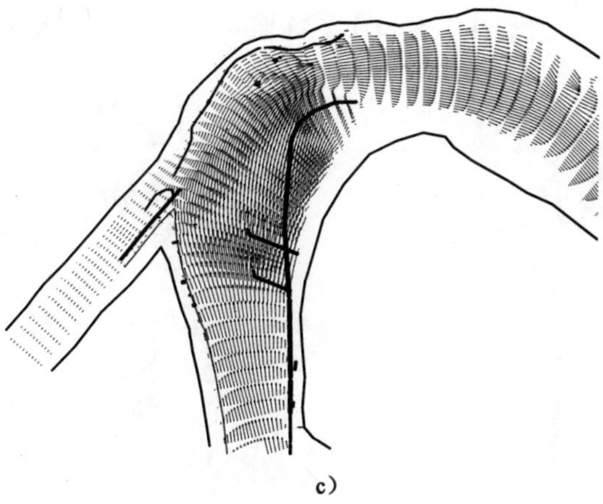

c)

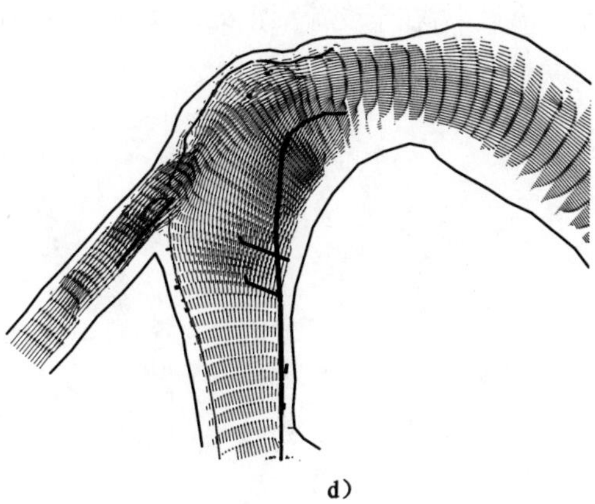

d)

图 6-23

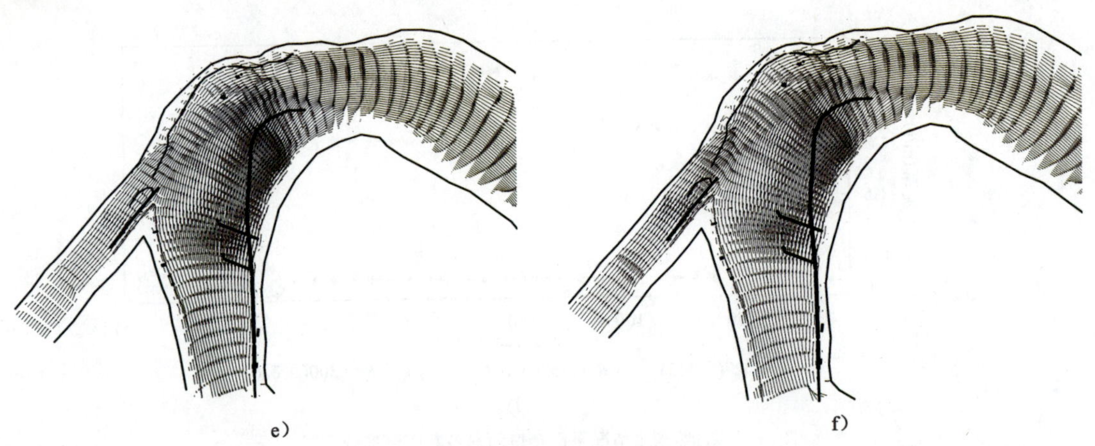

图 6-23　各种工况下汇合口河段局部流场图

a)工况 1;b)工况 2;c)工况 3;d)工况 4;e)工况 5;f)工况 6

在工况 4 和工况 6 下，支流流量一定。从断面 c5、c6 中可以看出，汇流比越大，即干流流量越小，支流对干流的顶托越明显，此时，汇流迹线越长，汇流角度越小。另外，断面 c5、c6、c7 都表现出了明显的弯道水流特性。

对于支流断面 t1～t4，从图中可以看出，断面流速的大小与流量无关，而是与汇流比成正比，汇流比越大，断面流速越大。

3)冲淤分布及航道水深变化

模型分别对造床流量、最不利组合流量、大流量组合三种工况下的泥沙冲淤情况进行了模拟。河床分别在这三种工况作用 20 天后的局部冲淤及在设计水位时的航深图如图 6-24、图 6-25所示。从图中可以看出，在造床流量下，整个区域冲淤变化不大，仅在坝头附近有所冲淤，冲淤幅度都在 1m 以内。由于丁坝作用，坝头与金钟碛滩之间有一定的冲刷，干支流汇合后，由于支流顶托，在干流弯道凸岸泥沙有所淤积，此时设计水位下航槽水深仍能满足通航要求；在最不利组合流量下，在干支流交汇处及支流航道存在明显淤积，在汇合口下游深槽处，存在明显冲刷，

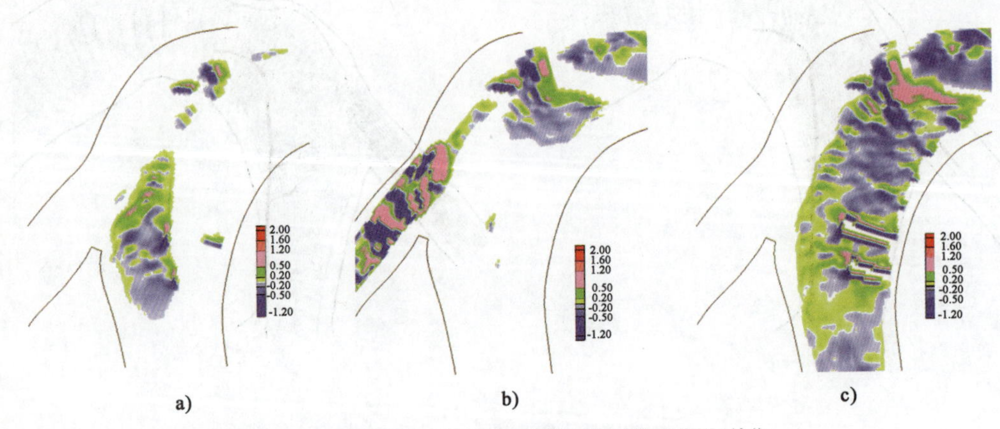

图 6-24　各种工况作用下汇合口河段局部冲淤变化图(单位:m)

a)工况 3;b)工况 4;c)工况 5

此时设计水位下航槽水深满足通航要求；在大流量下，整个干流区域存在明显的冲淤现象，在金钟碛滩及汇流后汇流迹线附近有一定淤积，淤积厚度都在 0.4m 以内，在 2 号丁坝后有明显冲刷，冲刷厚度在0.5m 以内，此时设计水位下航槽水深满足通航要求。

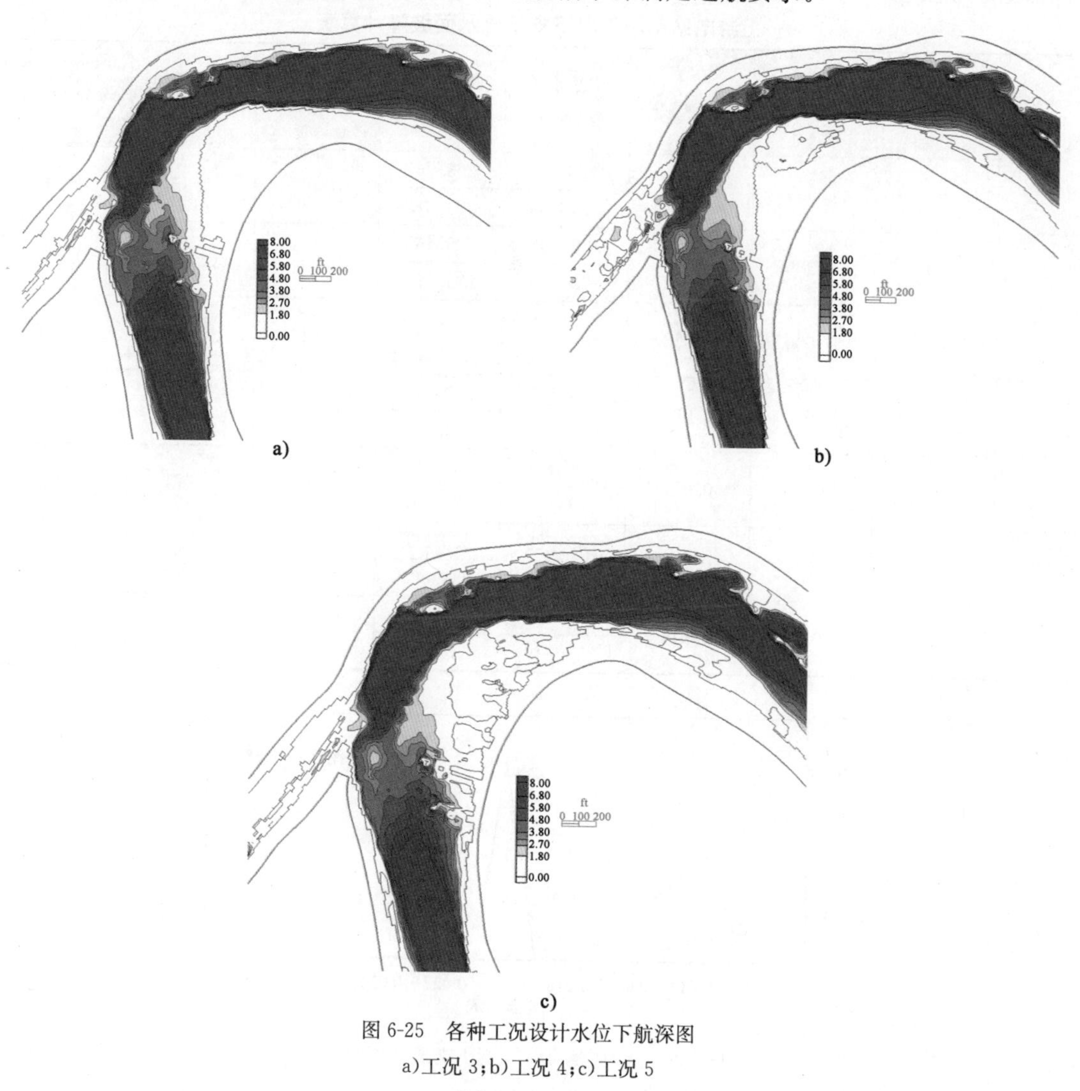

图 6-25　各种工况设计水位下航深图

a)工况 3；b)工况 4；c)工况 5

（1ft＝0.304 8m）

6.3.2　上游电站调节影响下工况计算分析

研究河段受到金沙江向家坝和沱江流滩坝电站下泄的非恒定流影响，因此，选取上游电站下泄瞬时最小和最大流量进行工况计算，其中，日调节影响共计算 2 种工况，泄洪影响共计算 5 种工况。

1)汇流比与水面坡降的关系

表 6-7 给出了上游电站日调节和泄洪七种工况下干支流交汇前的水面坡降情况，从图6-26中可以看出，随着汇流比的不同，干支流坡降 i_c 和 i_t 出现两个交点，即出现 2 次等坡降，表明在这 6 种工况下，汇合口处出现了干支流相互顶托的现象。干流对支流的顶托主要出现在汇流比 $R<$

0.019 5 和 $R>0.020\,5$ 时，支流对干流的顶托主要出现在汇流比 $R=0.02$ 时，在 $R=0.012$ 和 $R=0.028$ 时，干流对支流的顶托最大。将图 6-26 用图 6-27 来表达则更具实际意义，从图中可知，支干流坡降比值绝大多数都在 1 以下，说明在上游电站影响下，干流对支流顶托明显。

表 6-7

上游电站影响工况下支干流水面坡降计算表

工况	$Q_沱$ (m³/s)	$Q_长$ (m³/s)	汇流比 R	沱江水位 Z_t(m)	长江水位 Z_c(m)	沱江坡降 i_t(‰)	长江坡降 i_c(‰)	i_t/i_c
7	50	2 505.59	0.02	224.08	223.747	0.406	0.35	1.16
				223.739	223.393			
8	50	4 343.58	0.012	225.192	225.465	0.063	0.284	0.222
				225.139	225.178			
9	300	10 600	0.028	228.536	228.743	0.014	0.211	0.066
				228.524	228.53			
10	300	12 600	0.024	229.598	229.672	0.006	0.09	0.067
				229.593	229.581			
11	300	14 600	0.021	230.411	230.458	0.013	0.071	0.183
				230.4	230.386			
12	300	15 897.3	0.019	230.929	230.966	0.007	0.06	0.117
				230.923	230.905			
13	300	18 037.3	0.017	231.851	231.875	0.002	0.04	0.05
				231.849	231.835			

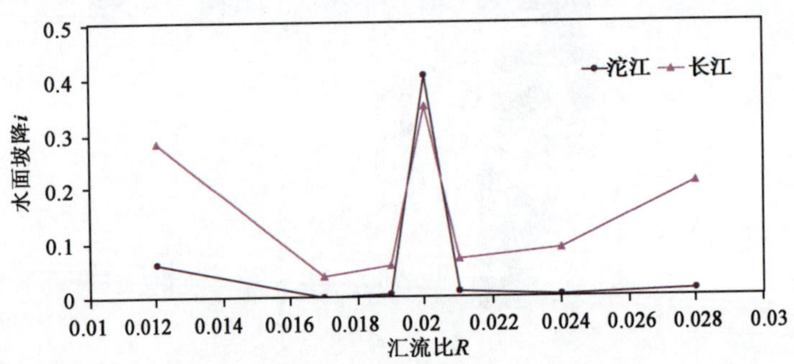

图 6-26　上游电站影响工况下支干流坡降线

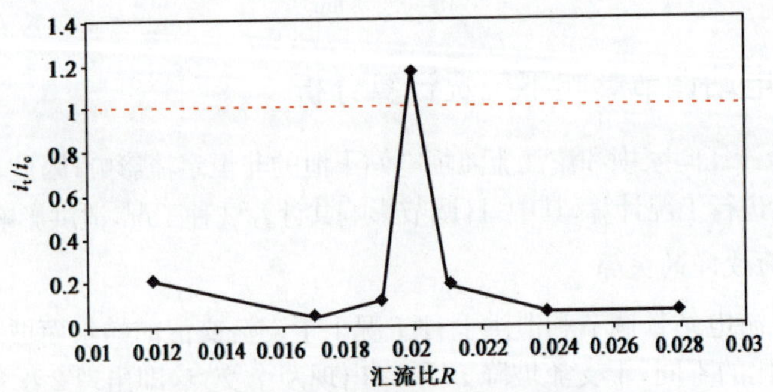

图 6-27　上游电站影响工况下汇流比与水面坡降的关系

下面分别对电站日调节下两种工况及泄洪五种工况下的断面水位、流速变率进行分析。

2)日调节影响下汇合口河段水深及断面流速变率分析

根据文献[77]研究结果，向家坝枢纽下泄的非恒定流水流过程可传播至泸州水文站，日调节工况传播至泸州约需 12h，在循环稳定后，泸州站最大流量为 4 343.58m^3/s，最小流量为 2 505.59m^3/s，以此流量作为金钟碛河段二维数学模型的进口边界条件。计算中沱江流量过程不变，为 50m^3/s。

由于受河道调蓄作用影响，向家坝电站日调节影响下，至金钟碛滩河段，最小下泄流量较天然情况增大 345.59m^3/s，相应河段水深也随之增加，河段 2.7m 水深等值线全部贯通(图 6-28)，过流宽度较天然情况有所增大，2.7m 以上水深过流宽度最小可以达到 200m 以上，最小过流断面位置有所下移，位于沱江出口处，金钟碛滩滩面上水深达到 2.7m 以上。受向家坝日调节非恒定流影响，金钟碛滩日流量变幅较大，最大流量可达 4 343.58m^3/s。在该流量下，河段水深增加较多，河段 2.7m 以上水深过流宽度最小可达到 500m 以上，沱江出口淤积处水深达到 3m 以上。

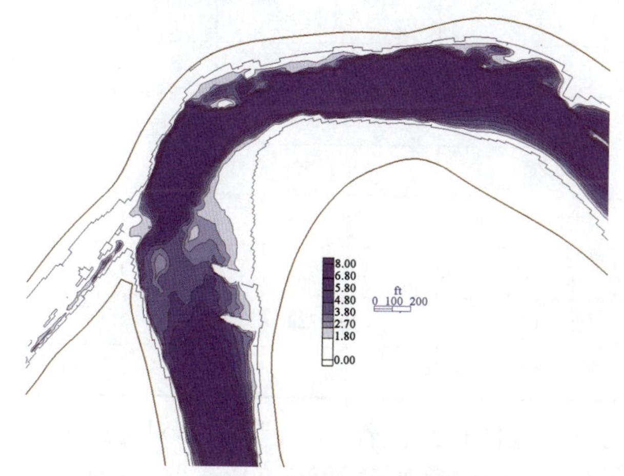

图 6-28　日调节最小流量下设计水位航深图

表 6-8、表 6-9 分别为金钟碛滩河段各断面位置处在向家坝日调节条件下流速变率表和水位变率表。

日调节影响下汇合口河段断面流速变率表

表 6-8

断 面 编 号	相对最大流速(m/s)	相对最小流速(m/s)	流速差(m/s)	流速变率[m/(s·h)]
c1	1.028	0.697	0.331	0.028
c2	1.136	0.815	0.321	0.027
c3	1.287	1.017	0.270	0.023
c4	1.945	1.766	0.179	0.015
c5	1.717	1.633	0.084	0.007
c6	1.451	1.267	0.184	0.015
c7	0.962	0.590	0.372	0.031
c8	0.928	0.627	0.301	0.025

续上表

断 面 编 号	相对最大流速(m/s)	相对最小流速(m/s)	流速差(m/s)	流速变率[m/(s·h)]
t1	0.400	0.281	0.119	0.010
t2	0.515	0.315	0.200	0.017
t3	0.653	0.336	0.287	0.024
t4	0.744	0.310	0.434	0.036

日调节河段下汇合口河段断面水位变率表　　表 6-9

断 面 编 号	相对最大水位(m)	相对最小水位(m)	水位差(m)	水位变率(m/h)
c1	225.472	223.752	1.720	0.14
c2	225.440	223.731	1.709	0.14
c3	225.429	223.724	1.705	0.14
c4	225.104	223.337	1.767	0.15
c5	225.115	223.320	1.795	0.15
c6	225.123	223.293	1.830	0.15
c7	225.073	223.303	1.770	0.15
c8	225.054	223.282	1.772	0.15
t1	225.186	224.029	1.157	0.10
t2	225.173	223.959	1.214	0.10
t3	225.160	223.723	1.437	0.12
t4	225.125	223.375	1.750	0.15

由表 6-8 可知，由于沱江流量不变，随着干流流量增大，对沱江支流顶托作用越来越大，因此位于沱江上的典型断面 t1～t4 的断面最大流速有所减小。受向家坝日调节非恒定流的影响，各断面位置处，流速一日内存在较大变化，由于干支流汇流比 R 较小，因此，受干支流相互影响，在沱江出口处，未与干流汇合前，日流速变幅较大，约为 0.036m/(s·h)，沱江与干流汇合处，在断面 c5 处，日流速变幅最小，约为 0.007m/(s·h)，到了断面 c7 处，由于河流宽度减小，水流挤压，此时流速变率又有所增大，达到 0.031m/(s·h)。

由流速变率可以反映出断面流速变化的程度，可见，对于水深相对较小的滩面上，受非恒定流影响程度较小。经上游电站日调节影响后汇合口河段水位增加，沱江出口淤积处浅区处水深增大，在达到日调节最大流量时，滩面上水深可满足Ⅲ级航道通航要求，水深达到 3m 以上。

3)泄洪影响下汇流比与表面流速的关系

根据文献[77]研究成果，向家坝水电站泄洪为稳定基流(Q=6 300m^3/s)—不稳定泄洪—稳定泄流的过程。大坝不稳定泄洪是在稳定基流的基础上，闸门按中孔对称开启，2 扇闸门在 12.5min 内增加 50%开度，相应下泄流量增加 2 000m^3/s 左右，每级流量持续 14h，使得下游水位相对稳定，再开启闸门增加泄流，直至下泄流量达到各工况最大流量，泄洪过程共有五级流量。向家坝泄洪洪水大约 6～8h 以后传至泸州水文站，此时，泸州站最大流量为 18 037.32m³/s，最小流量为 10 600m³/s，以此流量作为模型的干流入流条件，支流沱江以恒定流量 300m³/s 不变，具体向家坝泄洪工况如表 4-7 所示。

图 6-29、图 6-30 分别为向家坝泄洪影响下，汇合口河段 5 种工况下的断面流速分布图及局部流场图。从图中可以看出，断面 c1、c2、c3 表现出汇流前主流特性，水流动力轴线基本位于深泓线位置，流速随着流量的增大而增大，而支流 t1～t4 断面流速的大小与流量无关，而与汇流比成正比，随着汇流比的增大而增大。从断面 c4 开始，干支流开始混合，从断面 c5 可以看出，汇流比越小，即干流流量越大，支流对干流影响越小，动力轴线向右偏移越大，动力轴线位置相差 300m 左右，在断面 c6 处，各工况下水流动力轴线位置基本一致，随着汇合后流量的增大，水流动力轴线仍有向右岸偏移的趋势。在断面 c7 弯道处，由于河道变窄，水流集中，干支流相互挤压，流速出现两个峰值，左面稍大，有利于凹岸冲刷，弯道过后，两股水流充分混合。从支流断面 t1～t4 可以看出，工况 10、工况 11、工况 12 情况下的断面流速过程线基本重合，说明在汇流比为 0.024、0.021、0.019 时，干流对支流的影响基本一样。

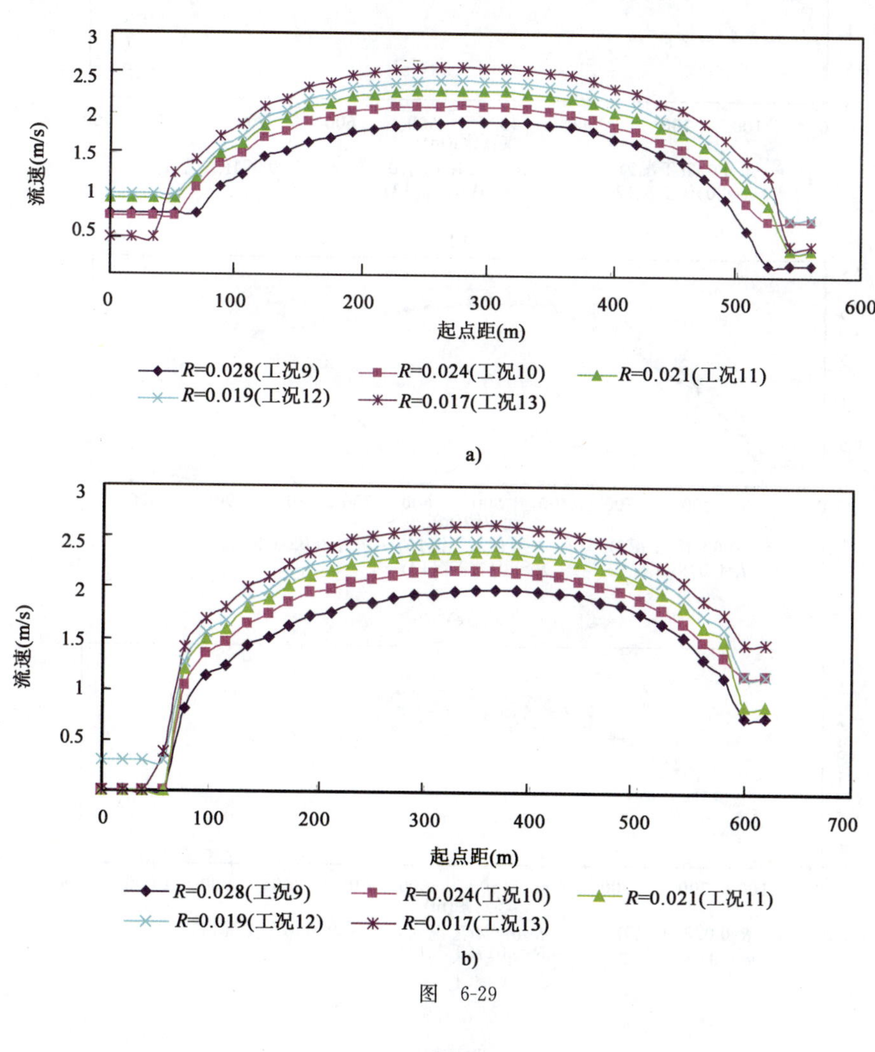

图 6-29

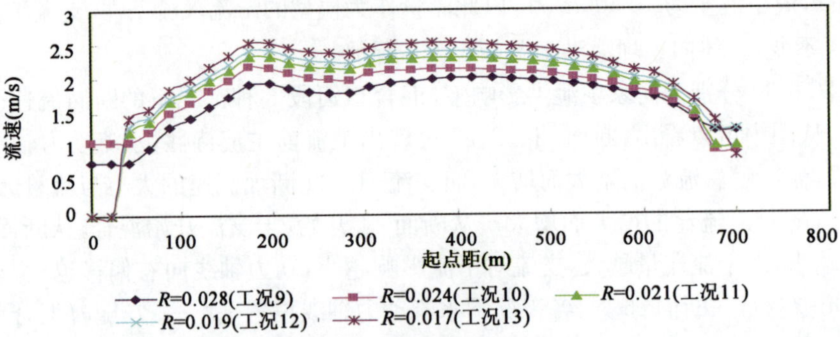
流速(m/s)
起点距(m)
R=0.028(工况9)
R=0.024(工况10)
R=0.021(工况11)
R=0.019(工况12)
R=0.017(工况13)

c)

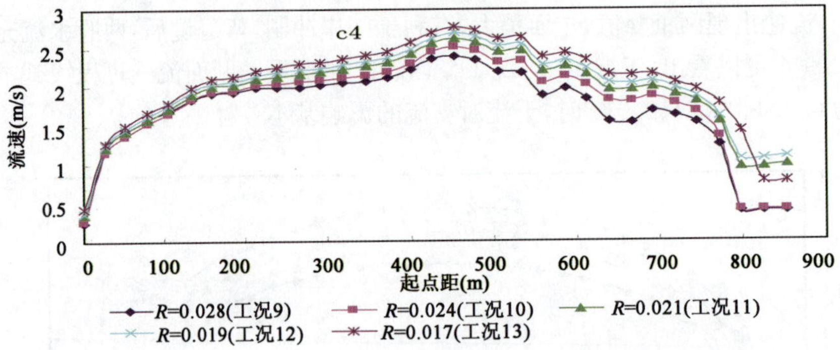
c4
流速(m/s)
起点距(m)
R=0.028(工况9)
R=0.024(工况10)
R=0.021(工况11)
R=0.019(工况12)
R=0.017(工况13)

d)

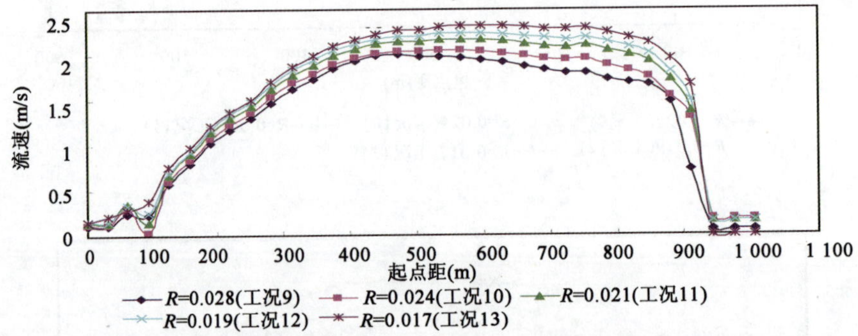
流速(m/s)
起点距(m)
R=0.028(工况9)
R=0.024(工况10)
R=0.021(工况11)
R=0.019(工况12)
R=0.017(工况13)

e)

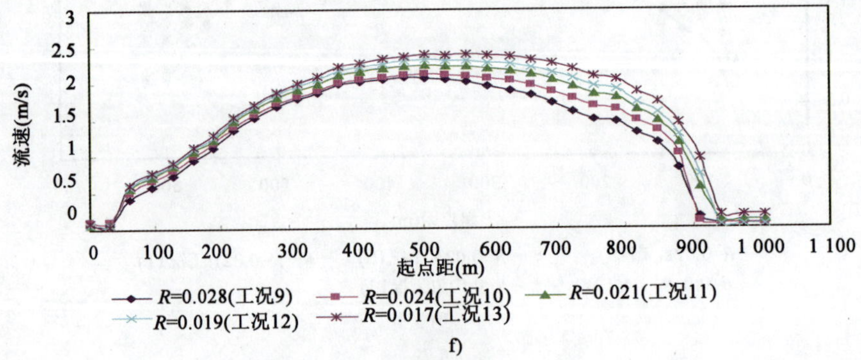
流速(m/s)
起点距(m)
R=0.028(工况9)
R=0.024(工况10)
R=0.021(工况11)
R=0.019(工况12)
R=0.017(工况13)

f)

图 6-29

流速(m/s)
起点距(m)
R=0.028(工况9)
R=0.024(工况10)
R=0.021(工况11)
R=0.019(工况12)
R=0.017(工况13)
g)
流速(m/s)
起点距(m)
R=0.028(工况9)
R=0.024(工况10)
R=0.021(工况11)
R=0.019(工况12)
R=0.017(工况13)
h)
流速(m/s)
起点距(m)
R=0.028(工况9)
R=0.024(工况10)
R=0.021(工况11)
R=0.019(工况12)
R=0.017(工况13)
i)
t2
流速(m/s)
起点距(m)
R=0.028(工况9)
R=0.024(工况10)
R=0.021(工况11)
R=0.019(工况12)
R=0.017(工况13)
j)

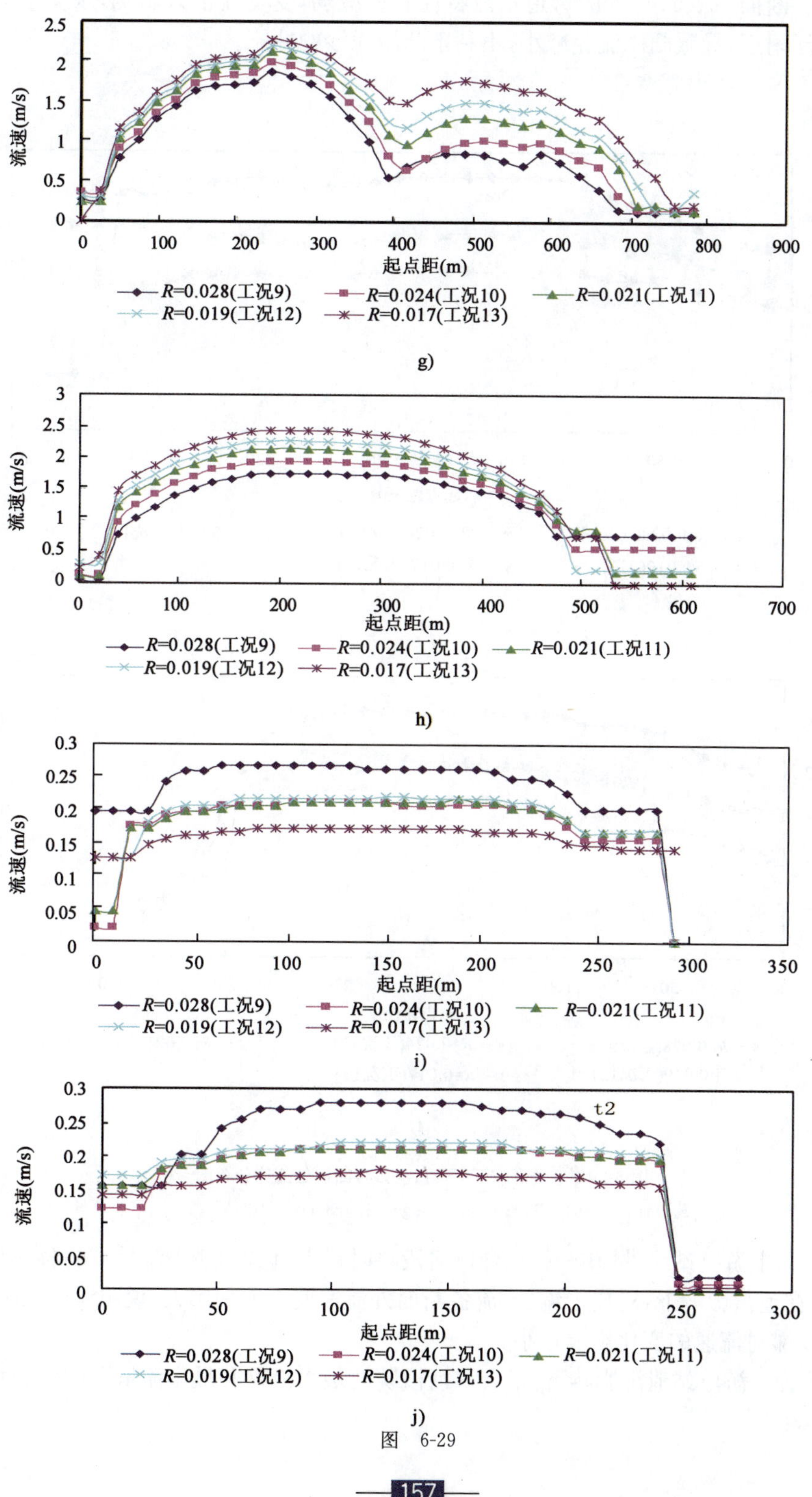

图 6-29

泄洪影响下各流速断面的断面形态与自然来水条件下基本一致，但支流的汇入对干流产生一定影响。断面 c5、c6、c7 处的弯道水流特性有所减弱，受支流汇入影响，水流动力轴线基本维持在凹岸附近，导致凸岸流速减小，不利于凸岸泥沙的冲刷。

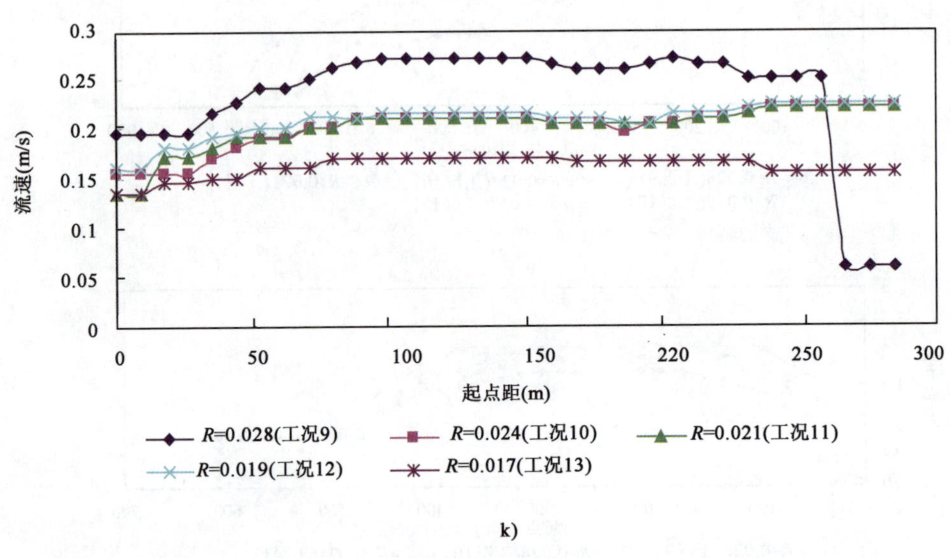

k)

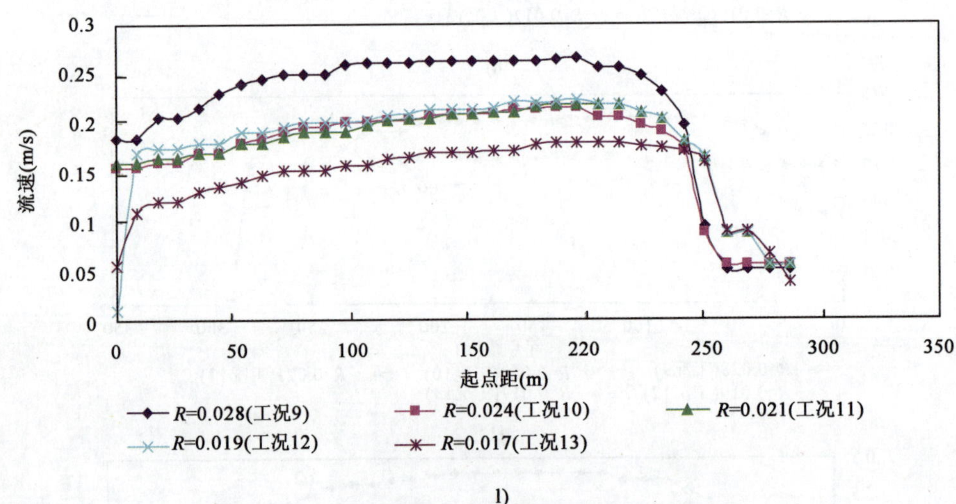

l)

图 6-29　泄洪影响下汇合口河段各断面处流速分布图

a)c1；b)c2；c)c3；d)c4；e)c5；f)c6；g)c7；h)c8；i)t1；j)t2；k)t3；l)t4

表 6-10 为上游电站泄洪影响下，汇合口河段瞬时最大流量和最小流量下的各典型断面流速变率表。在泄洪影响下，对比干流、支流各断面处流速变率差别不大，说明泄洪工况下，由于流量较大，浅滩对流速的变化影响较小。

表 6-11 为上游电站泄洪影响下，汇合口河段瞬时最大流量和最小流量下的各典型断面最大水位变率表。

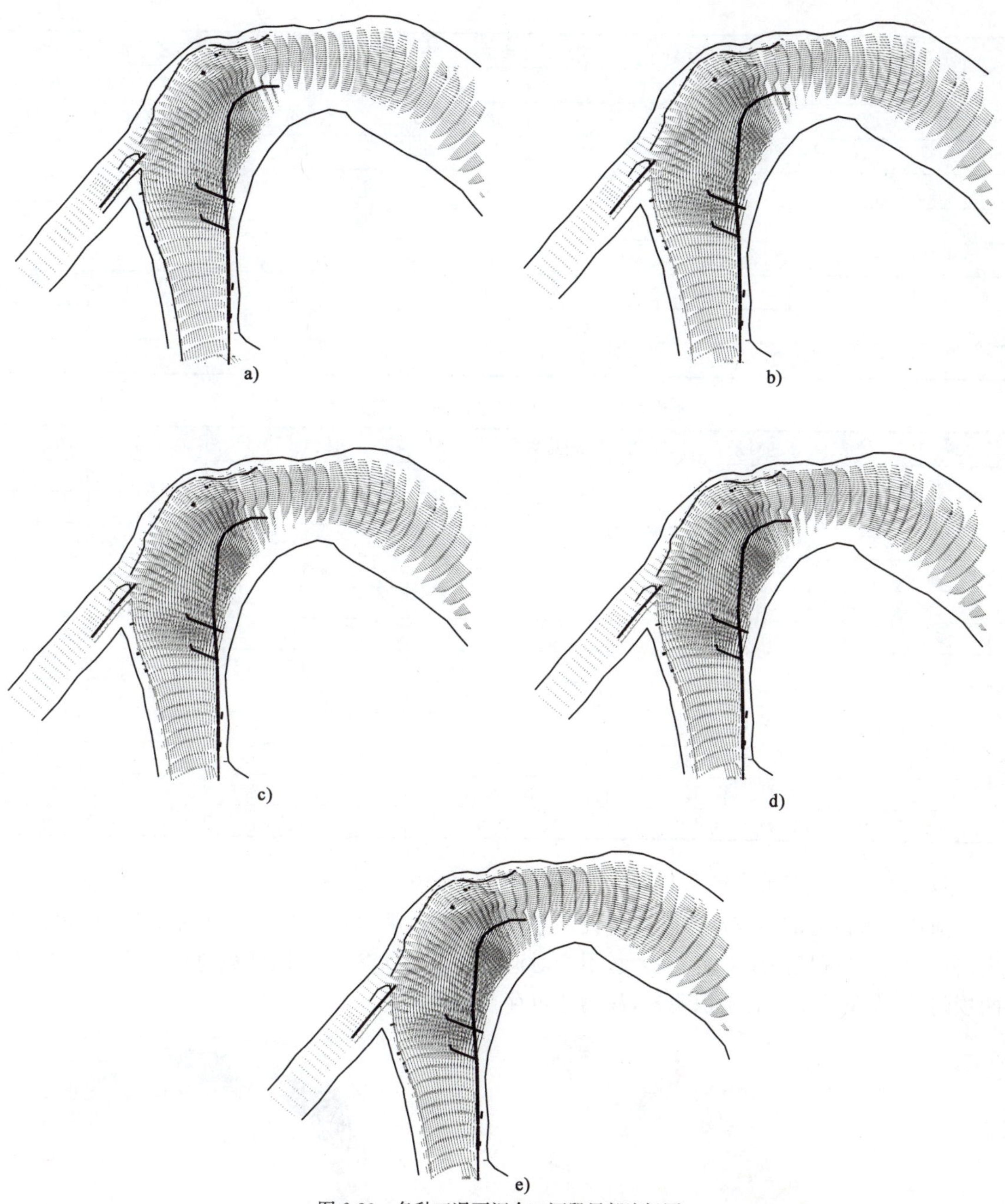

图 6-30 各种工况下汇合口河段局部流场图

a)工况 9;b)工况 10;c)工况 11;d)工况 12;e)工况 13

泄洪影响下汇合口河段断面流速变率表

表 6-10

断 面 编 号	相对最大流速(m/s)	相对最小流速(m/s)	流速差(m/s)	流速变率[m/(s·h)]
c1	2.575	1.903	0.672	0.056
c2	2.623	1.983	0.640	0.053
c3	2.537	1.987	0.550	0.046

续上表

断面编号	相对最大流速(m/s)	相对最小流速(m/s)	流速差(m/s)	流速变率[m/(s·h)]
c4	2.401	2.074	0.327	0.027
c5	2.327	1.998	0.329	0.027
c6	2.366	2.037	0.329	0.027
c7	2.266	1.863	0.403	0.034
c8	2.513	1.845	0.668	0.056
t1	0.265	0.171	0.094	0.008
t2	0.280	0.180	0.100	0.008
t3	0.270	0.170	0.100	0.008
t4	0.265	0.180	0.085	0.007

泄洪影响下汇合口河段断面水位变率表 表6-11

断面编号	相对最大水位(m)	相对最小水位(m)	水位差(m)	水位变率(m/h)
c1	231.900	228.753	3.147	0.26
c2	231.831	228.709	3.122	0.26
c3	231.849	228.691	3.158	0.26
c4	231.844	228.517	3.327	0.28
c5	231.861	228.521	3.340	0.28
c6	231.870	228.526	3.344	0.28
c7	231.755	228.432	3.323	0.28
c8	231.474	228.298	3.176	0.26
t1	231.850	228.533	3.317	0.28
t2	231.851	228.532	3.319	0.28
t3	231.852	228.529	3.323	0.28
t4	231.854	228.522	3.332	0.28

4)冲淤分布及航道水深变化

向家坝泄洪后的河床冲淤变化及设计水位航深图如图6-31、图6-32所示,从图中可以看出,整个汇合口区域河床冲淤量不大,不会对通航造成太大影响。该区域总体呈现淤积态势,两坝间、坝头及两坝前后淤积明显,深槽处也存在一定淤积。

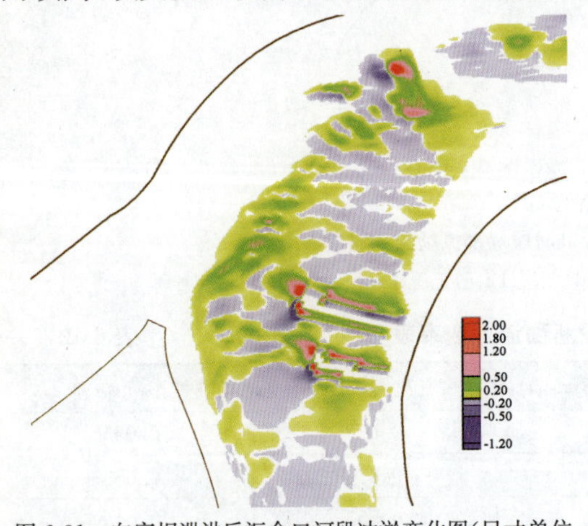

图6-31 向家坝泄洪后汇合口河段冲淤变化图(尺寸单位:m)

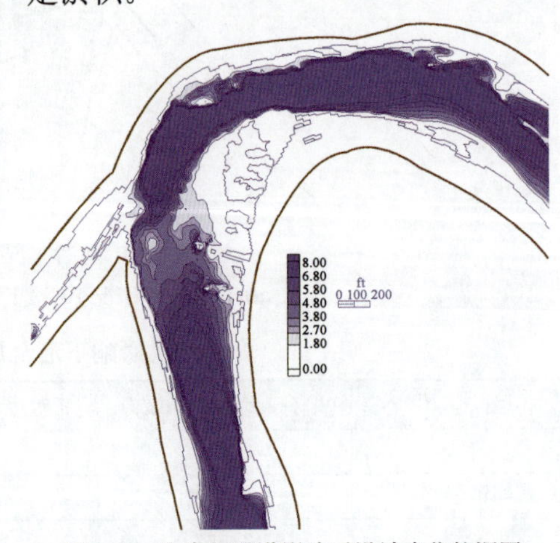

图6-32 向家坝泄洪影响后设计水位航深图

6.4　三维数学模型计算

6.4.1　三维数学模型的建立

对于不可压缩流体，控制方程为三维 Navier—Stokes 方程(NSE)，对于紊流流动，NSE 转化为雷诺时均的 Navier—Stokes 方程(RANS)，在笛卡尔坐标系下可以表示为：

$$\frac{\partial u}{\partial x}+\frac{\partial v}{\partial y}+\frac{\partial w}{\partial z}=0 \tag{6-31}$$

$$\frac{\partial u}{\partial t}+u\frac{\partial u}{\partial x}+v\frac{\partial u}{\partial y}+w\frac{\partial u}{\partial z}-fv=-\frac{\partial p}{\partial x}+\nu^h\left(\frac{\partial^2 u}{\partial x^2}+\frac{\partial^2 u}{\partial y^2}\right)+\frac{\partial}{\partial z}\left(\nu^v\frac{\partial u}{\partial z}\right) \tag{6-32}$$

$$\frac{\partial v}{\partial t}+u\frac{\partial v}{\partial x}+v\frac{\partial v}{\partial y}+w\frac{\partial v}{\partial z}+fu=-\frac{\partial p}{\partial y}+\nu^h\left(\frac{\partial^2 v}{\partial x^2}+\frac{\partial^2 v}{\partial y^2}\right)+\frac{\partial}{\partial z}\left(\nu^v\frac{\partial v}{\partial z}\right) \tag{6-33}$$

$$\frac{\partial w}{\partial t}+u\frac{\partial w}{\partial x}+v\frac{\partial w}{\partial y}+w\frac{\partial w}{\partial z}=-\frac{\partial p}{\partial z}+\nu^h\left(\frac{\partial^2 w}{\partial x^2}+\frac{\partial^2 w}{\partial y^2}\right)+\frac{\partial}{\partial z}\left(\nu^v\frac{\partial w}{\partial z}\right)-\rho g \tag{6-34}$$

式中：$u(x,y,z,t)$、$v(x,y,z,t)$、$w(x,y,z,t)$——分别为速度矢量沿三个坐标轴 x、y、z 的分量；

$p(x,y,z,t)$——相对密度的压力；

f——柯氏力系数；

g——重力加速度；

ν^h 和 ν^v——分别为水平和垂向的涡黏性系数；

ρ——密度。

将方程(6-32)～(6-34)中的压力项 p 分解为静压项和非静压项，可得：

$$p(x,y,z,t)=p_a(x,y,t)+g[\eta(x,y,t)-z]+g\int_z^\eta\frac{\rho-\rho_0}{\rho_0}\mathrm{d}\zeta+q(x,y,z,t) \tag{6-35}$$

式中：p_a——大气压；

η——相应于某一平均水平面的水位；

右端第二项和第三项——分别为正压项和斜压项；

q——非静压项；

ρ_0——参考密度。

将式(6-35)代入式(6-42)～式(6-34)，取 $p_a=0$，并忽略柯氏力项，则式(6-32)～式(6-34)可表达为：

$$\frac{\mathrm{d}u}{\mathrm{d}t}=-g\frac{\partial\eta}{\partial x}-g\frac{\partial}{\partial x}\left[\int_z^\eta\frac{\rho-\rho_0}{\rho_0}\mathrm{d}\zeta\right]-\frac{\partial q}{\partial x}+\nu^h\left(\frac{\partial^2 u}{\partial x^2}+\frac{\partial^2 u}{\partial y^2}\right)+\frac{\partial}{\partial z}\left(\nu^v\frac{\partial u}{\partial z}\right) \tag{6-36}$$

$$\frac{\mathrm{d}v}{\mathrm{d}t}=-g\frac{\partial\eta}{\partial y}-g\frac{\partial}{\partial y}\left[\int_z^\eta\frac{\rho-\rho_0}{\rho_0}\mathrm{d}\zeta\right]-\frac{\partial q}{\partial y}+\nu^h\left(\frac{\partial^2 v}{\partial x^2}+\frac{\partial^2 v}{\partial y^2}\right)+\frac{\partial}{\partial z}\left(\nu^v\frac{\partial v}{\partial z}\right) \tag{6-37}$$

$$\frac{\mathrm{d}w}{\mathrm{d}t}=-\frac{\partial q}{\partial z}+\nu^h\left(\frac{\partial^2 w}{\partial x^2}+\frac{\partial^2 w}{\partial y^2}\right)+\frac{\partial}{\partial z}\left(\nu^v\frac{\partial w}{\partial z}\right) \tag{6-38}$$

式中：$\frac{\mathrm{d}}{\mathrm{d}t}$——流体质点的随体导数，$\frac{\mathrm{d}}{\mathrm{d}t}=\frac{\partial}{\partial t}+u\frac{\partial}{\partial x}+v\frac{\partial}{\partial y}+w\frac{\partial}{\partial z}$。

自由表面运动学边界条件为：

$$w\mid_{z=\eta}=\frac{\partial \eta}{\partial t}+u\frac{\partial \eta}{\partial x}+v\frac{\partial \eta}{\partial y} \tag{6-39}$$

底面运动学边界条件为：

$$w\mid_{z=-h}=-u\frac{\partial h}{\partial x}-v\frac{\partial h}{\partial y} \tag{6-40}$$

式中：$-h(x,y)$——相应于某一基准面的水深。

积分连续性方程(6-31)并使用 Leibniz 法则代入式(6-39)和式(6-40)，可得水位方程：

$$\frac{\partial \eta}{\partial t}+\frac{\partial}{\partial x}\int_{-h}^{\eta}u\,\mathrm{d}z+\frac{\partial}{\partial y}\int_{-h}^{\eta}v\,\mathrm{d}z=0 \tag{6-41}$$

通过状态方程可以封闭方程(6-36)～(6-38)和(6-41)，状态方程可以表达为：

$$\rho=\rho(C) \tag{6-42}$$

式(6-32)～式(6-34)中的涡黏性系数采用标准 $k-\varepsilon$ 紊流模型计算，可按下式定义：

$$\nu_T=c_\mu\frac{k^2}{\varepsilon} \tag{6-43}$$

式中：k——湍动能；

ε——湍动能耗散率。

标准 $k-\varepsilon$ 紊流模型可以表达为：

$$\frac{\mathrm{d}k}{\mathrm{d}t}-\nabla\left[\frac{\nu_t}{\sigma_k}\nabla k\right]=c_\mu\frac{k^2}{\varepsilon}G-\varepsilon \tag{6-44}$$

$$\frac{\mathrm{d}\varepsilon}{\mathrm{d}t}-\nabla\left[\frac{\nu_t}{\sigma_\varepsilon}\nabla \varepsilon\right]=c_1\frac{\varepsilon}{k}G-c_2\frac{\varepsilon^2}{k} \tag{6-45}$$

式中，$c_1=1.44$，$c_2=1.92$，$c_\mu=0.09$，$\sigma_k=1.0$，$\sigma_\varepsilon=1.3$，G 为湍动能的产生项，可以表达为：

$$G=\left(\frac{\partial u_i}{\partial x_j}+\frac{\partial u_j}{\partial x_i}\right)\left(\frac{\partial u_i}{\partial x_j}\right) \tag{6-46}$$

6.4.2 方程离散及求解

采用半隐分步的方法对 N-S 方程离散求解。首先，忽略动量方程(6-36)～(6-38)中的隐式的非静压项，计算临时变量流速 $\tilde{u}$、$\tilde{v}$、$\tilde{w}$ 和水位 $\tilde{\eta}$，即静压计算。水平动量方程(6-36)、(6-37)中的水位梯度项和水位方程(6-41)中的水平流速采用半隐方法离散。而且，由于稳定性的需要，动量方程中的垂向黏性项和底摩擦项也需采用半隐方法离散。然后，计算非静压项，修正临时流速 $\tilde{u}$、$\tilde{v}$、$\tilde{w}$ 和水位 $\tilde{\eta}$ 得到最终结果，即非静压修正计算。

1）静压计算

由于方程(6-31)、(6-36)～(6-38)具有旋转不变性，这样在正交非结构网格中，相邻单元中心连线与公共边形成的局部坐标系下，方程的形式不变。方程(6-36)在局部坐标系下，忽略隐式的非静压项，采用半隐有限差分离散如下：

$$u_{j,k}^{n+1}=F(u_{j,k}^{n})-(1-\theta)\frac{\Delta t}{\delta_j}[g(\eta_{i(j,2)}^{n}-\eta_{i(j,1)}^{n})+\tilde{q}_{i(i,2),k}^{n}-\tilde{q}_{i(j,1),k}^{n}]-\theta g\frac{\Delta t}{\delta_j}(\tilde{\eta}_{i(j,2)}^{n+1}-\tilde{\eta}_{i(j,1)}^{n+1})-$$
$$\frac{1}{\rho_0}\frac{\Delta t}{\delta_j}[\sum_{l=k}^{M}\Delta z_{j,l}^{n}(\rho_{i(j,2),l}^{n}-\rho_{i(j,1),l}^{n})-\frac{\Delta z_{j,k}^{n}}{2}(\rho_{i(j,2),k}^{n}-\rho_{i(j,1),k}^{n})]+$$
$$\frac{\Delta t}{\Delta z_{j,k}^{n}}\left[\nu_{j,k+1/2}^{v}\frac{u_{j,k+1}^{n+1}-u_{j,k}^{n+1}}{\Delta z_{j,k+1/2}^{n}}-\nu_{j,k-\frac{1}{2}}^{v}\frac{u_{j,k}^{n+1}-u_{j,k-1}^{n+1}}{\Delta z_{j,k-1/2}^{n}}\right]\tag{6-47}$$
$$(k=m_j,m_{j+1},\cdots,M_j^n)$$

式中：F——显式差分算子，采用 semi-Lagrangian 方法给出；

θ——隐式因子，为保证格式的稳定性，取 $\theta\geqslant0.5$。

$\Delta z_{j,k-1/2}=(\Delta z_{j,k}+\Delta z_{j,k-1})/2$。

令 $a_{j,k\pm1/2}^{n}=\dfrac{\Delta t\nu_{j,k\pm1/2}^{v}}{\Delta z_{j,k\pm1/2}^{n}}$，式(6-47)可整理为：

$$-a_{j,k+1/2}^{n}u_{j,k+1}^{n+1}+(\Delta z_{j,k}^{n}+a_{j,k+1/2}^{n}+a_{j,k-1/2}^{n})u_{j,k}^{n+1}-a_{j,k-1/2}^{n}u_{j,k-1}^{n+1}=\Delta z_{j,k}^{n}F(u_{j,k}^{n})-$$
$$\Delta z_{j,k}^{n}(1-\theta)\frac{\Delta t}{\delta_j}[g(\eta_{i(j,2)}^{n}-\eta_{i(j,1)}^{n})+\tilde{q}_{i(i,2),k}^{n}-\tilde{q}_{i(j,1),k}^{n}]-\Delta z_{j,k}^{n}\theta g\frac{\Delta t}{\delta_j}(\tilde{\eta}_{i(j,2)}^{n+1}-\tilde{\eta}_{i(j,1)}^{n+1})-$$
$$\Delta z_{j,k}^{n}\frac{1}{\rho_0}\frac{\Delta t}{\delta_j}[\sum_{l=k}^{M}\Delta z_{j,l}^{n}(\rho_{i(j,2),l}^{n}-\rho_{i(j,1),l}^{n})-\frac{\Delta z_{j,k}^{n}}{2}(\rho_{i(j,2),k}^{n}-\rho_{i(j,1),k}^{n})]\tag{6-48}$$

考虑到自由表面边界条件，$\nu_{j,M+1/2}^{v}\dfrac{u_{j,M+1}^{n+1}-u_{j,M}^{n+1}}{\Delta z_{j,M+1/2}^{n}}=\gamma_T^{n+1}(u_a^{n+1}-u_{j,M}^{n+1})$代入式(6-48)整理可得：

$$(\Delta z_{j,M}^{n}+a_{j,M-1/2}^{n}+\gamma_T^{n+1}\Delta t)u_{j,M}^{n+1}-a_{j,M-1/2}^{n}u_{j,M-1}^{n+1}$$
$$=\Delta z_{j,M}^{n}F(u_{j,M}^{n})-\Delta z_{j,M}^{n}(1-\theta)\frac{\Delta t}{\delta_j}[g(\eta_{i(j,2)}^{n}-\eta_{i(j,1)}^{n})+\tilde{q}_{i(i,2),M}^{n}-\tilde{q}_{i(j,1),M}^{n}]-$$
$$\Delta z_{j,M}^{n}\theta g\frac{\Delta t}{\delta_j}(\tilde{\eta}_{i(j,2)}^{n+1}-\tilde{\eta}_{i(j,1)}^{n+1})+\frac{(\Delta z_{j,M}^{n})^2\Delta t}{2\rho_0\delta_j}(\rho_{i(j,2),M}^{n}-\rho_{i(j,1),M}^{n})+\Delta t\gamma_T^{n+1}u_a^{n+1}\tag{6-49}$$

考虑底面边界条件式 $\nu_{j,m-1/2}^{v}\dfrac{u_{j,m}^{n+1}-u_{j,m-1}^{n+1}}{\Delta z_{j,m-1/2}^{n}}=\gamma_B^{n+1}u_{j,m}^{n+1}$，可得：

$$-a_{j,m+1/2}^{n}u_{j,m+1}^{n+1}+(\Delta z_{j,m}^{n}+a_{j,m+1/2}^{n}+\gamma_B^{n+1}\Delta t)u_{j,m}^{n+1}$$
$$=\Delta z_{j,m}^{n}F(u_{j,m}^{n})-\Delta z_{j,m}^{n}(1-\theta)\frac{\Delta t}{\delta_j}[g(\eta_{i(j,2)}^{n}-\eta_{i(j,1)}^{n})+\tilde{q}_{i(i,2),m}^{n}-\tilde{q}_{i(j,1),m}^{n}]-$$
$$\Delta z_{j,m}^{n}\frac{1}{\rho_0}\frac{\Delta t}{\delta_j}[\sum_{l=m}^{M}\Delta z_{j,l}^{n}(\rho_{i(j,2),l}^{n}-\rho_{i(j,1),l}^{n})-\frac{\Delta z_{j,m}^{n}}{2}(\rho_{i(j,2),m}^{n}-\rho_{i(j,1),m}^{n})]\tag{6-50}$$

将式(6-48)～式(6-50)写成矩阵形式如下：

$$A_j^n\tilde{U}_j^{n+1}=G_j^n-\theta g\frac{\Delta t}{\delta_j}[\tilde{\eta}_{i(j,2)}^{n+1}-\tilde{\eta}_{i(j,1)}^{n+1}]\Delta Z_j^n\tag{6-51}$$

同样，在局部坐标系下，方程(6-37)即切向动量方程，也可以采用类似于方程(6-36)的有限差分形式的离散：

$$v_{j,k}^{n+1}=F(v_{j,k}^{n})-(1-\theta)\frac{\Delta t}{\delta_j}[g(\eta_{nd(j,2)}^{n}-\eta_{nd(j,1)}^{n})+\tilde{q}_{nd(i,2),k}^{n}-\tilde{q}_{nd(j,1),k}^{n}]-$$

$$\theta g\frac{\Delta t}{\delta_j}(\tilde{\eta}^{n+1}_{nd(j,2)}-\tilde{\eta}^{n+1}_{nd(j,1)})-$$

$$\frac{1}{\rho_0}\frac{\Delta t}{\delta_j}\Big[\sum_{l=k}^{M}\Delta z^n_{j,l}(\rho^n_{nd(j,2),l}-\rho^n_{nd(j,1),l})-\frac{\Delta z^n_{j,k}}{2}(\rho^n_{nd(j,2),k}-\rho^n_{nd(j,1),k})\Big]+$$

$$\frac{\Delta t}{\Delta z^n_{j,k}}\left[\nu^v_{j,k+1/2}\frac{v^{n+1}_{j,k+1}-v^{n+1}_{j,k}}{\Delta z^n_{j,k+1/2}}-\nu^v_{j,k-\frac{1}{2}}\frac{v^{n+1}_{j,k}-v^{n+1}_{j,k-1}}{\Delta z^n_{j,k-1/2}}\right] \tag{6-52}$$

$$(k=m_j,m_{j+1},\cdots,M^n_j)$$

写成矩阵形式为：

$$A^n_j\tilde{V}^{n+1}_j=H^n_j-\theta g\frac{\Delta t}{\lambda_j}\left[\tilde{\eta}^{n+1}_{nd(j,2)}-\tilde{\eta}^{n+1}_{nd(j,1)}\right]\Delta Z^n_j \tag{6-53}$$

在方程组(6-51)和式(6-53)中有 $\tilde{U}^{n+1}_j=\begin{bmatrix}\tilde{u}^{n+1}_{j,M}\\ \tilde{u}^{n+1}_{j,M-1}\\ \vdots\\ \tilde{u}^{n+1}_{j,m}\end{bmatrix}\tilde{V}^{n+1}_j=\begin{bmatrix}\tilde{v}^{n+1}_{j,M}\\ \tilde{v}^{n+1}_{j,M-1}\\ \vdots\\ \tilde{v}^{n+1}_{j,m}\end{bmatrix}\Delta Z^n_j=\begin{bmatrix}\Delta z^n_{j,M}\\ \Delta z^n_{j,M-1}\\ \vdots\\ \Delta z^n_{j,m}\end{bmatrix}$。矩阵 A^n_j,G^n_j,H^n_j 的具体表达形式如下，其中矩阵 A^n_j 为$(M-m+1)\times(M-m+1)$的三对角矩阵，通过追赶法可以直接求解方程组(6-51)和(6-53)。

$$A^n_j=\begin{bmatrix}\Delta z^n_{j,M}+a^n_{j,M-1/2}+\gamma^{n+1}_{T,j}\Delta t & -a^n_{j,M-1/2} & 0\\ -a^n_{j,M-1/2} & \Delta z^n_{j,M-1}+a^n_{j,M-1/2}+a^n_{j,M-3/2} & -a^n_{j,M-3/2}\\ & \cdots & \\ 0 & -a^n_{j,m+1/2} & \Delta z^n_{j,m}+a^n_{j,m+1/2}+\gamma^{n+1}_{B,j}\Delta t\end{bmatrix}$$

$$G^n_j=\begin{bmatrix}\Delta z^n_{j,M}\{F(u^n_{j,M})-\frac{\Delta t}{\delta_j}(1-\theta)[g(\eta^n_{i(j,2)}-\eta^n_{i(j,1)})+q^n_{i(j,2),M}-q^n_{i(j,1),M}]\}+\Delta t\gamma^{n+1}_{T,j}u^{n+1}_{a,j}\\ \Delta z^n_{j,M-1}\{F(u^n_{j,M-1})-\frac{\Delta t}{\delta_j}(1-\theta)[g(\eta^n_{i(j,2)}-\eta^n_{i(j,1)})+q^n_{i(j,2),M-1}-q^n_{i(j,1),M-1}]\}\\ \vdots\\ \Delta z^n_{j,m}\{F(u^n_{j,m})-\frac{\Delta t}{\delta_j}(1-\theta)[g(\eta^n_{i(j,2)}-\eta^n_{i(j,1)})+q^n_{i(j,2),m}-q^n_{i(j,1),m}]\}\end{bmatrix}$$

$$H^n_j=\begin{bmatrix}\Delta z^n_{j,M}\{F(v^n_{j,M})-\frac{\Delta t}{\lambda_j}(1-\theta)[g(\eta^n_{nd(j,2)}-\eta^n_{nd(j,1)})+q^n_{nd(j,2),M}-q^n_{nd(j,1),M}]\}+\Delta t\gamma^{n+1}_{T,j}v^{n+1}_{a,j}\\ \Delta z^n_{j,M-1}\{F(v^n_{j,M-1})-\frac{\Delta t}{\lambda_j}(1-\theta)[g(\eta^n_{nd(j,2)}-\eta^n_{nd(j,1)})+q^n_{nd(j,2),M-1}-q^n_{nd(j,1),M-1}]\}\\ \vdots\\ \Delta z^n_{j,m}\{F(v^n_{j,m})-\frac{\Delta t}{\lambda_j}(1-\theta)[g(\eta^n_{nd(j,2)}-\eta^n_{nd(j,1)})+q^n_{nd(j,2),m}-q^n_{nd(j,1),m}]\}\end{bmatrix}$$

与水平动量方程的离散相似，忽略隐式的非静压项，对垂向动量方程(6-38)同样采用半隐有限差分的方法离散，可得：

$$\tilde{w}^{n+1}_{i,k+1/2}=F(w^n_{i,k+1/2})-(1-\theta)\frac{\Delta t}{\Delta z^n_{i,k+1/2}}\left[\tilde{q}^n_{i,k+1}-\tilde{q}^n_{i,k}\right]+$$

$$\frac{\Delta t}{\Delta z^n_{i,k+1/2}}\left[\nu^v_{i,k+1}\frac{\tilde{w}^{n+1}_{i,k+3/2}-\tilde{w}^{n+1}_{i,k+1/2}}{\Delta z^n_{i,k+1}}-\nu^v_{i,k}\frac{\tilde{w}^{n+1}_{i,k+1/2}-\tilde{w}^{n+1}_{i,k-1/2}}{\Delta z^n_{i,k}}\right] \tag{6-54}$$

$$(k = m_i, m_{i+1}, \cdots, M_i^n - 1)$$

令 $b_{i,k}^n = \dfrac{\Delta t \nu_{i,k}^v}{\Delta z_{i,k}^n}$，式(6-54)可整理为：

$$\begin{aligned}&-b_{i,k+1}^n \widetilde{w}_{i,k+3/2}^{n+1} + (\Delta z_{i,k+1/2}^n + b_{i,k+1}^n + b_{i,k}^n)\widetilde{w}_{i,k+1/2}^{n+1} - b_{i,k}^n \widetilde{w}_{i,k-1/2}^{n+1} \\ &= \Delta z_{i,k+1/2}^n F(w_{i,k+1/2}^n) - (1-\theta)\Delta t(q_{i,k+1}^n - q_{i,k}^n)\end{aligned} \tag{6-55}$$

将上式写成矩阵形式为：

$$B_i^n \widetilde{W}_i^{n+1} = Q_i^n \tag{6-56}$$

式中：$\widetilde{W}_i^{n+1} = \begin{bmatrix} \widetilde{w}_{i,M-1/2}^{n+1} \\ \widetilde{w}_{i,M-3/2}^{n+1} \\ \vdots \\ \widetilde{w}_{i,m+1/2}^{n+1} \end{bmatrix}$

B_i^n 和 Q_i^n 的具体表达形式如下，其中 B_i^n 同样为三对角矩阵，也可以通过追赶法直接求解方程组(6-56)。需要注意的是，方程组(6-56)中并不包括表层垂向流速 $w_{i,M+1/2}^{n+1}$，表层垂向流速需要通过自由表面运动学边界条件(6-39)求解出。

$$B_i^n = \begin{bmatrix} \Delta z_{i,M-1/2}^n + b_{i,M-1}^n & -b_{i,M-1}^n & 0 \\ -b_{i,M-1}^n & \Delta z_{i,M-3/2}^n + b_{i,M-1}^n + b_{i,M-2}^n & -b_{i,M-2}^n \\ & \cdots & \\ 0 & -b_{i,m+1}^n & \Delta z_{i,m+1/2}^n + b_{i,m+1}^n \end{bmatrix}$$

$$Q_i^n = \begin{bmatrix} \Delta z_{i,M-1/2}^n F(w_{i,M-1/2}^n) - (1-\theta)\Delta t(q_{i,M}^n - q_{i,M-1}^n) \\ \Delta z_{i,M-3/2}^n F(w_{i,M-3/2}^n) - (1-\theta)\Delta t(q_{i,M-1}^n - q_{i,M-2}^n) \\ \vdots \\ \Delta z_{i,m+1/2}^n F(w_{i,m+1/2}^n) - (1-\theta)\Delta t(q_{i,m+1}^n - q_{i,m}^n) \end{bmatrix}$$

对水位方程(6-41)，采用半隐的有限体积方法离散可得：

$$\begin{aligned}P_i \widetilde{\eta}_i^{n+1} &= P_i \eta_i^n - \theta \Delta t \sum_{l=1}^{S_i} \left[s_{i,l} \lambda_{j(i,l)} \sum_{k=m}^{M} \Delta z_{j(i,l),k}^n \widetilde{u}_{j(i,l),k}^{n+1} \right] - \\ &\quad (1-\theta)\Delta t \sum_{l=1}^{S_i} \left[s_{i,l} \lambda_{j(i,l)} \sum_{k=m}^{M} \Delta z_{j(i,l),k}^n u_{j(i,l),k}^n \right] (i = 1, \cdots, N_p)\end{aligned} \tag{6-57}$$

式中：P_i——单元 i 的面积；

$s_{i,l}$——标识函数，用于标识第 i 个单元的第 l 条边是流入的还是流出的，可以按下式定义：

$$s_{i,l} = \frac{i[j(i,l),2] - 2i + i[j(i,l),1]}{i[j(i,l),2] - i[j(i,l),1]} \tag{6-58}$$

从上式中可以看出，$s_{i,l} = 1$ 时，表示该边相应与第 i 个单元为流出边；$s_{i,l} = -1$ 时，表示该边相应与第 i 个单元为流入边。

将式(6-51)左右两边同时左乘 $(A_j^n)^{-1}$，可得：

$$\widetilde{U}_j^{n+1} = (A_j^n)^{-1} G_j^n - \theta g \frac{\Delta t}{\delta_j} [\widetilde{\eta}_{i(j,2)}^{n+1} - \widetilde{\eta}_{i(j,1)}^{n+1}] (A_j^n)^{-1} \Delta Z_j^n \tag{6-59}$$

再将式(6-59)代入式(6-57)可得：

$$P_i\tilde{\eta}_i^{n+1}-g\theta^2\Delta t^2\sum_{l=1}^{S_i}\frac{s_{i,l}\lambda_{j(i,l)}}{\delta_{j(i,l)}}[(\Delta Z)^TA^{-1}\Delta Z]_{j(i,l)}^n(\tilde{\eta}_{i[j(i,l),2]}^{n+1}-\tilde{\eta}_{i[j(i,l),1]}^{n+1})$$

$$=P_i\eta_i^n-(1-\theta)\Delta t\sum_{l=1}^{S_i}s_{i,l}\lambda_{j(i,l)}[(\Delta Z)^TU]_{j(i,l)}^n-\theta\Delta t\sum_{l=1}^{S_i}s_{i,l}\lambda_{j(i,l)}[(\Delta Z)^TA^{-1}G]_{j(i,l)}^n \quad (6\text{-}60)$$

$$(i=1,\cdots,N_p)$$

在上式中，由于$[(\Delta Z)^TA^{-1}\Delta Z]_{j(i,l)}^n\geqslant 0$，故方程组(6-60)的系数矩阵是一个$(N_p\times 4)$的对称正定的严格对角占优阵，本书采用预条件共轭梯度法求解，其中预优矩阵采用不完全Cholesky分解获得。

2)非静压修正计算

通过求解非静压项，修正静压计算得到的临时速度和水位变量求得新时刻的$u_{j,k}^{n+1}$，$v_{j,k}^{n+1}$，$w_{i,k+1/2}^{n+1}$和η_i^{n+1}。

由于式(6-47)、式(6-52)和式(6-54)的离散都忽略了隐式的非静压项，故考虑隐式的非静压项有：

$$u_{j,k}^{n+1}=\tilde{u}_{j,k}^{n+1}-\theta\frac{\Delta t}{\delta_j}(\tilde{q}_{i(j,2),k}^{n+1}-\tilde{q}_{i(j,1),k}^{n+1}) \quad (6\text{-}61)$$

$$v_{j,k}^{n+1}=\tilde{v}_{j,k}^{n+1}-\theta\frac{\Delta t}{\lambda_j}(\tilde{q}_{nd(j,2),k}^{n+1}-\tilde{q}_{nd(j,1),k}^{n+1}) \quad (6\text{-}62)$$

$$w_{i,k+1/2}^{n+1}=\tilde{w}_{i,k+1/2}^{n+1}-\theta\frac{\Delta t}{\Delta z_{i,k+1/2}^n}(\tilde{q}_{i,k+1}^{n+1}-\tilde{q}_{i,k}^{n+1}) \quad (6\text{-}63)$$

式中：$\tilde{q}$——非静压修正项。

对连续方程(6-31)同样采用半隐的有限体积方法离散得：

$$\sum_{l=1}^{S_i}s_{i,l}\lambda_{j(i,l)}\Delta z_{j(i,l),k}^n u_{j(i,l),k}^{n+\theta}+P_i(w_{i,k+1/2}^{n+\theta}-w_{i,k-1/2}^{n+\theta})=0 \quad (6\text{-}64)$$

$$(k=m_i,\cdots,M_i-1)$$

式中：$u_{j(i,l),k}^{n+\theta}=(1-\theta)u_{j(i,l),k}^n+\theta u_{j(i,l),k}^{n+1}$；

$w_{i,k+1/2}^{n+\theta}=(1-\theta)w_{i,k+1/2}^n+\theta w_{i,k+1/2}^{n+1}$。

对水位方程(6-41)，再采用半隐的有限体积方法离散可得：

$$P_i\eta_i^{n+1}=P_i\eta_i^n-\theta\Delta t\sum_{l=1}^{S_i}[s_{i,l}\lambda_{j(i,l)}\sum_{k=m}^{M}\Delta z_{j(i,l),k}^n u_{j(i,l),k}^{n+1}]-$$
$$(1-\theta)\Delta t\sum_{l=1}^{S_i}[s_{i,l}\lambda_{j(i,l)}\sum_{k=m}^{M}\Delta z_{j(i,l),k}^n u_{j(i,l),k}^n] \quad (i=1,\cdots,N_p) \quad (6\text{-}65)$$

上式同样可以写为：

$$P_i\eta_i^{n+1}=P_i\eta_i^n-\theta\Delta t\sum_{k=m}^{M}\sum_{l=1}^{S_i}[s_{i,l}\lambda_{j(i,l)}\Delta z_{j(i,l),k}^n u_{j(i,l),k}^{n+1}]-$$
$$(1-\theta)\Delta t\sum_{k=m}^{M}\sum_{l=1}^{S_i}[s_{i,l}\lambda_{j(i,l)}\Delta z_{j(i,l),k}^n u_{j(i,l),k}^n] \quad (i=1,\cdots,N_p) \quad (6\text{-}66)$$

也即

$$P_i\eta_i^{n+1}=P_i\eta_i^n-\Delta t\sum_{k=m}^{M}\sum_{l=1}^{S_i}[s_{i,l}\lambda_{j(i,l)}\Delta z_{j(i,l),k}^n u_{j(i,l),k}^{n+\theta}] \quad (i=1,\cdots,N_p) \quad (6\text{-}67)$$

将式(6-64)代入上式得：

$$P_i\eta_i^{n+1}=P_i\eta_i^n+\Delta t\sum_{k=m}^{M-1}P_i(w_{i,k+1/2}^{n+\theta}-w_{i,k-1/2}^{n+\theta})-(1-\theta)\Delta t\sum_{l}^{S_i}s_{i,l}\lambda_{j(i,l)}\Delta z_{j(i,l),M}^{n}u_{j(i,l),M}^{n}-\theta\Delta t\sum_{l}^{S_i}s_{i,l}\lambda_{j(i,l)}\Delta z_{j(i,l),M}^{n}u_{j(i,l),M}^{n+1}\tag{6-68}$$

令 $w_{i,m-1/2}^{n+\theta}=0$，则上式可化为：

$$P_i\eta_i^{n+1}=P_i\eta_i^n+(1-\theta)\Delta tP_iw_{i,M-1/2}^{n}+\theta\Delta tP_iw_{i,M-1/2}^{n+1}-(1-\theta)\Delta t\sum_{l}^{S_i}s_{i,l}\lambda_{j(i,l)}\Delta z_{j(i,l),M}^{n}u_{j(i,l),M}^{n}-\theta\Delta t\sum_{l}^{S_i}s_{i,l}\lambda_{j(i,l)}\Delta z_{j(i,l),M}^{n}u_{j(i,l),M}^{n+1}\tag{6-69}$$

对垂向动量方程沿表层积分可得：

$$\int_{z_M}^{\eta}\int_{P_i}\left(\frac{\partial w}{\partial t}+\frac{\partial uw}{\partial x}+\frac{\partial vw}{\partial y}+\frac{\partial w^2}{\partial z}\right)\mathrm{d}P\mathrm{d}z=\int_{z_M}^{\eta}\int_{P_i}\left(-\frac{\partial p}{\partial z}-g\right)\mathrm{d}P\mathrm{d}z\tag{6-70}$$

对上式离散可得：

$$P_i\Delta z_{i,j,M}\frac{w_{i,M}^{n+1}-w_{i,M}^{n}}{2\Delta t}+\frac{1}{2}\sum_{l}^{S_i}s_{i,l}\lambda_{j(i,l)}\Delta z_{j(i,l),M}^{n}u_{j(i,l),M}^{n}w_{j(i,l),M}^{n}+P_i(w_{i,M+1/2}^{n})^2-P_i(w_{i,M}^{n})^2=-P_i(p_{i,M+1/2}^{n+1}-p_{i,M}^{n+1})-P_ig(\eta_i^{n+1}-z_M)\tag{6-71}$$

由于 $p_{i,M+1/2}^{n+1}=0$，上式可整理为：

$$P_ip_{i,M}^{n+1}=P_ig(\eta_i^{n+1}-z_M)+P_i\Delta z_{i,j,M}\frac{w_{i,M}^{n+1}-w_{i,M}^{n}}{2\Delta t}+\frac{1}{2}\sum_{l}^{S_i}s_{i,l}\lambda_{j(i,l)}\Delta z_{j(i,l),M}^{n}u_{j(i,l),M}^{n}w_{j(i,l),M}^{n}+P_i(w_{i,M+1/2}^{n})^2-P_i(w_{i,M}^{n})^2\tag{6-72}$$

考虑到 $g(\eta_i^{n+1}-z_M)=g(\tilde{\eta}_i^{n+1}-z_M)+\tilde{q}_{i,M}^{n+1}$ 和 $w_{i,M}^{n+1}=(w_{i,M+1/2}^{n+1}+w_{i,M-1/2}^{n+1})/2$，代入上式可得：

$$P_ip_{i,M}^{n+1}=P_ig(\tilde{\eta}_i^{n+1}-z_M)+P_i\tilde{q}_{i,M}^{n+1}+P_i\Delta z_{i,j,M}\frac{w_{i,M+1/2}^{n+1}+w_{i,M-1/2}^{n+1}-2w_{i,M}^{n}}{4\Delta t}+\frac{1}{2}\sum_{l}^{S_i}s_{i,l}\lambda_{j(i,l)}\Delta z_{j(i,l),M}^{n}u_{j(i,l),M}^{n}w_{j(i,l),M}^{n}+P_i(w_{i,M+1/2}^{n})^2-P_i(w_{i,M}^{n})^2\tag{6-73}$$

将上式代入式(6-69)可得关于表层非静压修正项 $\tilde{q}_{i,M}^{n+1}$ 的方程如下：

$$\tilde{q}_{i,M}^{n+1}=f_1\sum_{l}^{S_i}u_{j(i,l),M}^{n+1}+f_2w_{i,j,M+1/2}^{n+1}+f_3w_{i,j,M-1/2}^{n+1}+f_4\tag{6-74}$$

式中：f_1、f_2、f_3 和 f_4——与已知变量相关的常系数。

对式(6-61)取 $k=M$，式(6-63)和式(6-64)取 $k=M-1$，分别代入上式即可得到完全关于表层非静压修正项 $\tilde{q}_{i,M}^{n+1}$ 的方程。

再将式(6-61)和式(6-63)代入式(6-64)可得：

$$(1-\theta)\sum_{l=1}^{S_i}s_{i,l}\lambda_{j(i,l)}\Delta z_{j(i,l),k}^{n}u_{j(i,l),k}^{n}+P_i(1-\theta)(w_{i,k+1/2}^{n}-w_{i,k-1/2}^{n})+\theta\sum_{l=1}^{S_i}s_{i,l}\lambda_{j(i,l)}\Delta z_{j(i,l),k}^{n}\left[\tilde{u}_{j(i,l),k}^{n+1}-\theta\frac{\Delta t}{\delta_{j(i,l)}}(\tilde{q}_{i(j(i,l),2),k}^{n+1}-\tilde{q}_{i(j(i,l),1),k}^{n+1})\right]+P_i\theta\left[\tilde{w}_{i,k+1/2}^{n+1}-\theta\frac{\Delta t}{\Delta z_{i,k+1/2}^{n}}(\tilde{q}_{i,k+1}^{n+1}-\tilde{q}_{i,k}^{n+1})\right]-$$

$$P_i\theta\left[\widetilde{w}_{i,k-1/2}^{n+1}-\theta\frac{\Delta t}{\Delta z_{i,k-1/2}^{n}}(\widetilde{q}_{i,k}^{n+1}-\widetilde{q}_{i,k-1}^{n+1})\right]=0 \quad (k=m_i,\cdots,M_i-1) \tag{6-75}$$

整理上式得：

$$\begin{aligned}&\theta^2\Delta t\left[\sum_{l=1}^{S_i}s_{i,l}\lambda_{j(i,l)}\Delta z_{j(i,l),k}^{n}\frac{\widetilde{q}_{i(j(i,l),1),k}^{n+1}-\widetilde{q}_{i(j(i,l),2),k}^{n+1}}{\delta_{j(i,l)}}\right]+\\&\theta^2\Delta tP_i\left[\frac{(\widetilde{q}_{i,k}^{n+1}-\widetilde{q}_{i,k+1}^{n+1})}{\Delta z_{i,k+1/2}^{n}}+\frac{(\widetilde{q}_{i,k}^{n+1}-\widetilde{q}_{i,k-1}^{n+1})}{\Delta z_{i,k-1/2}^{n}}\right]\\&=P_i(1-\theta)(w_{i,k-1/2}^{n}-w_{i,k+1/2}^{n})+P_i\theta(\widetilde{w}_{i,k-1/2}^{n+1}-\widetilde{w}_{i,k+1/2}^{n+1})-\\&(1-\theta)\sum_{l=1}^{S_i}s_{i,l}\lambda_{j(i,l)}\Delta z_{j(i,l),k}^{n}u_{j(i,l),k}^{n}-\theta\sum_{l=1}^{S_i}s_{i,l}\lambda_{j(i,l)}\Delta z_{j(i,l),k}^{n}\widetilde{u}_{j(i,l),k}^{n+1}\\&(k=m_i,\cdots,M_i-1)\end{aligned} \tag{6-76}$$

式(6-74)和式(6-76)组成的线性代数方程组的系数矩阵最大为$(N_pN_z\times6)$，通过求解该方程组可以获得全部的非静压修正变量$\widetilde{q}_{i,k}^{n+1}$。本书采用预条件 Bi-CGSTAB 方法求解该压力方程组，预优矩阵同样采用不完全 Cholesky 分解获得。

在求得非静压修正项之后，$(n+1)$时刻的速度可以由式(6-61)～式(6-63)求解，垂向速度分量也可以由连续性方程求解，由式(6-64)可得：

$$P_i\theta w_{i,k+1/2}^{n+1}=P_iw_{i,k-1/2}^{n+\theta}-P_i(1-\theta)w_{i,k+1/2}^{n}-\sum_{l=1}^{S_i}s_{i,l}\lambda_{j(i,l)}\Delta z_{j(i,l),k}^{n}u_{j(i,l),k}^{n+\theta} \quad (k=m_i,\cdots,M_i-1) \tag{6-77}$$

令$w_{i,m-1/2}^{n+\theta}=0$，则求解上式即可得$w_{i,k+1/2}^{n+1}-(k=m_i,\cdots,M_i-1)$。

从式(6-77)可以求得自由表面上的流速$w_{i,M+1/2}^{n+1}$，也可由自由表面运动学边界条件式(6-39)求得，对式(6-39)采用有限体积离散可得：

$$w_{i,M+1/2}^{n+1}=\frac{\eta_i^{n+1}-\eta_i^n}{\Delta t}+\frac{1}{P_iH_i}\sum_{l=1}^{S_i}\left[s_{i,l}\lambda_{j(i,l)}\sum_{k=m}^{M}\Delta z_{j(i,l),k}^{n}u_{j(i,l),k}^{n+1}\frac{\eta_{i(j(i,l),2)}^{n+1}-\eta_{i(j(i,l),1)}^{n+1}}{\delta_{j(i,l)}}\right] \tag{6-78}$$

式中：H_i——单元i的总水深，$H_i=\eta_i+h_i$。

$(n+1)$时刻的水位可以由式(6-66)计算。

压力可由式(6-35)忽略斜压项，计算得：

$$p_{i,k}^{n+1}=g(\eta_i^{n+1}-z_k)+\widetilde{q}_{i,k}^{n+1} \tag{6-79}$$

3)标准紊流方程离散

k方程(6-44)和ε方程(6-45)的离散采用与物质输运方程(6-41)的离散相类似的方式，离散方程为满足稳定性条件，也应采用子迭代的方式求解，为便于叙述，以下对k方程和ε方程的离散不提及子迭代方法。

对方程(6-44)和(6-45)采用半隐的迎风有限体积方法离散如下：

$$\begin{aligned}&P_i\Delta z_{i,k}^{n+1}k_{i,k}^{n+1}=P_i\Delta z_{i,k}^{n}k_{i,k}^{n}-\Delta t\sum_{l=1}^{S_i}s_{i,l}\lambda_{j(i,l)}\Delta z_{j(i,l)}^{n}u_{j(i,l),k}^{n+\theta}k_{j(i,l),k}^{n}-\\&\Delta tP_i(w_{i,k+1/2}^{n+\theta}k_{i,k+1/2}^{n}-w_{i,k-1/2}^{n+\theta}k_{i,k-1/2}^{n})+\\&\Delta t\sum_{l=1}^{S_i}s_{i,l}\lambda_{j(i,l)}\Delta z_{j(i,l)}^{n}c_\mu\frac{(k_{j(i,l),k}^{n})^2}{\varepsilon_{j(i,l),k}^{n}}\left(\frac{k_{m(i,j),k}^{n}-k_{i,k}^{n}}{\delta_j}\right)+\end{aligned}$$

$$\Delta t P_i\left[c_\mu \frac{(k^n_{i,k+1/2})^2}{\varepsilon^n_{i,k+1/2}}\left(\frac{k^{n+1}_{i,k+1}-k^{n+1}_{i,k}}{\Delta z^n_{i,k+1/2}}\right)-c_\mu \frac{(k^n_{i,k-1/2})^2}{\varepsilon^n_{i,k-1/2}}\left(\frac{k^{n+1}_{i,k}-k^{n+1}_{i,k-1}}{\Delta z^n_{i,k-1/2}}\right)\right]+$$

$$\Delta t P_i \Delta z^n_{i,k}\left[c_\mu \frac{(k^n_{i,k})^2}{\varepsilon^n_{i,k}}G^n_{i,k}-\varepsilon^n_{i,k}\frac{k^{n+1}_{i,k}}{k^n_{i,k}}\right] \tag{6-80}$$

$$\begin{aligned}P_i\Delta z^{n+1}_{i,k}\varepsilon^{n+1}_{i,k}=\;&P_i\Delta z^n_{i,k}\varepsilon^n_{i,k}-\Delta t\sum_{l=1}^{S_i}s_{i,l}\lambda_{j(i,l)}\Delta z^n_{j(i,l)}u^{n+\theta}_{j(i,l),k}\varepsilon^n_{j(i,l),k}-\\&\Delta t P_i(w^{n+\theta}_{i,k+1/2}\varepsilon^n_{i,k+1/2}-w^{n+\theta}_{i,k-1/2}\varepsilon^n_{i,k-1/2})+\\&\Delta t\sum_{l=1}^{S_i}s_{i,l}\lambda_{j(i,l)}\Delta z^n_{j(i,l)}\frac{c_\mu}{\sigma_\varepsilon}\frac{(k^n_{j(i,l),k})^2}{\varepsilon^n_{j(i,l),k}}\left(\frac{\varepsilon^n_{m(i,j),k}-\varepsilon^n_{i,k}}{\delta_j}\right)+\\&\Delta t P_i\left[\frac{c_\mu}{\sigma_\varepsilon}\frac{(k^n_{i,k+1/2})^2}{\varepsilon^n_{i,k+1/2}}\left(\frac{\varepsilon^{n+1}_{i,k+1}-\varepsilon^{n+1}_{i,k}}{\Delta z^n_{i,k+1/2}}\right)-\frac{c_\mu}{\sigma_\varepsilon}\frac{(k^n_{i,k-1/2})^2}{\varepsilon^n_{i,k-1/2}}\left(\frac{\varepsilon^{n+1}_{i,k}-\varepsilon^{n+1}_{i,k-1}}{\Delta z^n_{i,k-1/2}}\right)\right]+\\&\Delta t P_i\Delta z^n_{i,k}\left[c_1\frac{\varepsilon^n_{i,k}}{k^n_{i,k}}G^n_{i,k}-c_2\frac{\varepsilon^n_{i,k}}{k^n_{i,k}}\varepsilon^{n+1}_{i,k}\right]\end{aligned} \tag{6-81}$$

$$(k=m_i,m_i+1,\cdots,M^n_i)$$

式中：$k^n_{i,k\pm1/2}$、$\varepsilon^n_{i,k\pm1/2}$和$k^n_{j(i,l),k}$、$\varepsilon^n_{j(i,l),k}$——按迎风的方式取值。

可见，式(6-80)和式(6-81)均为三对角系统，考虑边界条件等，式(6-80)和式(6-81)可以直接求解。

4)数值求解过程

(1)初始化计算域及变量，更新边界条件。

(2)采用预条件共轭梯度法求解水位方程(6-60)，计算$\tilde{\eta}^{n+1}$。

(3)求解方程(6-51)、(6-53)和(6-56)，计算$\tilde{u}^{n+1}$，$\tilde{v}^{n+1}$，$\tilde{w}^{n+1}$。

(4)求解压力方程组(6-74)和(6-76)，计算非静压修正项$\tilde{q}^{n+1}$。

(5)计算新时刻的流速u^{n+1}，v^{n+1}和w^{n+1}，通过将$\tilde{q}^{n+1}$代入方程(6-61)、(6-62)和(6-63)，w^{n+1}的计算也可以直接求解(6-77)。

(6)通过式(6-66)计算新时刻的水位η^{n+1}。

(7)求解紊流模型方程(6-80)和(6-81)，计算k^{n+1}和ε^{n+1}，然后通过式(6-43)计算ν_T^{n+1}。

(8)以最新计算结果作为初值返回第(2)步，进行下一时刻的计算，直到整个计算过程结束。

6.4.3　三维模型计算域确定、网格划分及有关参数确定

三维计算关注的重点是沱江和长江汇合口区域三维水流结构，为泥沙冲淤理论分析提供依据。为减小三维模型计算量，同时又包含足够的计算范围，三维模型计算域确定取二维模型中汇合口上下游一定范围作为计算域，图6-33标出了局部三维计算域在二维计算模型中的位置范围。图6-33以三维形式给出了三维模型计算域岸线及水深情况。三维模型上下游边界、糙率分布数据等由二维模型计算结果提供。

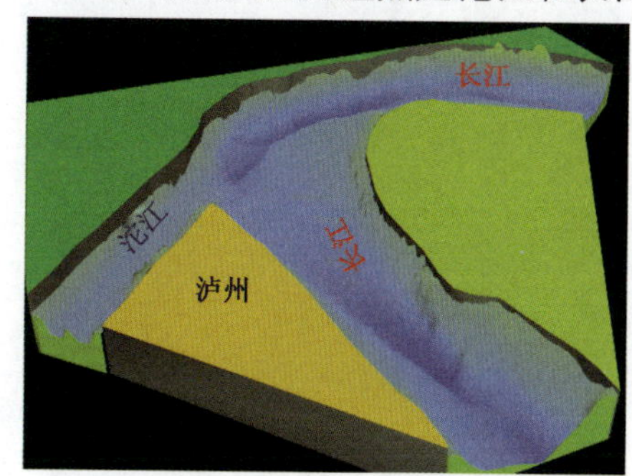

图6-33　三维模型计算范围

三维模型平面采用三角形网格，垂向采用分层网格，为保证汇合口区域计算精度，在该区域进行网

格加密，网格最小尺度为1.5m，保证了附近丁坝能够被正确反映，其他区域通过逐渐过渡方式加大网格尺度，最大网格尺度50m，如图6-34所示。整个平面范围内网格节点11 600个，单元22 666个，垂向分为5层。

计算区域内，河道糙率分洪水、中水、枯水三个流量级分区取值，保证模型水位、流速验证。在三维方程求解过程中，由于水面与滩地交界处水深较小，针对不同流量级时而露滩时而漫滩，为了准确模拟水陆交界处水流形态，模型采用了干湿判别的动边界处理技术。设定干滩临界水深 h_1（模型中取 $h_1=0.001$m），湿滩临界水深 h_2（模型中取 $h_2=0.01$m），当某时刻控制体水深小于 h_1 时，如果相邻控制体的水深小于 h_1，则该控制体为干滩，此时在界面上没有质量和动量的交换，如果相邻控制体的水深大于 h_1，则该控制体为半干滩，此时在界面上有质量交换、没有动量交换；当 n 时刻控制体水深大于 h_1 同时小于 h_2 时，如果相邻控制体的水深小于 h_2，则该控制体为半干滩，此时在界面上有质量交换、没有动量交换，如果相邻控制体的水深大于 h_2，则该控制体为湿滩，此时在界面上有质量、动量交换，按正常方法计算。

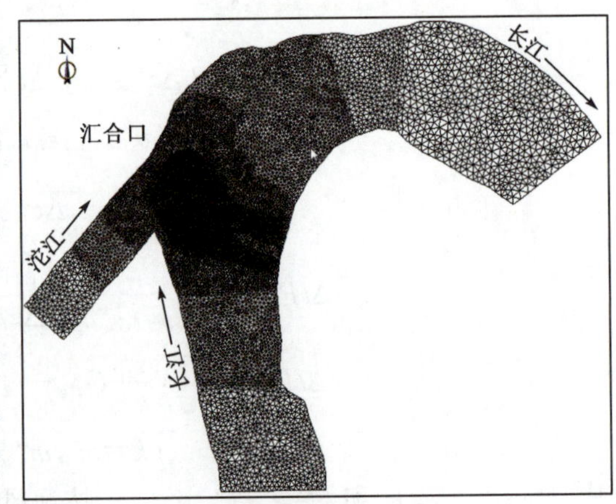

图6-34　三维模型网格划分

6.4.4　三维模型验证

利用该区域枯水、中水、洪水三个流量级下的实测水位和流速资料，对模型进行验证，所有验证点坐标与二维验证保持一致。由于实测流速通过水面释放的漂浮物进行测定，所以，对流速的验证采用三维计算结果中的表面流速进行验证。表6-12～表6-14给出了落在模型域内的枯水、中水、洪水三个流量级下的实测水位验证结果，图6-35～图6-37给出了落在模型域内的枯水、中水、洪水三个流量级下的实测流速验证结果。

枯水期模型域水位验证表（长江流量3 310.7m^3/s，沱江流量75m^3/s）　表6-12

水　尺	网格断面	距离(km)	实测水位(m)	计算水位(m)	计算—实测(m)
7号左	123	3.1	224.243	224.170	−0.073
9号左	144	3.7	224.199	224.180	−0.019
10号右	130	3	224.114	224.110	−0.078
11号左	161	4.3	224.188	224.170	0.030
12号右	159	3.6	224.134	224.100	−0.014
13号左	173	4.8	224.14	224.110	−0.024
14号右	174	4	224.126	224.120	−0.006
沱江	113	6.7	224.287	224.270	−0.017

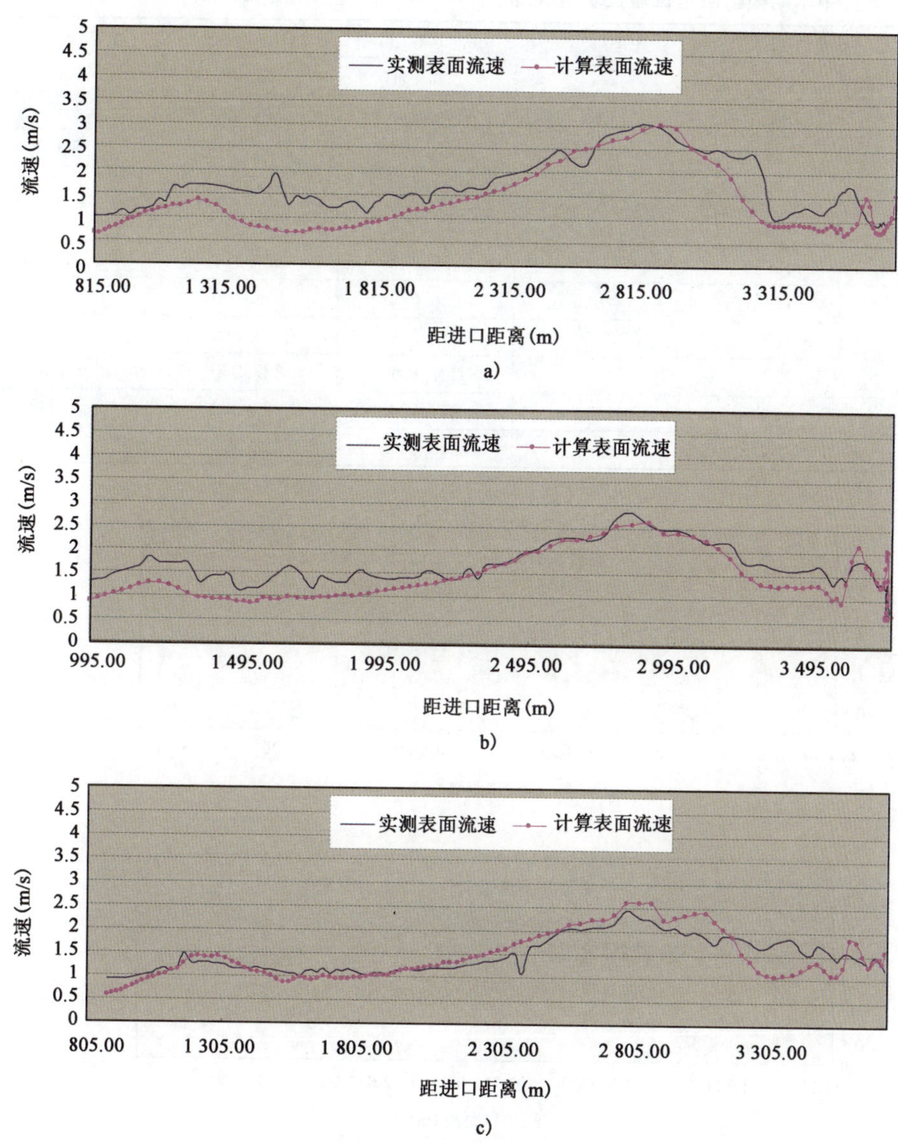

图 6-35 枯水期水文断面流速验证

a)1 号水文断面;b)2 号水文断面;c)3 号水文断面

由水位验证结果可知,所有验证点的水位偏差值小于 10cm,满足规范要求。实测流速是通过水面放置浮标球实施测量的,显然所测量得到的流速值是河道表面流速值,它应该对应三维流场计算结果的最上层流速。所以对流速的验证通过三维计算的表面流速进行验证比较,这样验证比二维计算结果验证更为合理、更符合现场实际。因为二维计算通过沿水深积分平均抵消了沿垂向流向不一致的流速,使得流速结果小于表面流速值,尤其是在像汇合口这样具有明显上下层流向不一致的区域表现更为显著。通过三维流速验证结果表明流速计算结果与实测结果一致,尤其在汇合口附近区域,流速验证误差更小。模型验证成功,可以用来进行方案工况计算。

中水期模型域水位验证表(长江流量 9 840m³/s,沱江流量 250m³/s)　　表 6-13

水　尺	网格断面	距离(km)	实测水位(m)	计算水位(m)	计算—实测(m)
5 号左	115	2.7	228.134	228.141	0.007
6 号右	103	2.0	228.212	228.270	0.058
7 号左	123	3.1	228.082	228.110	0.028
8 号右	112	2.5	228.154	228.160	0.006
9 号左	144	3.7	228.038	228.120	0.082
10 号右	130	3.0	227.888	227.950	0.062
11 号左	161	4.3	228.023	228.100	0.077
12 号右	159	3.6	227.878	227.885	0.007
13 号左	173	4.8	227.881	227.860	−0.021
14 号右	174	4.0	227.794	227.862	0.068
沱江 1 号	113	6.7	228.121	228.110	−0.011

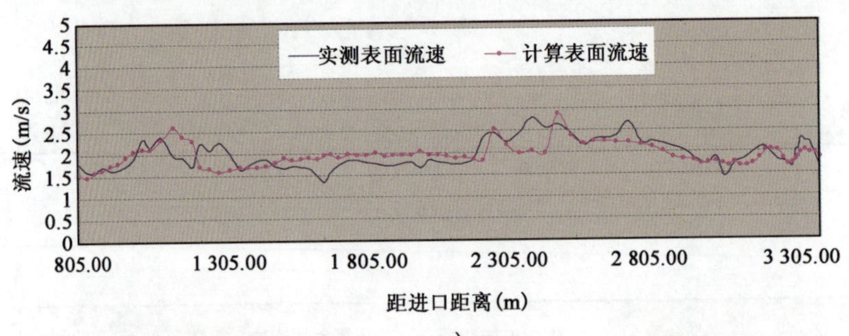

a)

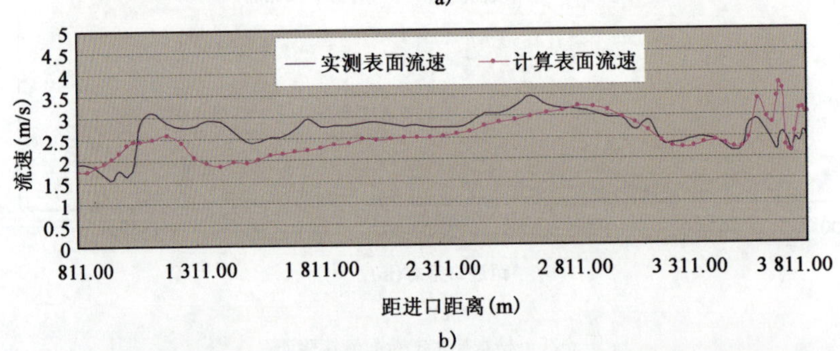

b)

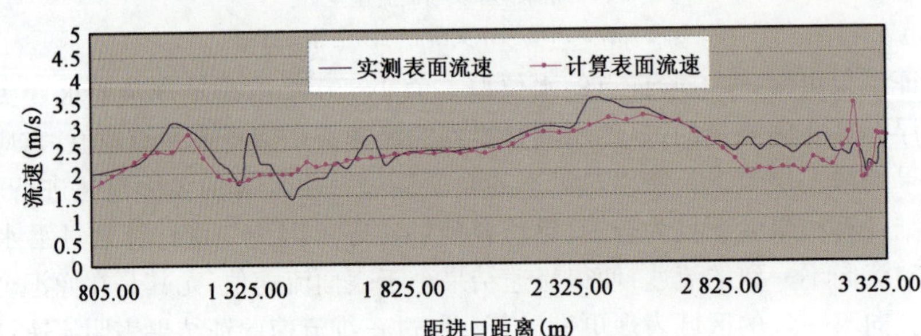

c)

图 6-36　中水期水文断面流速验证

a)1 号水文断面;b)2 号水文断面;c)3 号水文断面

洪水期模型域水位验证表(长江流量 17 546m^3/s,沱江流量 400m^3/s) 表 6-14

水 尺	网格断面	距离(km)	实测水位(m)	计算水位(m)	计算—实测(m)
22 号左 2	89	1.20	231.820	231.735	−0.085
30 号左 2	100	1.77	231.710	231.718	0.008
35 号左 2	106	2.10	231.670	231.630	−0.040
40 号左 3	111	2.34	231.640	231.625	−0.015
49 号左 2	128	2.82	231.580	231.600	0.020
51 号左 1	131	2.92	231.570	231.577	0.007
59 号左 3	148	3.37	231.470	231.537	0.067
66 号左 3	165	3.73	231.460	231.454	−0.006
71 号右 1	172	3.97	231.350	231.434	0.084
81 号右 1	187	4.69	231.200	231.125	−0.075
沱江 1 号	113	6.87	231.667	231.680	0.013

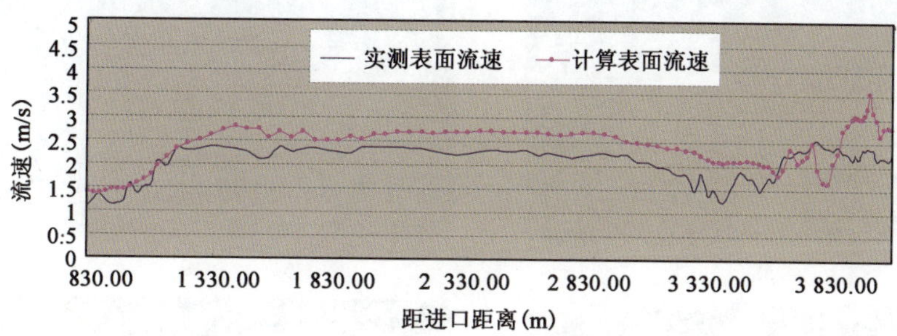

a)

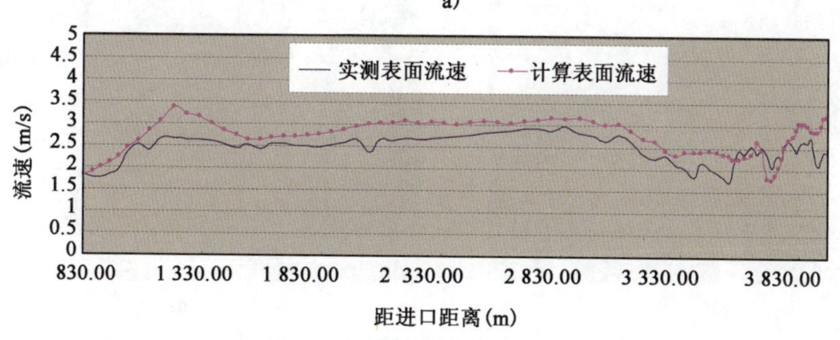

b)

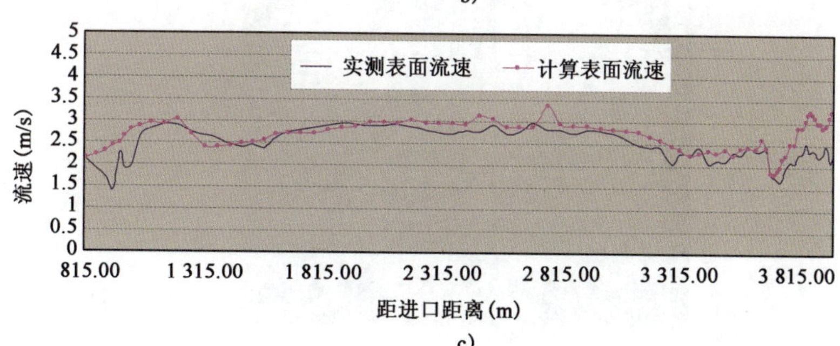

c)

图 6-37 洪水期水文断面流速验证

a)1 号水文断面;b)2 号水文断面;c)3 号水文断面

6.4.5 不同工况下汇合口三维水流结构计算分析

对应于二维计算中具有代表性的工况 3、工况 4、工况 6、工况 8、工况 13，利用上述三维模型逐一进行了方案计算。

三维计算的目的在于认清汇合口区域流场的三维水流结构，分析水流三维特性，进而提高对汇合口区域泥沙冲淤机理的把握。

首先从表面流入手，分析汇合口区域流场三维特点。

图 6-38 表示 5 种工况下区域表面流场，图中以透明图层方式绘制了水面，表示出了各工况水位变化。从中可以看出，汇流比较大时(工况 4、工况 6)，长江、沱江两股水流在汇合区域

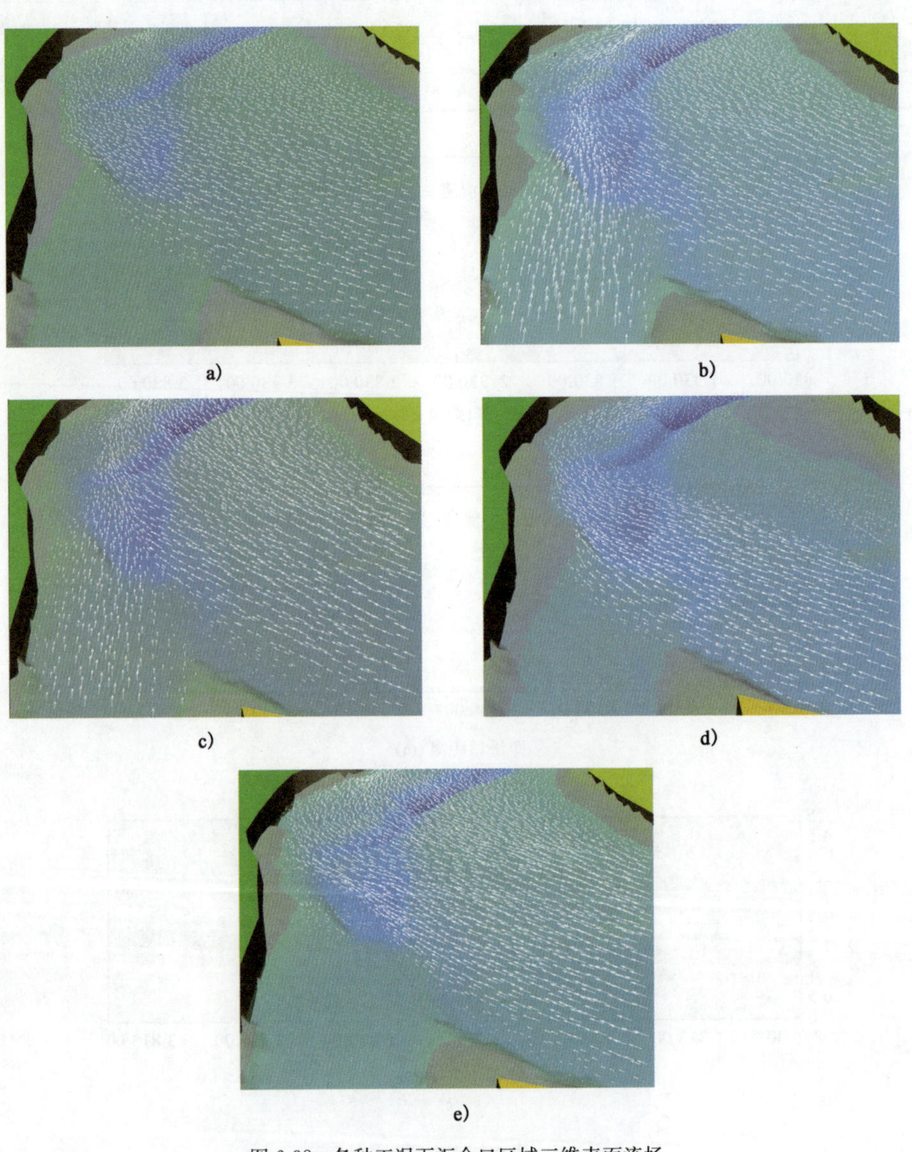

图 6-38　各种工况下汇合口区域三维表面流场

a)工况 3;b)工况 4;c)工况 6;d)工况 8;e)工况 13

相互挤压，存在明显分界线，成为“剪切层”。两股水流交汇点，存在一个水流流速很小的“停滞区”，“停滞区”流速小，有利于水体携带泥沙的沉积，造成该区域泥沙淤积。在汇合区沱江支流一侧，也存在“停滞区”，通过流场动画可以明显看出，该“停滞区”存在明显的水流翻滚现象，即存在明显垂向流动水体，该“停滞区”大小与汇流比大小、水位高低有直接关系，汇流比越大，沱江支流受压制越小，“剪切层”位置越远离支流一侧，使得“停滞区”面积加大，水位较高时，支流一侧漫滩面积较大，增大了“停滞区”的面积。汇流比较小时（工况 3、工况 8、工况 13），沱江水流不足以顶托长江水流，使得汇合区域水流呈现长江水流主导的现象，没有明显的“剪切层”出现，汇合口水流特点不明显。

其次从截面流场分析区域水流特征。

选取典型工况 6 和工况 13 进行分析。给定高程值，以水平方式截取汇合区域截面流场，见图 6-39a)、b)图中黄色代表表层截面，红色代表最下一层截面，黑色代表中间层截面。最下一层截面位置在深槽内，受地形制约，截面流向两者基本一致；表层截面流向存在明显差异，工况 6 状况下，受沱江水流顶托水流从交汇点开始表层水体流向开始偏转，而工况 13 长江水体只是受到地形制约才开始变向的；中间截面流场也表现出了两股水流相互作用、相互影响的特点。

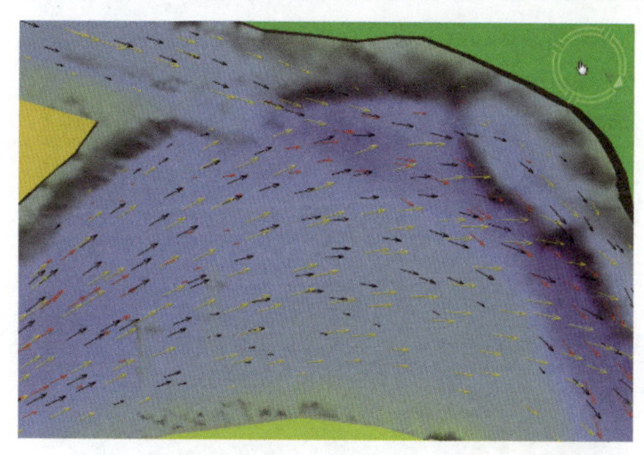

a)

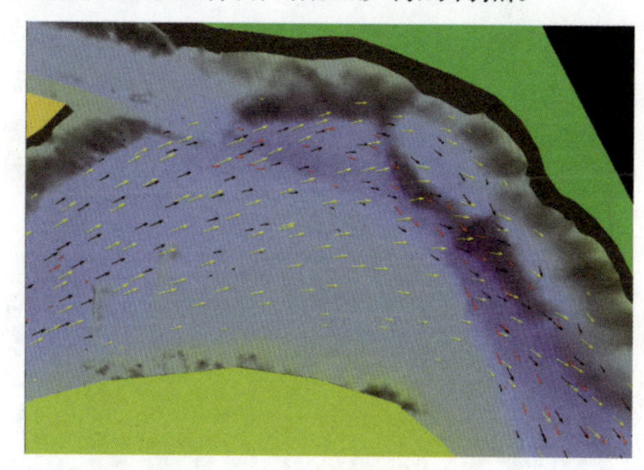

b)

图 6-39　两工况下汇合口水平截面流场

a)工况 6；b)工况 13

图 6-40a)、b)是汇合区横向垂直截面流场图，图中以多截面同时显示方式给出了沿程若干个垂直横截面的投影流场。工况 6 截面流场由两侧指向汇流交界面，即上述“剪切层”，汇流交界面处有明显的垂向流速，流速方向向下，越到深槽，垂直向下流速分量值越大，到水流恢复区截面流场出现逆时针漩涡流，表示充分混合后的水体是以螺旋流形式向下流动的；工况 13 没有出现由两侧指向汇流交界面的截面流场形式，其流场在接近左岸时出现向下垂向流，水流恢复区截面流场与工况 6 一致。

图 6-41a)、b)是两工况沿江纵向垂直断面流场图，各截面流场都表现为水深变大出现垂向流速分量的特点。

为考察汇合区横向水面变化，选择如图 6-42a)所示的两个截面位置对工况 6、工况 13 进行研究。截面起始点均在左岸，通过获取随离开断面起始点不同距离的水位变化值，绘制水面高程变化曲线如图 6-42b)～e)。各断面均表现出左岸水面高于右岸水面的规律，工况 6 水面高程差值约 20cm，工况 13 约 15cm，这是由于长江是主流，流量远大于沱江支流水量，在汇合区长江主流水体会对沱江水体形成挤压，从而使左岸水位雍高。文献[9]记载汇合口水面形态呈中间高两边低的马鞍形，为此，特选择汇流比最大的工况 4 进行进一步研究，绘制出两个对应截面位置处的水面高程变化曲线如图 6-42f)和 6-42g)，从图中可以看出该特征，尤其是 6-42g)更为明显。由此可以得出结论，在不同的汇流比情况下，汇流区横向水面变化情况是不同的。

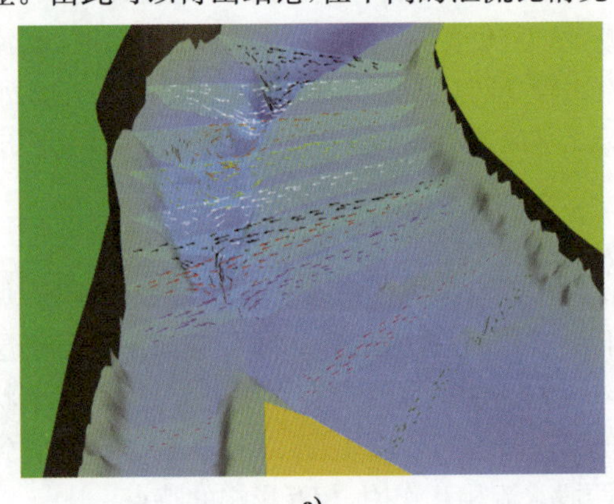

a)

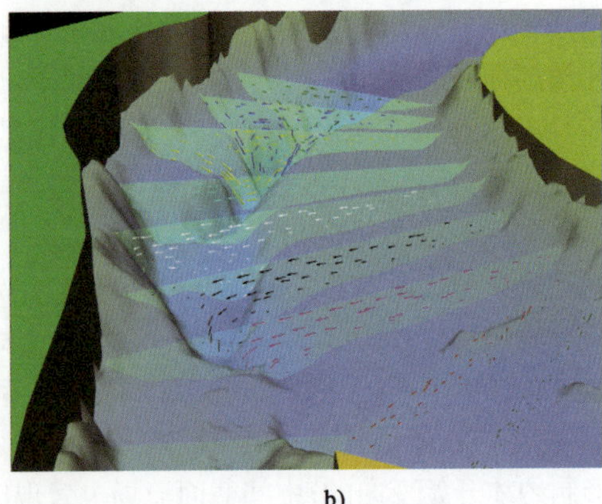

b)

图 6-40 两工况下汇合口横向垂直截面流场

a)工况 6；b)工况 13

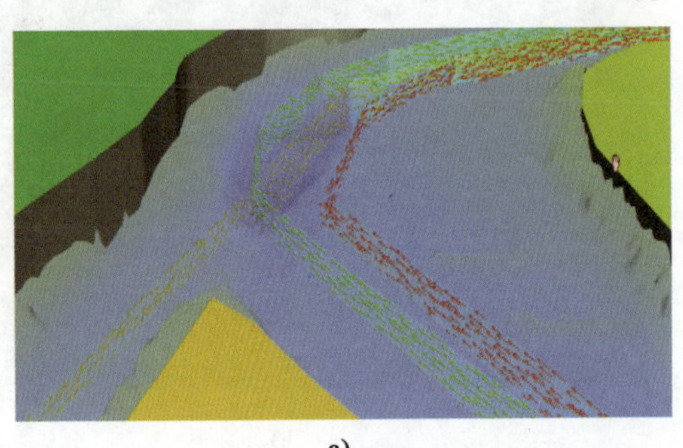

a)

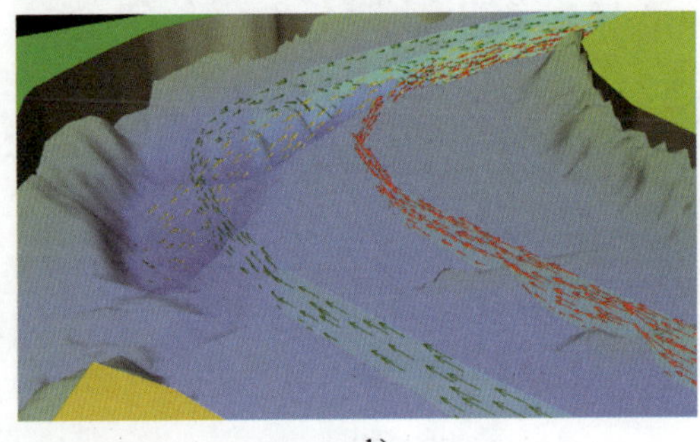

b)

图 6-41 两工况下汇合口纵向垂直截面流场

a)工况 6；b)工况 13

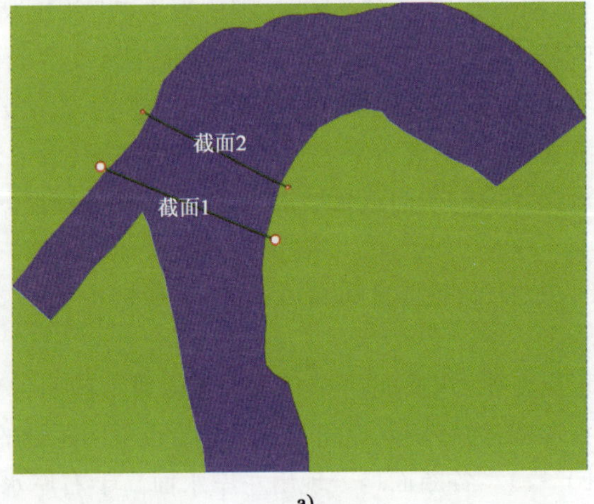

a)

图 6-42

截面1水平线
234.5
234.3
234.1
233.9
233.7
233.5
水面高程(m)
0
200
400
600
800
1 000
离岸距离(m)
b)
截面2水面线
234.5
234.3
234.1
233.9
233.7
233.5
水面高程(m)
0
100
200
300
400
500
600
700
800
900
离岸距离(m)
c)
截面1水平线
232.1
231.9
231.7
231.5
231.3
231.1
水面高程(m)
0
200
400
600
800
1 000
离岸距离(m)
d)
截面2水面线
232.1
231.9
231.7
231.5
231.3
231.1
水面高程(m)
0
100
200
300
400
500
600
700
800
900
离岸距离(m)
e)

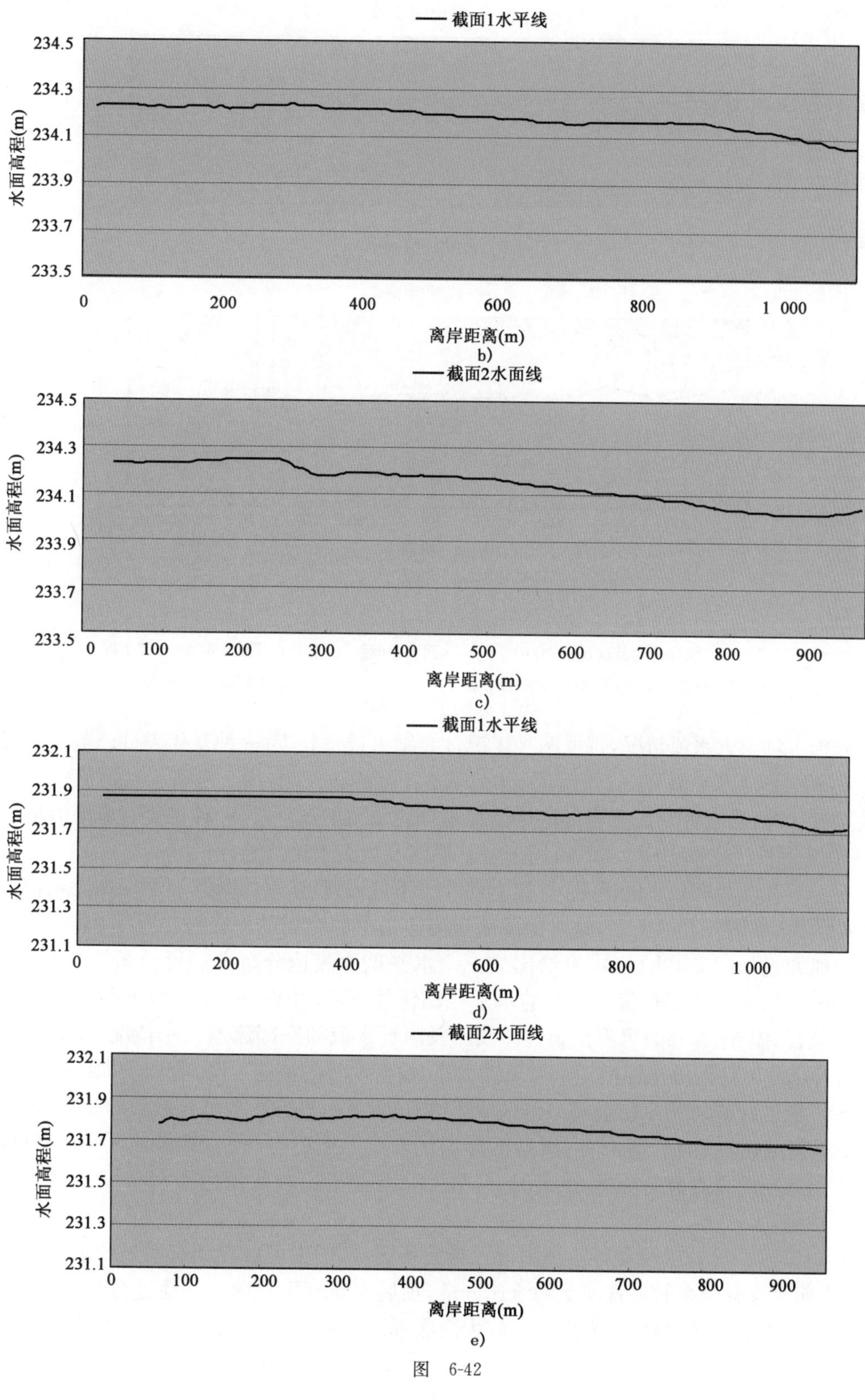

图　6-42

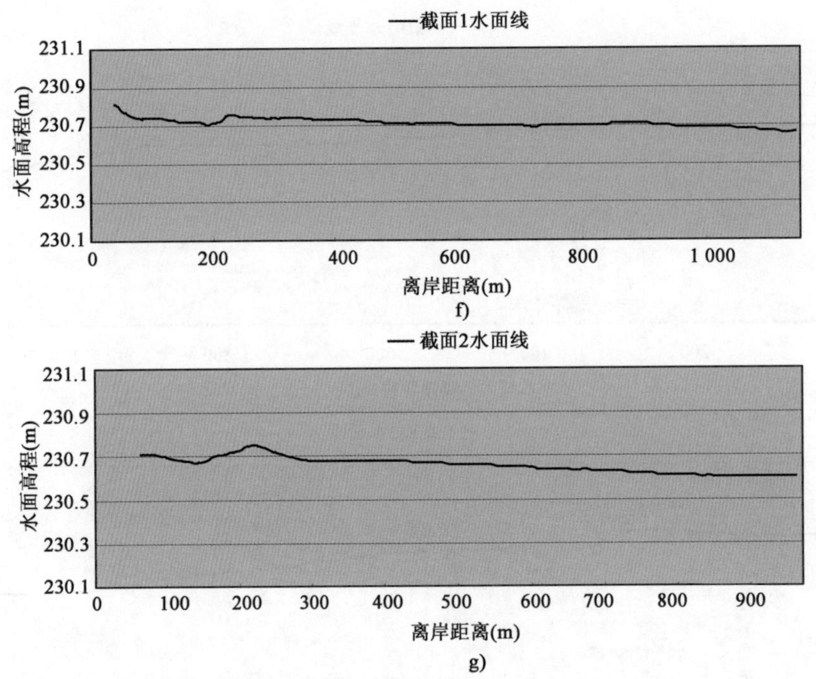

图 6-42　各种工况下截面水面线

a)考察横向水面线变化的截面位置图；b)工况 6 截面 1 水面线；c)工况 6 截面 2 水面线；d)工况 13 截面 1 水面线；e)工况 13 截面 2 水面线；f)工况 4 截面 1 水面线；g)工况 4 截面 2 水面线

为分析丁坝附近水流情况，选取两种工况计算结果进行分析：一种是代表日调节最大流量的工况 8，该工况下长江流量 4 343m^3/s，水流基本不能越过丁坝，用于考察丁坝挑流作用效果及坝头水流状况，看金钟碛浅滩底部流速情况是否达到预期效果；另一种是代表造床流量的工况 3，该工况下长江流量 10 200m^3/s，用于考察坝间及坝头水流状况。

工况 8 下长江具有较小的流量，丁坝上部几乎不过流，长江水体基本被丁坝挑流至较为靠近江心的位置，如图 6-43a)所示，这对保障航道流速是十分有用的。在该工况下，金钟碛浅滩处底部流速通过如图 6-43b)、c)、d)给出的三个水平截面流速分布图进行分析，它们分别为 219m、220m、221m 三个高程值下截取的水平截面流场图，其中图 6-43b)、c)可明显看到金钟碛浅滩的位置，图 6-43c)、d)可看出金钟碛浅滩及附近水流的底部流速大小情况，尤其通过图 6-43d)可看出浅滩处的流速保持了上游流速大小，没有明显的流速下降，有利于泥沙冲刷。为考察坝头可能的冲刷情况并在垂向上对区域流速有所认识，进行了多垂直截面的流场分析，图 6-44a)是垂直截面的平面位置图，三组截面分别代表沿丁坝走向、沿主流方向、穿过丁坝且垂直丁坝走向方向的垂直截面流场，该工况下，两坝间流速很小，坝头流速不大，不会造成丁坝堤头的严重冲刷。

图 6-44b)～d)为造床流量下丁坝附近三维流场图，从图中可以看到有明显的水流越过丁坝现象，坝前水流有较大的垂直向上的流速分量，坝后水流有垂直向下的流速分量，这也验证了坝后水毁现象的存在，两坝间表面流速较大而底部流速很小，从而使得泥沙有利于沉积在两坝之间。

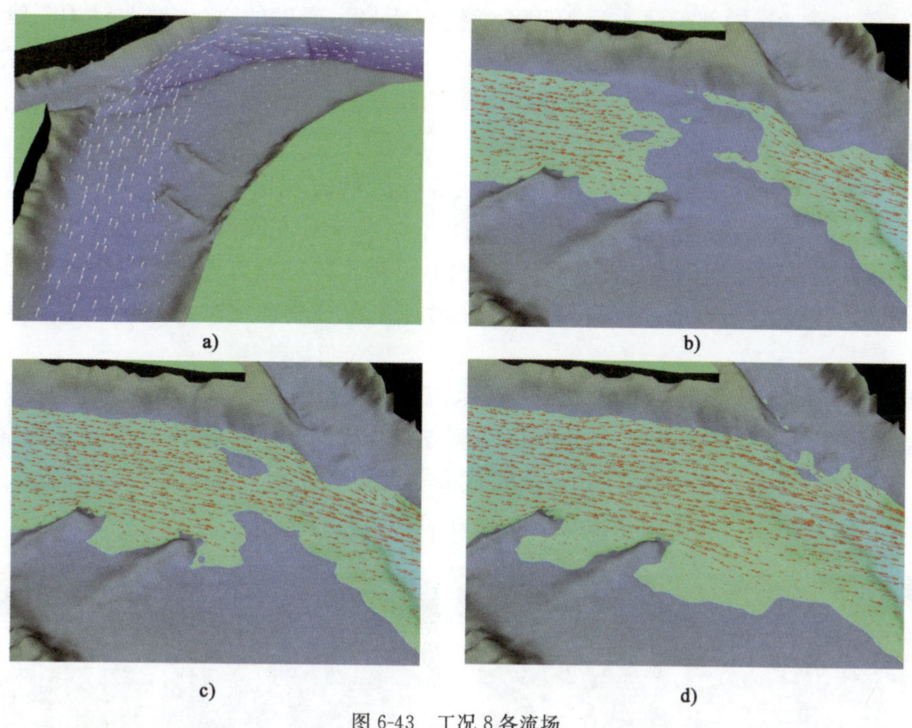

a)　b)　c)　d)

图 6-43　工况 8 各流场

a)丁坝附近表面流流场;b)高程 219m 的水平截面流场 c)高程 220m 的水平截面流场;d)高程 221m 的水平截面流场

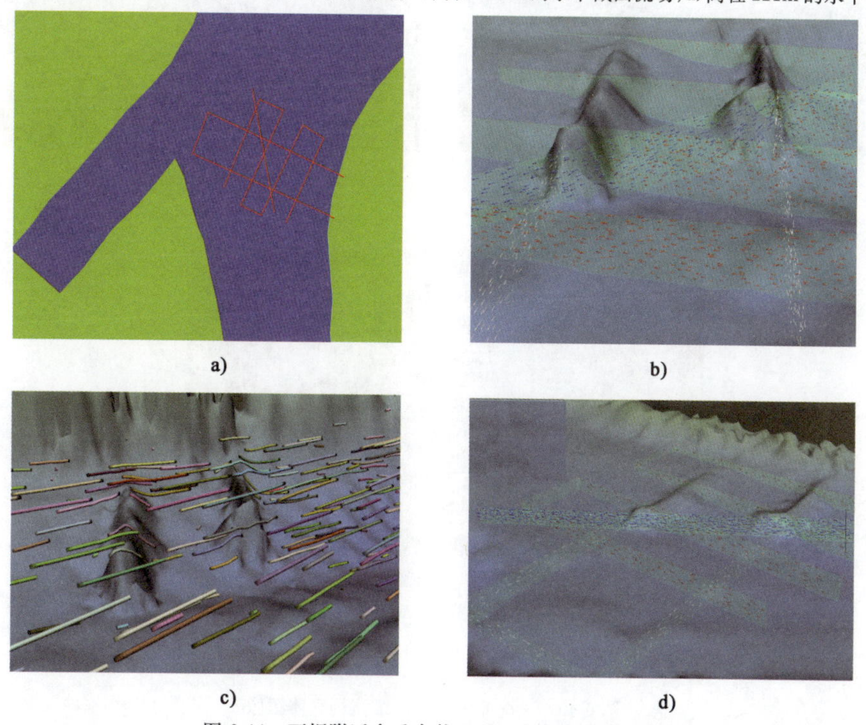

a)　b)　c)　d)

图 6-44　丁坝附近多垂直截面平面走向位置示意图

a)丁坝附近多垂直截面平面走向位置示意图;b)工况 8 沿丁坝走向垂直截面流场;c)工况 8 沿主流方向垂直截面流场;d)工况 8 穿过丁坝且垂直丁坝走向方向截面流场

最后，通过交通运输部天津水运工程科学研究所自主研发的“立体式水动力三维仿真系统”软件对各工况进行三维流场仿真，观察汇合口三维流场特点。该软件以拉格朗日法描述三维流场，通过立体仿真技术制作三维流场的立体动画，通过立体播放和必要的支持设备，实现对真三维流场内部结构的仿真和观察。

通过三维流场计算结果仿真，各工况下汇合区流场表现出明显的三维特性：汇合区存在横向流速分量，使三维示踪粒子有横向运动；汇合区深槽和左侧浅滩区域水流垂向运动特点十分明显，示踪粒子由表面到底部或从底部到表面，形成水体的翻滚现象；汇合区右侧浅滩水流总体变化平缓，垂向流动不明显；深槽内水体在沿江主流和垂向流动共同作用下呈螺旋前进态势。

图 6-45 列举了工况 6 汇合口区域的三维水流仿真模拟结果，三幅图片分别代表了三维立体影像某一帧图像被分解为左、右通道及以红蓝方式合成的立体影像图片，为便于观察垂向流场变化，图像经过了垂向放大，图中每一圆管代表了经过若干时间步长示踪粒子经过的路径，这类似于迹线，它显示出示踪粒子流速大小和方向。

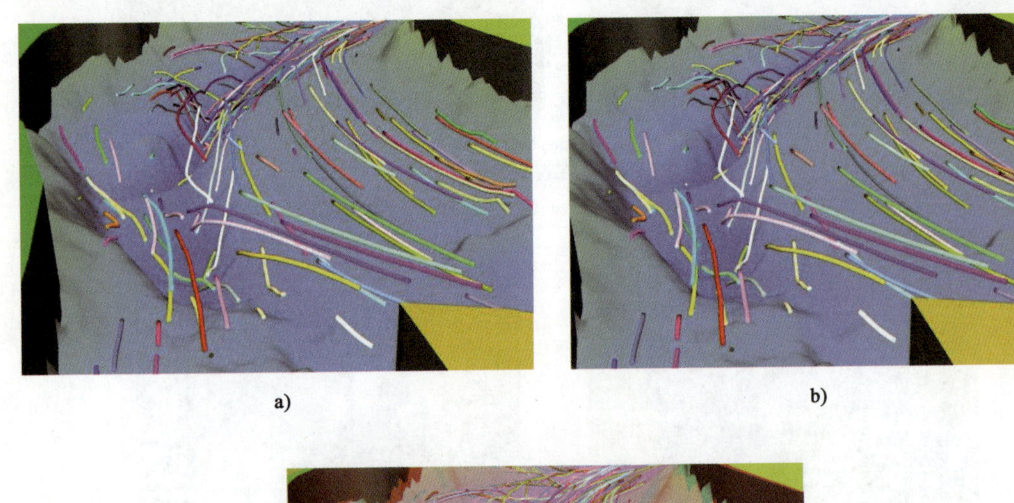

a)　　　　b)

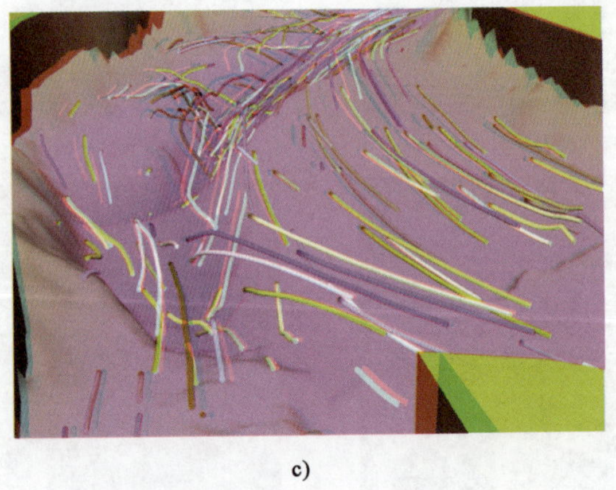

c)

图 6-45　工况 6 汇合口三维流场立体图像

a)三维流场左通道立体图像；b)三维流场右通道立体图像；c)三维流场红蓝立体图像

第7章 干支流汇合口港口码头布置及航道维护技术

鉴于干支流汇合口水沙运动规律的复杂性，本章内容以泸州港及其所处沱江河口为重点，研究了干支流汇合口港口码头布置原则及航道维护技术。

7.1 泸州市港口码头现状

7.1.1 港口发展历史

泸州古称江阳，1913年开始创办轮船运输公司，1932年建成泸州第一座码头，1950年成立了重庆港务管理局泸州营业站，1986年更名为泸州市港口管理局。泸州港主要以区间客运为主，并辅以利用自然岸坡开展少量的货运业务。改革开放后，特别是“九五”以来，泸州港先后建成了泸天化化肥码头、密溪沟煤炭出口码头、金鸡渡件杂货码头、龙溪口作业区一期工程和中海油油品码头等一批专业化泊位，泸州港的运输能力和服务水平得到了全面提升[78]。

1996年前市辖有泸州、纳溪、泸县、合江和古蔺5个港口，1996年后，四川省逐步对全省港口进行整合，将纳溪港、泸县港、合江港、古蔺港等都纳入泸州港的范畴。

7.1.2 泸州港设施状况及总体规划

1)港口设施状况

(1)港区分布及现状。泸州港码头泊位主要分布于长江干线两岸，另外赤水河、永宁河和沱江也有少量简易码头[79]。截至2007年年底，全港共有生产性泊位174个，其中千吨级以上泊位34个，占用岸线长度为12 852m，年货物通过能力为939万t，其中集装箱年通过能力为5.2万TEU。泸州港现有纳溪、中心、合江、古蔺4个港区(图7-1)，各港区具体情况如下[80]：

①纳溪港区：现有码头泊位33个，其中千吨级以上泊位13个，占用岸线长度为2 196m，占用土地为122 278m^2，年通过能力约为214万t。码头集中分布于长江右岸安富镇野鹿溪至麻柳沱一段，主要有泸天化、麻柳沱、立石盘、火炬等码头。泸天化和火炬为企业专用码头，主要承担化肥等化工产品运输；麻柳沱、立石盘则主要经营煤炭、矿建材料等散货业务。永宁河内码头泊位规模小，设施简易，除泸天化404专用码头外，其余码头大多为自然岸坡。

②中心港区：集中了泸州港的大型专业化集装箱、件杂和专用油品码头等，现有码头泊位42个，其中千吨级以上泊位13个，占用岸线长度约为5 807m，占用土地为411 468m^2，年通过能力约为352万t。泸州港的主要专业化码头都集中在中心港区，包括金鸡渡、国际集装箱、中

海油等码头。其中国际集装箱共有 1 000t 级多用途泊位 1 个,在建泊位 2 个,主要为成渝经济带的集装箱运输服务;金鸡渡码头则承担古叙地区煤炭中转业务,中海油码头共有 3 个油品专用码头,为企业专用码头。另外,区内还分布着众多的从事煤炭、建材运输的中小码头。

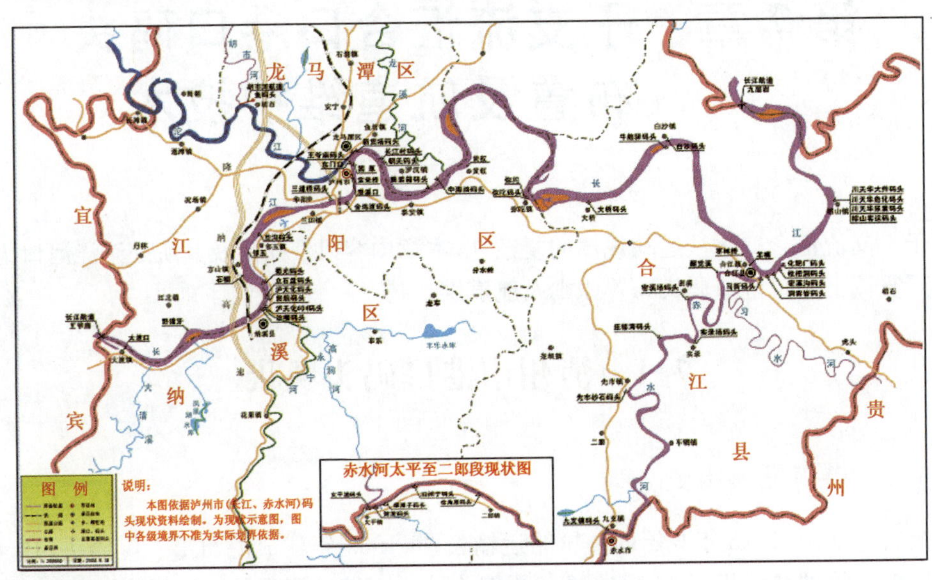

图 7-1 泸州港现状图

③合江港区:合江港区现有码头泊位 39 个,其中千吨级以上泊位 8 个,占用岸线长度约为 2 814m,占用土地为 143 163m²,年综合通过能力约为 280 万 t。合江港区长江沿线码头主要有密溪沟、川天化、马街等码头。其中密溪沟和马街沿线码头主要承担来自古叙和黔北地区煤炭的集散,川天化是企业专用码头,主要运输化肥等化工产品。

④古蔺港区:位于赤水河上游,现有码头泊位 60 个,码头分布于太平渡和沿滩子一线,均依托自然岸坡形成,堆场面积狭小,装卸工艺多为简易滑槽,全部为煤炭出口码头。

(2)集疏运系统现状。

①水路:境内有长江干流及沱江、赤水河等支小河流 12 条,常年通航里程 855km,其中长江干线境内全长 137km,1 000t 级船舶可全年通航,洪水期可通行 3 000t 级船舶。

②公路:现有隆纳高速与成渝高速相连,西南公路出海通道经过泸州,可直达广西防城、北海。

③铁路:现已建成隆昌至纳溪铁路,目前纳溪至叙永铁路正加紧建设。

④泸州港现有码头大部分都没有道路进出港专用,泸州集装箱码头一期有一条二级专用道路与隆纳高速路相连;近几年新建的个别码头设有部分专用道路与临近的城市公路相连。港口的集疏运系统相对薄弱,与泸州港的地位不相匹配,限制了港口功能的发挥,水运优势没有得到充分利用。

⑤沱江航道:泸州段熨斗背至管驿咀全长 43.5km 为 VI 级航道,由于沱江干流金堂至泸州河段 503km 已建的 10 个枢纽主要以水电开发为主,部分梯级之间水位不衔接,影响通航能力。

2)岸线利用规划

根据泸州市岸线资源特点和相关规划(图 7-2),综合考虑近期建设及长远发展需要,规划利用各类岸线总长约 38 390m,其中规划宜港岸线 26 606m,宜港岸线中已利用 7 680m,规划期内拟新利用宜港岸线 6 315m,预留宜港岸线 12 610m。

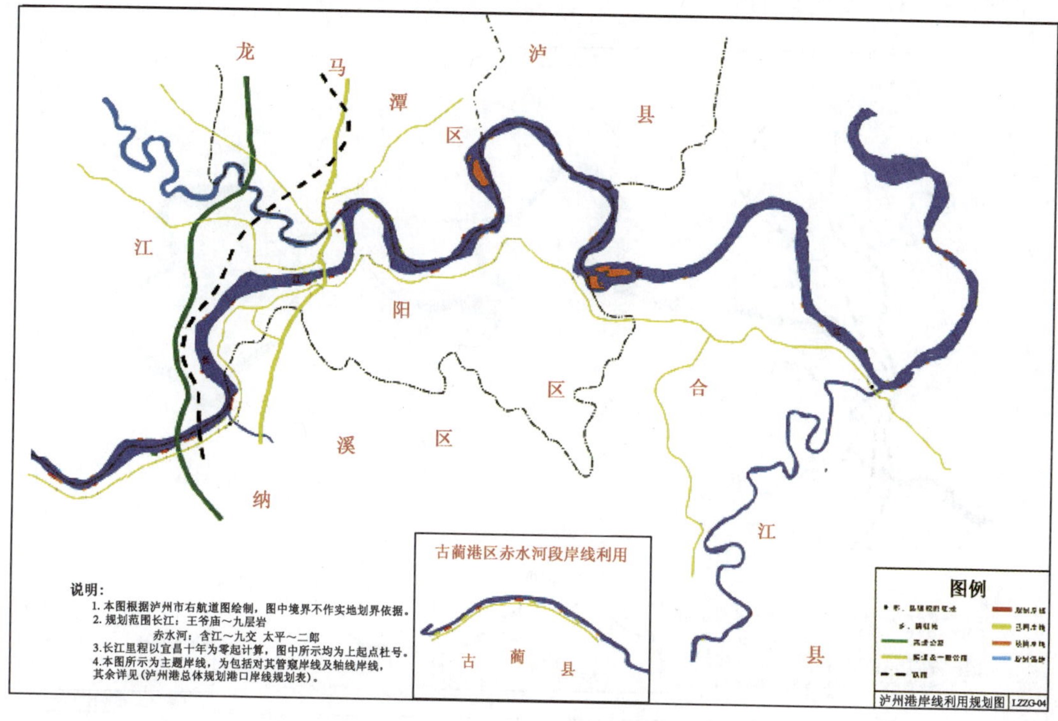

图 7-2 泸州港岸线利用规划图

①纳溪港港区。纳溪港区规划利用岸线 17 段,其中已部分利用岸线 9 段。

②中心港区。中心港区规划利用岸线 49 段,其中已部分利用岸线 32 段。

③泸县港区。泸县港区规划利用岸线 2 段。

④合江港区。合江港区规划利用岸线 36 段,其中已部分利用岸线 20 段。

⑤古蔺港区。古蔺港区规划利用岸线 9 段,其中已部分利用岸线 5 段。

3)港口总体规划

(1)规划原则。

整合港口岸线资源。从实现泸州港的总体功能出发,整合港口岸线资源,提升岸线的利用效率和服务条件。

①专业化分工。根据港口岸线的水陆域条件,统一规划,合理布局,使各港区功能分工明确,逐步提高专业化水平。

②完善港口功能。规划应充分重视港区陆域、水域、装卸机械、集疏运通道之间的配套与协调,确保港口综合能力的发挥。

③协调港城发展。正确处理港城关系,港区规划与城市总体规划相协调,相互促进,共同发展。

(2)陆域布局规划。

①港口划分。

根据码头所处的地理位置、行政区划、自然条件、开发利用现状，结合港口交通条件、城市总体规划、产业布局、运输需求等，将泸州港划分为纳溪港区、中心港区、泸县港区、合江港区和古蔺港区(图 7-3)。各港区的范围为：

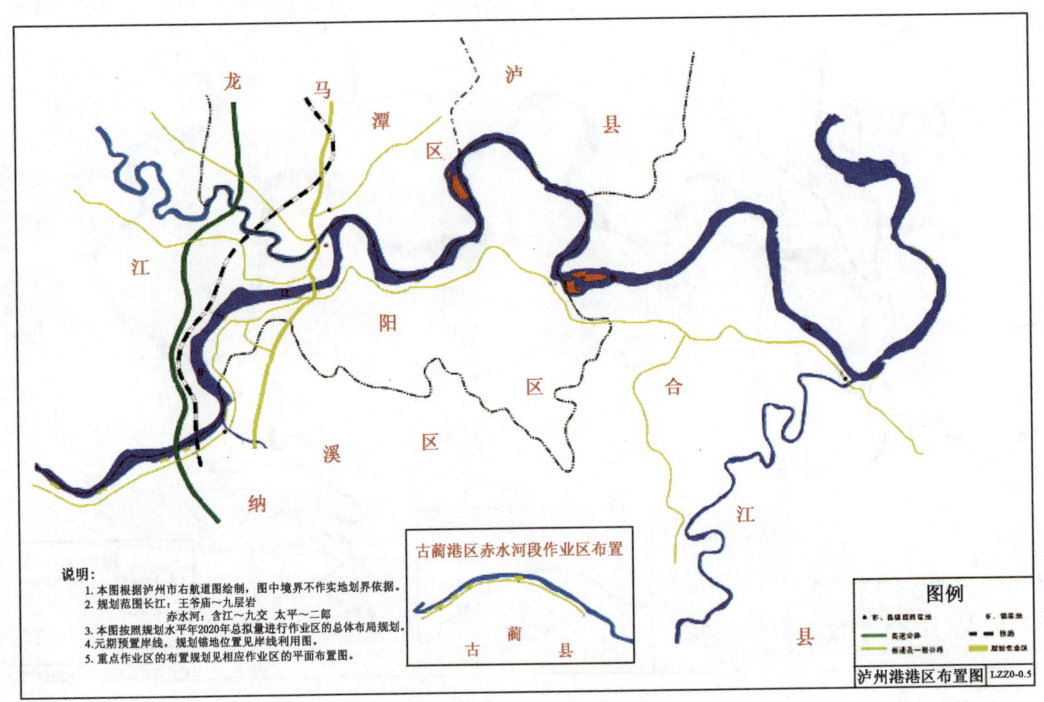

图 7-3 泸州港港区布局图

纳溪港区：长江右岸大渡口王爷庙至纳溪区麻柳沱下游端；永宁河自炸烂子至河口。

中心港区：长江左岸董坝码头至石灰溪，长江右岸麻柳沱下游端至弥沱；沱口至沱江一桥至河口。

泸县港区：长江左岸石灰溪至新路口。

合江港区：长江右岸新路口至五马判，长江右岸弥沱至界石盘；赤水河九支至河口。

古蔺港区：赤水河太平渡至二郎。

②主要货种作业区规划。

A. 集装箱。集装箱运输作为一种现代化的运输方式，对港口码头的陆域条件、集疏运通道及相关的配套设施都有相当高的要求，一般来说集装箱作业区宜成规模集中布置。

泸州港现有的国际集装箱作业区位于龙溪口，现有一个泊位，今后的发展最多只能再建 3 个泊位，且后方条件不佳，4 个泊位吞吐能力仅能达到 25 万 TEU。今后 2020 年吞吐量要达到 50 万 TEU，则要开发新集装箱作业区，从综合角度考虑，且沟岸线水陆域条件较好，是集装箱作业区比较理想的港址。

B. 煤炭。为古叙和黔北地区的煤炭运输中转服务是泸州港一个非常重要的功能，对于其腹地范围内的资源开发具有十分重要的意义。但煤炭运输相对来说污染较大，应远离市区范围。因此对于泸州港煤炭作业区的位置选择主要遵循“两头一边”、“相对集中”原则，“两头”即纳溪区和合江县，“一边”即古蔺县。根据泸州市城市发展的要求，中心港区的煤炭作业区将逐步减少。

C. 主要港区的功能划分。结合港区的交通条件、运输需求以及主要货种作业区规划等，泸州港各港区的主要功能如下：

a. 纳溪港区。随着纳叙铁路的建成，该港区将发展成为泸州港铁水联运港区，主要为古叙地区转运煤炭、非金属矿石等大宗散货服务，同时该港区还承担了纳溪化工园区的工业产成品、城市建设所需的矿建材料和其他散杂货的运输服务。

其主要作业区有：永利作业区、香炉石作业区、石龙岩作业区、酒精厂作业区、泸天化作业区、立石盘作业区。

b. 中心港区。该港区是泸州港的集装箱港区，主要为成渝经济带的集装箱运输服务，同时还将承担临港工业园的原材料、产成品运输以及城市发展所需的散杂货的运输服务。

其主要作业区有：方山作业区、旦沟作业区、蓝田坝作业区、金鸡渡作业区、泰安作业区、龙溪口作业区。

c. 泸县港区。该港区主要为泸县钢厂以及威远钢厂的铁矿石中转和部分本地煤炭外运和工业产成品提供运输服务。

d. 合江港区。该港区主要为贵州北部和古叙地区的煤炭运输服务，同时还将承担后方化工园区原材料、产成品运输以及城市发展所需的散杂货的运输服务。

其主要作业区有：密溪沟—枇杷沟作业区、榕山作业区、邓沱作业区、李子坝作业区、车辋毛坝作业区。

e. 古蔺港区。该港区主要为古叙地区煤炭外运服务，同时兼顾部分城镇发展和居民生活所需的物资运输。

7.1.3　港口生产运营状况

泸州港不仅为四川的进出口货物提供服务，同时其特殊的地理位置也使其成为云南、贵州、西藏、青海、甘肃、陕西等省（自治区）的部分地区最为便捷的长江出海通道，担负着沟通南北，连接东西的重要任务。

近几年随着地方经济的发展和港口建设的深入，吞吐量有所上升。2007 年泸州港吞吐量为 1 317 万 t，同比增长 35.9%，其中出港 856.5 万 t，进港 460.5 万 t。主要货类为煤炭、矿建材料、非金属矿石、化肥。2007 年至今，泸州港吞吐量每年都超过 1 000 万 t。

2003 年 7 月，泸州港正式开始集装箱运输业务，当年完成 1 655TEU；2004 年完成8 535 TEU，2005 年完成 21 475TEU，2007 年完成 5.2 万 TEU，年均增长速度 137%。2009 年泸州港集装箱吞吐量达到 7 万余 TEU。集装箱班轮可以从泸州直航上海。

近年来泸州港吞吐量发展呈现以下特点：

(1)港口吞吐量多年停滞，近年来总量规模增长较快。2000 年以前，由于腹地经济发展总体水平不高，同时受航道条件限制和三峡大坝的施工影响，港口吞吐量多年徘徊，增长缓慢。2000～2007 年，随着经济社会的快速发展和港口基础设施条件的改善，吞吐量增长明显加快。

(2)吞吐量构成以出港为主,内贸物资占绝大多数。港口吞吐量构成以出港为主,1996年以来出港货物一直占全港吞吐量的70%左右。港口货物基本为内贸运输,主要运往重庆等地及长江中下游地区;外贸运输刚刚起步,货物总量偏少,近年来随着对外贸易的发展,进出口货物的比重有所增加。

(3)煤炭、矿建材料、非金属矿石、化肥四大货类占据主导地位。受腹地资源条件、经济结构特点等影响,长期以来泸州港基本形成了以煤炭、矿建材料、非金属矿石、化肥为主的发展格局。

(4)煤炭、石油是港口最主要的增长点。1990年至今,泸州港煤炭吞吐量持续快速增长,尤其近几年受煤电油运紧张影响,煤炭吞吐量保持稳定增长,是泸州港最主要的增长点和最大的货类。2004年后随着美国科氏集团沥青项目、中海油沥青项目的引进,泸州港石油运输从无到有,迅速增长,是港口未来发展新的增长点。

(5)集装箱运输发展势头良好。2002年12月18日,四川省唯一的出海口岸——泸州国际集装箱码头全面竣工,正式投入运行,改变了四川省没有内河水运口岸的状况。虽然四川省内河集装箱运输开展的时间不长,但发展势头良好。自泸州国际集装箱码头运营以来,内河集装箱运量发展迅速,由2003年的0.2万TEU发展到2007年的5.2万TEU,内贸集装箱班轮从泸州直航上海。

7.1.4 口岸及港口物流状况

泸州港是四川省第一大港、长江上游枢纽港、国家二类开发口岸,是全国28个内河主要港口之一,是四川省及西南地区对外物资交流的重要口岸。2003年9月,成都海关驻泸州办事处成立,设有海关、商检、海事等口岸检查检验机构。因业务量和两税的迅速增长,目前正在申报国家一类开放口岸。泸州市的物流产业总体上看,处于由传统物流向现代物流转型的初级阶段,并且物流活动中运输环节主要采用公路运输,占所有交通方式的77.3%,其次是水路运输,占所有交通方式的11.4%,铁路运输仅占3.2%,港口物流的发展水平较低。

7.2 汇合口港口码头选址的建议

7.2.1 港口码头选址的基本要求

1)港口码头选址的总体原则

按照山区河流的特点,结合码头选址的水陆域要求,在山区河流上,一般在河道的顺直微弯河段、岸坡为岩石的由弯道形成的深沱和河道卡口上游河段内选择码头位置。

在顺直微弯河段的凹岸,当河床和岸线比较平顺时,各水期的流态比较平稳,洪、枯主流的流向差别不大,纵向的河床变形及横向的河道平面变形小,具有船舶靠泊的水域条件和岸坡稳定的陆域条件,适宜于选址修建码头。

在岸坡为石质的由弯道形成的深沱内,虽然在洪水期主流流向取直于沱外,使沱内形成回流区而发生淤积。但由于洪水期水位高,水深值仍较大,对靠泊码头及行驶于码头前的船舶所需的航行水深能完全满足。水位降落至中、枯水期,主流逐渐变弯,沱内淤积的沙卵石逐步被冲刷出去,沱的水深值仍然能满足船舶所需水深。洪水期因主流取直,在沱内回流不大,回流与主流间产生的“二流水”不影响船只进出靠离码头时，这一类型的河段适宜于选址建设码头。是否满足上述条件，在选址时应进行必要的观测、分析工作。

在河道卡口上游，如河床断面较宽，则洪水期水流条件平缓，在中、枯水期水流偏向的河岸一侧，如岸线稳定，船舶靠泊的水域条件较好，适宜选址建设码头。在河岸的另一侧若岸坡、边滩稳定，也可选址建设码头，但需要结合洪、枯水期水边线之间的差别考虑，若差距大，则可采取中洪水停靠泊位与枯水停靠泊位分离的平面布置，即中洪水期泊位靠近河床岸坡，枯水泊位建于中枯水期水边的边滩附近。此时枯水码头面标高应高出中洪期码头底标高一定的水位变动范围，以便在使用上衔接起来。

在顺直河段或沱内选址建设码头，应尽可能地避免设计的水工建筑阻水挑流导致影响码头前的流态和造成局部的淤积。对实体建筑要求稍高于原岸坡地面，如需突出达到一定高度时，应考虑透空的结构形式。

2)码头选址应考虑的具体因素

(1)码头所在河段河床稳定，水流平顺，水域宽阔且有足够水深的水域可供布置船舶停靠的泊位和锚地，并保证在通航期内为船舶靠离码头及转头提供方便、安全的水域条件。

(2)码头应选择在地质条件好、岸坡稳定的河段。

(3)具有足够的岸线长度及陆域宽度，用以布置前方作业地带、道路、库场及生产辅助设施。以保证港口码头工作便利，周转迅速，并使之具有远景发展条件。

(4)符合港口经营管理和城市建设要求。客货码头以及直接为城市服务的货运码头应当布设在市区内，中转及水陆联运码头宜设在市郊。

(5)厂矿专用码头要与厂区紧密结合，距离不宜太远，联系要方便。

3)山区河流不宜选址的几种河段

(1)宽谷河段中河岸为抗冲刷性差的沙泥质弯曲河段。

(2)冲淤变化不平衡的宽浅河段。

(3)岸坡较为平缓，洪、枯水位期水面宽度变化较大的河岸。

(4)岸坡稳定性差的河岸。

7.2.2　汇合口港口码头选址建议

针对长江上游汇合口港口码头的实际情况，在新的水沙条件下，利用相关研究成果，结合泸州港的具体情况，提出以下汇合口港口码头选址建议。

(1)汇合口处基本上位于城市中心地带，城市建筑物较多，后方陆域有限，且汇合口水域流态紊乱，汇合口下端存在一定淤积，因此不宜布设大型码头作业区，可适当布设一定的客运码头和工程维护性码头。

(2)在新的水沙条件下，由于上游来沙减少，且流速有一定增加，冲刷一侧的码头岸线泥沙淤积会减少，码头工程前沿线布置可适当后退，减少对主航道的影响，同时也减少了建设工程量及造价。

(3)上游水利枢纽的建成后，水位变幅将增大，加之清水下泄流速增大的影响，港口码头前沿建筑物及基础部分需进一步加强，防止水流的侵蚀和淘刷，同时码头的系泊设施也应当加强。

(4)根据5.4.2研究成果可知,在新的水沙条件下,泸州港汇合口最高通航水位会有所降低。因此,在汇合口港口码头工程设计时,可充分考虑这一因素,合理地降低港口码头建设费用。

7.3 汇合口通航条件及航道维护情况

7.3.1 沱江汇合口通航条件

1)历史上船舶航行情况

金钟碛暗碛潜伏江中,将河道分为左右两槽,历史上右槽较浅,左槽较深,曾为枯水航槽,但弯曲、狭窄[81,82]。由于上游有二郎滩石梁挑流,滩段中部又有金钟碛碛翅暗浅,沱江出口处又有河口淤积浅区,束窄航槽形成卡口,而下游航道又极为弯曲,滩段碍航状况较为严重,在1997年前的枯水期船舶过滩极为困难。

枯水上行:枣子林外沿鸡心石泡外上,防困凼,沿鸡心石红标上,经右岸毛线碛、草鞋碛、茜草坝上行至茜草坝脑,慢车进入金钟碛左槽,过河至左岸,沿左岸泸州港区上行。注意防金钟碛暗碛。

枯水下行:船过二郎滩直走河心下,注意避让,至东门口左微舵依左岸,进入金钟碛左槽,随弯转向,右防金钟碛暗碛。船至管驿嘴,右微舵转向,船至豆芽沱,向吊洞滨岩出漕,左防桥墩石和牌坊石。

船舶过此滩时须左防港区停靠船舶,右防金钟碛暗浅,特别是下水左槽,再沿金钟碛边缘和港区船舶之间通过,最后还需绕金钟碛下端折向右岸,与沱江出口趋向一致,整个航线曲折,船舶转向频繁,船舶航行极为困难。

2)目前船舶航行情况

由于左槽航道淤积,1997年2月对金钟碛右侧进行疏浚,将金钟碛右槽开辟为主航槽,右槽顺直,自此过往船舶不再行驶左槽而改行驶金钟碛右槽。考虑到向家坝电站日调节和泄洪过程中,汇合口河段的流速、比降及流态均处于不断变化之中。流量增大的同时,其流速、比降较相应流量时的稳定流有一定程度的增大,船舶(队)逆水航行时,要克服水流阻力、坡降阻力以及附加惯性力,才能保持正常航行。

上行船舶:沿右岸毛线碛、草鞋碛、茜草坝上行至茜草坝脑,进入金钟碛右槽,过河至左岸,沿左岸泸州港区上行。

下行船舶:船过二郎滩直走河心下,循主流进入金钟碛右槽,随弯转向,左防金钟碛暗碛,右防茜草坝碛脑暗浅。自管驿嘴循主流偏左岸下行。

泸州港区来往船舶较多,横江轮渡频繁,通航环境复杂,上、下行船舶应加强瞭望,注意避让,谨慎通过。船舶下行,谨防落湾,防碰桥蹬石。

7.3.2 沱江汇合口航道维护情况

1)历史维护情况

金钟碛暗碛潜伏江中,将河道分为左右两槽,历史上右槽水浅,枯水期不通航;左槽较深,但弯曲、狭窄，曾为枯水航槽。1988 年 12 月～1989 年 3 月，对金钟碛左边碛翅进行疏浚，航槽得到拓宽加深，弯曲半径扩大，达到了 2.7m×50m×560m 的设计通航标准。但由于当时川江水运业正处于低迷时期，兰叙段通行船舶多为小型船，运量增长缓慢，对该段航道的维护标准要求不高，所以本段航道未能及时按Ⅲ级航道标准进行维护，航标配布也仅按内河二类航标及重点标分段配布。在对右槽进行整治前，汇合口段航道一直维护左槽，按 1.8m×40m×400m 维护，而且仅在枯水季节维护，上下行船舶均从左槽通行。后来由于泸州市进行城市滨江路建设，左槽航道淤积，1997 年 2 月对金钟碛右侧进行疏浚，开始封闭左槽，由于右槽顺直，将金钟碛右槽开辟为主航槽，开始维护右槽，但仅按 1.8m×40m×400m 维护。

2)实施泸渝段航道建设后的维护情况

长江与沱江干支汇合口航道是泸渝段航道的一部分。长江上游泸州纳溪(距宜昌 944km)至重庆娄溪沟(距宜昌 674.2km)河段(简称泸渝段)，是四川、贵州、云南、重庆重要的水上运输通道，是西南地区通往东、中部地区，通江达海的主要内河航运通道，是连接其他航道的主轴。该段航道具有大型山区河流航道的基本特征，水位变幅大、流速急、流态紊乱。受高原融雪及降水的影响，水位随季节呈规律性变化特征。洪水期 7～8 月间水位抬高，最高水位一般在 7 月下旬至 8 月上旬，枯水期在 1～3 月，最低水位一般出现在 1 月下旬至 3 月上旬。受河流平面形态及河床石嘴、石梁、暗礁等的影响，水流结构复杂，急流跌水、泡漩水、滑梁水、扫弯水等众多碍航流态的产生，形成了多处浅滩、险滩和急滩。

长江干线泸渝段，早在 1987 年至 1997 年，国家曾对其进行兰叙段一期和二期航道整治，按国家Ⅲ级航道标准，即航道尺度为 2.7m×50m×560m(水深×航宽×弯曲半径，下同)实施。其间对汇合口段航道也进行过两次整治。但由于建设周期过长，当时的设计方案和施工工艺尚存在一定的不足，加之在工程建成初期川江水运业正处于低迷时期，兰叙段通行船舶多为小型船，运量增长缓慢，对该段航道的维护标准要求不高，所以本段航道未能及时按Ⅲ级航道标准进行维护，航标配布也仅按内河二类航标及重点标分段配布。另外，由于河道的自然变迁、漂木对整治建筑物的破坏、川江上的无序挖沙采石以及设计单位对部分复杂滩险的碍航机理认识不足等，个别河段出现淤积时未能及时疏浚，致使该段航道的航道尺度不能达到 2.7m×50m×560m 的Ⅲ级航道标准，该段航道原仅按 1.8m×40m×400m 标准进行维护，限制了千吨级船舶的航行。随着 20 世纪末国家“西部大开发”战略的实施，西部经济快速发展，水运业开始复苏，并呈现良好的发展势头，特别是集装箱运量增长尤为迅速，至 21 世纪初泸渝段的航道等级和维护标准已不能满足沿江经济发展的需要，作为西南地区水运主通道的长江叙渝段航道日显重要。从 2005 年开始，国家投入大量资金对长江泸州纳溪至重庆娄溪沟段(泸渝段)航道进行了恢复性整治，该整治工程于 2005 年 10 月 18 日开工，历时 20 个月，上千名航道建设者对 270km 航道上的 11 个单项工程进行了整治修复，使泸州境内金钟碛、瓦窑滩、神背嘴和莲石滩等重点滩险得以较好治理，航道部门根据工程整治成果于自 2005 年 4 月 1 日起，充分利用自然条件，分时分段提高了泸渝段航道维护标准：

①2005 年 4 月 1 日，提高了合江至金碛子 16.0km 河段航道维护标准，该河段由原重点标配布提高到一类航标配布、一类维护。

②2005 年 9 月 1 日，提高了合江至兰家沱 99.8km 河段航道维护水深，航道维护水深由 1.8m 提高到 2.0m。

③2006 年 1 月 1 日，提高了九块田至兰家沱 17.8km 河段航道维护标准，由原来的未设标河段提高到一类航标配布，一类维护。

④2006 年 7 月 1 日，泸州纳溪至合江 102.0km 河段由原季节性维护，提高到一类维护。至此，泸州赵坝以下河段，实现全线、全年一类航标配布，一类维护，船舶实现全线全年昼夜通航。

⑤2008 年 1 月 1 日，泸渝段航道按建设标准进行试运行维护，航道维护水深由 1.8m 提高到 2.7m，由原来的Ⅳ级航道维护提高到Ⅲ级航道维护，航道维护水深从 1.8m 提高到 2.7m，常年航行船舶从 500t 级提升至 1 000t 级，并实现了泸渝段航道的昼夜通航。

⑥2009 年 4 月 30 日，泸渝段航道建设工程由交通运输部组织验收。自 2009 年 5 月 1 日，泸渝段航道按Ⅲ级航道标准进行正式维护，枯水期航道维护水深提高到 2.7m，中洪水期提高到 3.0m。

7.4 汇合口航标配布及航道维护技术

1)长江上游汇合口航标配布情况[83~85]

(1)宜宾合江门汇合口航道及航标配布。宜宾金沙江、岷江两江汇合口航道及航标配布情况见图 7-4 及表 7-1。

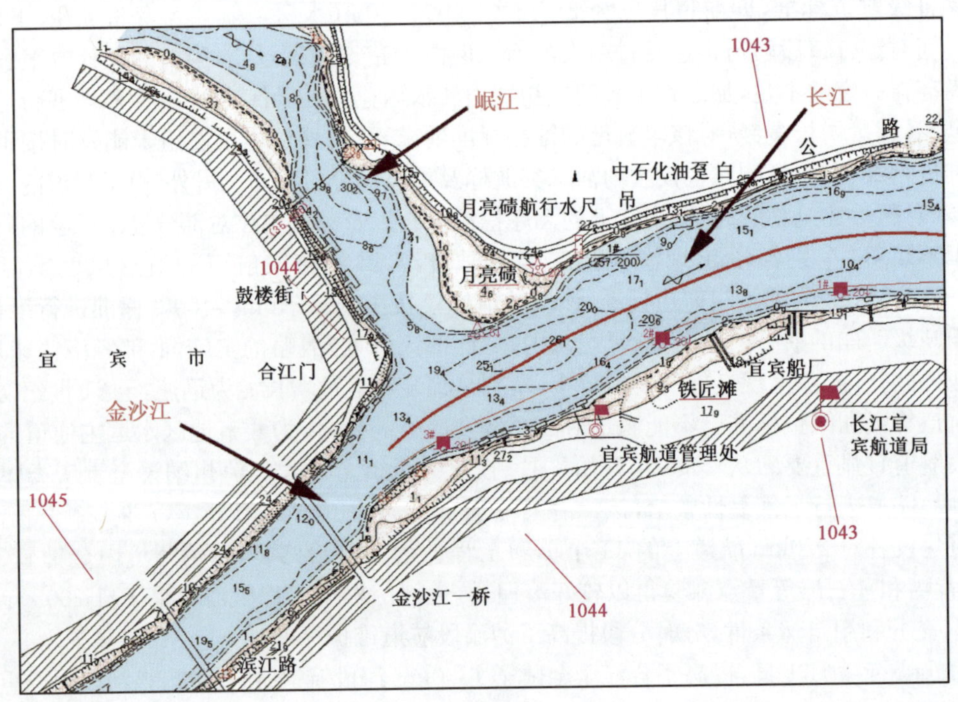

图 7-4 宜宾金沙江、岷江两江汇合口航道示意图

宜宾金沙江、岷江两江汇合口航标配布表

表 7-1

序号	标名	标位		航标类别及维护水位	关系水尺	备注
		岸别	距宜昌里程(km)			
1	合江门	左	1 043.7	☆全	月亮碛	塔标
2	月亮碛	左	1 043.8	△6↓	月亮碛	浮标
3	铁匠滩1号	右	1 042.9	■全	月亮碛	浮标
4	铁匠滩2号	右	1 043.3	■全	月亮碛	浮标
5	铁匠滩3号	右	1 044.0	■全	月亮碛	浮标

(2)纳溪汇合口航道及航标配布。泸州永宁河、长江两江汇合口航道及航标配布情况见图7-5及表7-2。

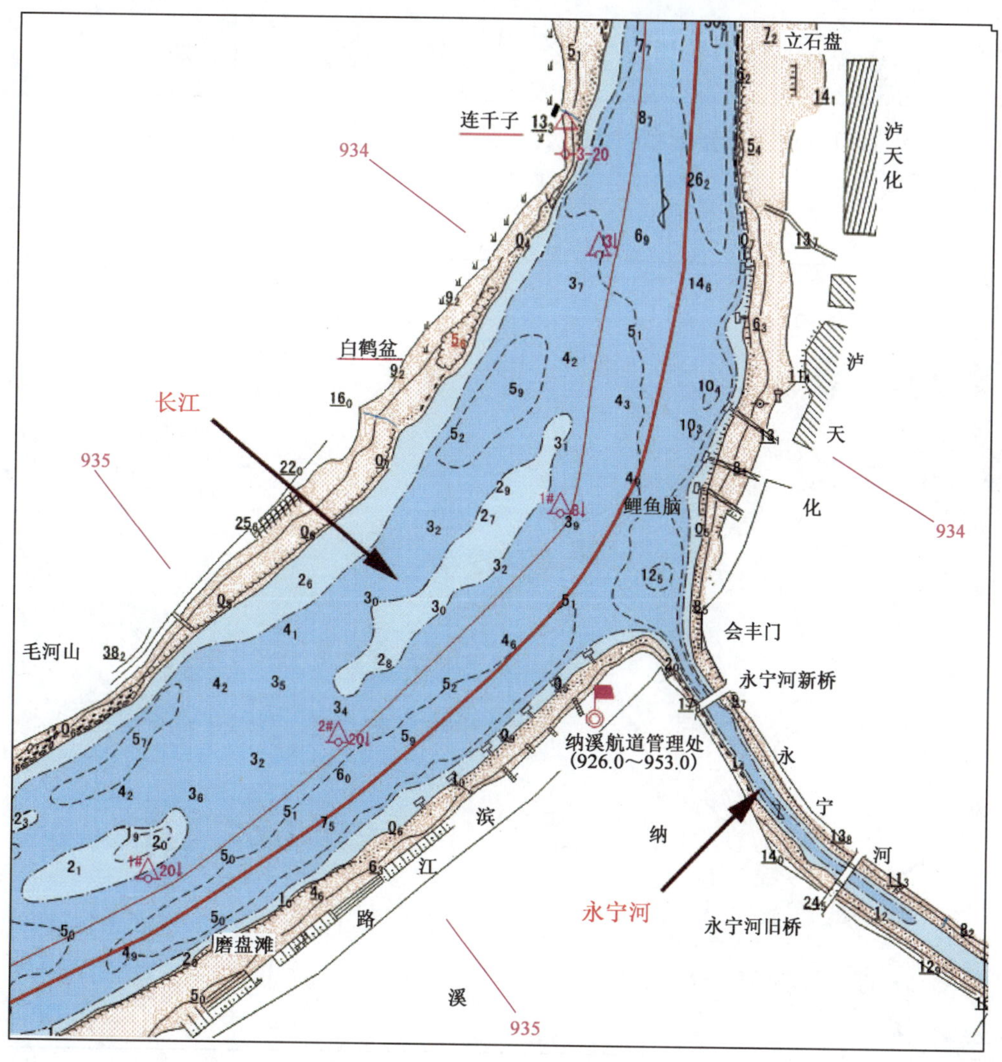

图 7-5 泸州永宁河、长江汇合口航道示意图

泸州永宁河、长江汇合口航标配布表

表 7-2

序号	标名	标位		航标类别及维护水位	关系水尺	备注
		岸别	距宜昌里程(km)			
1	连千子	左	933.9	△3↓ △3－20	观音背	浮＋杆
2	白鹤盆1号	左	934.4	△8↓	观音背	浮标
3	白鹤盆2号	左	934.9	△全	观音背	浮标
4	铁路大桥1号	左	935.4	△全	观音背	浮标

(3)合江汇合口航道及航标配布。泸州合江县赤水河、长江汇合口航道及航标配布情况见图 7-6 及表 7-3。

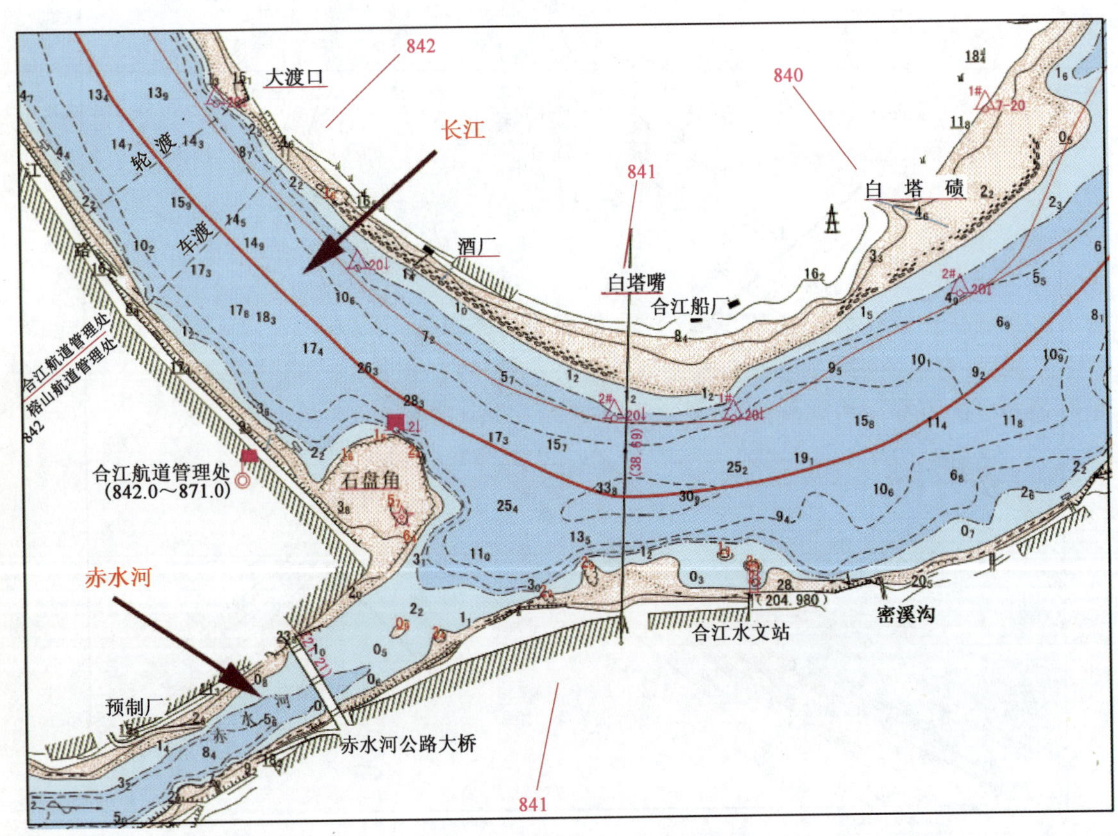

图 7-6　泸州合江县赤水河、长江汇合口航道示意图

泸州合江县赤水河、长江汇合口航标配布表　　　　表 7-3

序　号	标　名	标　位		航标类别及维护水位	关系水尺	备 注
		岸别	距宜昌里程(km)			
1	白塔碛 1 号	左	839.4	7↓ 7—20	王爷庙	浮标
2	白塔碛 2 号	左	840.0	全	王爷庙	浮标
3	白塔嘴 1 号	左	840.6	全	王爷庙	浮标
4	白塔嘴 2 号	左	841.0	全	王爷庙	浮标
5	酒厂	左	841.6	全	王爷庙	浮标
6	大渡口	左	842.3	全	王爷庙	浮标
7	石盘角	右	841.4	2↓	王爷庙	浮标

(4)重庆朝天门汇合口航道及航标配布。重庆嘉陵江、长江汇合口航道及航标配布情况见图 7-7 及表 7-4。

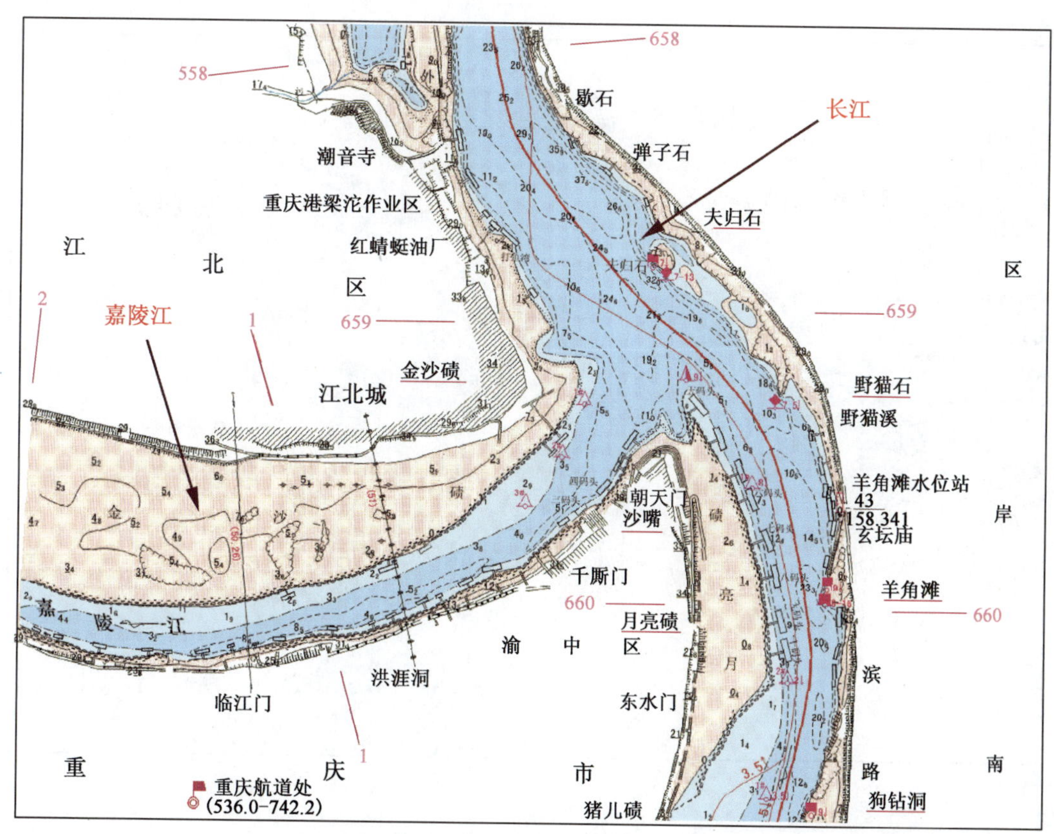

图 7-7　重庆嘉陵江、长江汇合口航道示意图

重庆嘉陵江、长江汇合口航标配布表

表 7-4

序号	标名	标位		航标类别及维护水位	关系水尺	备注
		岸别	距宜昌里程(km)			
1	沙嘴	左	659.0	9↓	重庆	浮标
2	月亮碛1号	左	659.5	8↓	重庆	浮标
3	月亮碛2号	左	660.1	2↓	重庆	浮标
4	猪儿碛1号	左	660.6	3.5↓	重庆	浮标
5	夫归石	右	658.5	7↓ 7—13	重庆	岸标＋浮标
6	野猫石	右	659.2	7.5↓	重庆	浮标
7	羊角滩	右	660.0	9↓ 9—16	重庆	浮标
8	狗钻洞	右	660.6	9↓	重庆	浮标

(5)涪陵汇合口航道及航标配布。重庆乌江、长江汇合口航道及航标配布情况见图 7-8 及表 7-5。

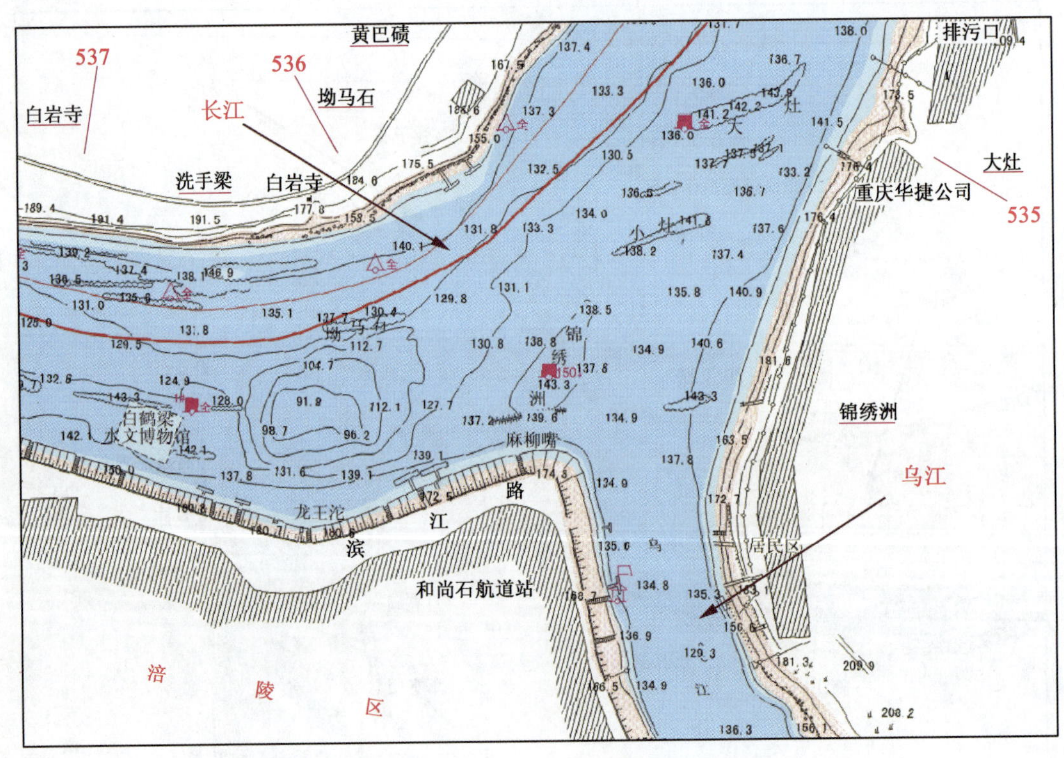

图 7-8 重庆乌江、长江汇合口航道示意图

重庆乌江、长江汇合口航标配布表　　表7-5

序　号	标　名	标　位		航标类别及维护水位	关系水尺	备　注
		岸别	距宜昌里程(km)			
1	黄巴碛	左	535.5	全	陡岩	浮标
2	坳马石	左	536.0	全	陡岩	浮标
3	洗手梁	左	536.6	全	陡岩	浮标
4	大灶	右	535.1	全	陡岩	浮标
5	锦绣洲	右	536.0	150↓(吴淞绝对高程)	陡岩	浮标
6	白鹤梁1号	右	536.7	全	陡岩	浮标

2)航标配布的原则

(1)航标配布应充分利用自然条件,并考虑船舶航行特点,简单明了地标示出安全、经济而又便于船舶航行的航道。

(2)按国家《内河助航标志》(GB 5863—1993)中的一类航标配布,航标配布的标准尺度为2.7m×50m×560m。

(3)按上行船舶航线配布航标。

(4)当航道一侧连续配布航标时,应保证在航道同一侧相邻的航标所标示的航道界限内有规定的维护水深。

(5)当航道宽度等于或小于两倍标准宽度时,航道两侧均应连续配布航标,标示航道方向和界限;当航道宽度大于两倍标准宽度时,仅在上行船舶航线一侧连续配布航标,标示航道方向和界限,另一侧根据航道条件,结合船舶航行特点,适当配布航标。

3)汇合口航标配布建议

针对长江上游泸州港及其他港口汇合口航道的实际情况,结合新的水沙条件,提出长江上游汇合口航标配布建议。

(1)主航道航标配布应按上行船舶航线一侧配布航标。

(2)航标配布宜布设在汇合口对岸一侧,远离流态坏、流速大的汇合水域和淤积区,以利上行船舶沿缓流航行,为行轮提供安全、经济、便捷的航道。

(3)由于汇合口位于船舶进出频繁的港区，趸船较多，而且夜间城市背景光强烈。因此沿岸配布的航标不宜过密，航标灯要明亮醒目。

(4)汇合口处均是城市中心地带，位置较为显著。因此宜在沿岸突出位置设置大型示位标，供过往船舶引用。

(5)在新的水沙条件下，泥沙减少，流速有一定增大，同时受上游水利枢纽调度的影响，水位变幅增大，因此，浮标宜大型化，且系缆设施要加强，确保航标的稳定性。

4)新的水沙边界条件下沱江汇合口航标配布方案

水深、航宽是影响航标配布的主要因素。在新的水沙边界条件下，由于受向家坝电站日调节影响，金钟碛滩河段，最小下泄流量较天然情况增大 345.59 m^3/s，相应河段水深也随之增加，河段 2.7m 水深等值线全部贯通，2.7m 以上水深过流宽度最小可以达到 200m 以上，较天然情况过流宽度增大 110m(按近期 2010 年 3 月测图看，航槽左右侧满足 2.7m 水深过流宽度大约 90m)，而且大于两倍标准航宽；水深也较天然情况下水深增加 1.0m。说明金钟碛浅滩在电站日调节下，水深、航宽增大，航道条件向好的方面发展。

由于金钟碛暗碛上水深达到 2.7m 以上，因而可将目前配布的金钟碛 1 号、金钟碛 2 号航标移向左岸，但由于左岸是泸州港区，未配布航标，因而可撤除金钟碛 1 号、金钟碛 2 号航标。

右岸由于水深增加大约 1.0m，可撤除茜草坝 4 号航标，将茜草坝 3 号航标右移，并提高维护水位；由于丁坝的存在，应在坝头位置各配布一座航标，标示整治建筑物的位置。

在新的水沙边界条件下，由于水深的增加，航道条件变好，可减少 3 座航标，详见航标配布表 7-6、航标配布图 7-9、图 7-10。

天然状态下及新的水沙条件下航标配布

表 7-6

序号	天然状态下航标配布				新的水沙条件下航标配布		
	标志名称及编号	岸　别	里程(距宜昌 km)	标志类别及配布水位	岸　别	里程(距宜昌 km)	标志类别及配布水位
1	茜草坝 3 号	右	912.0	3↓	右	912.0	20↓
2	茜草坝 4 号	右	912.3	3↓	撤除		
3	金钟碛 1 号	左	912.4	2↓	撤除		
4	金钟碛 2 号	左	912.6	2↓	撤除		
5	长液厂	右	912.7	20↓	右	912.7	20↓

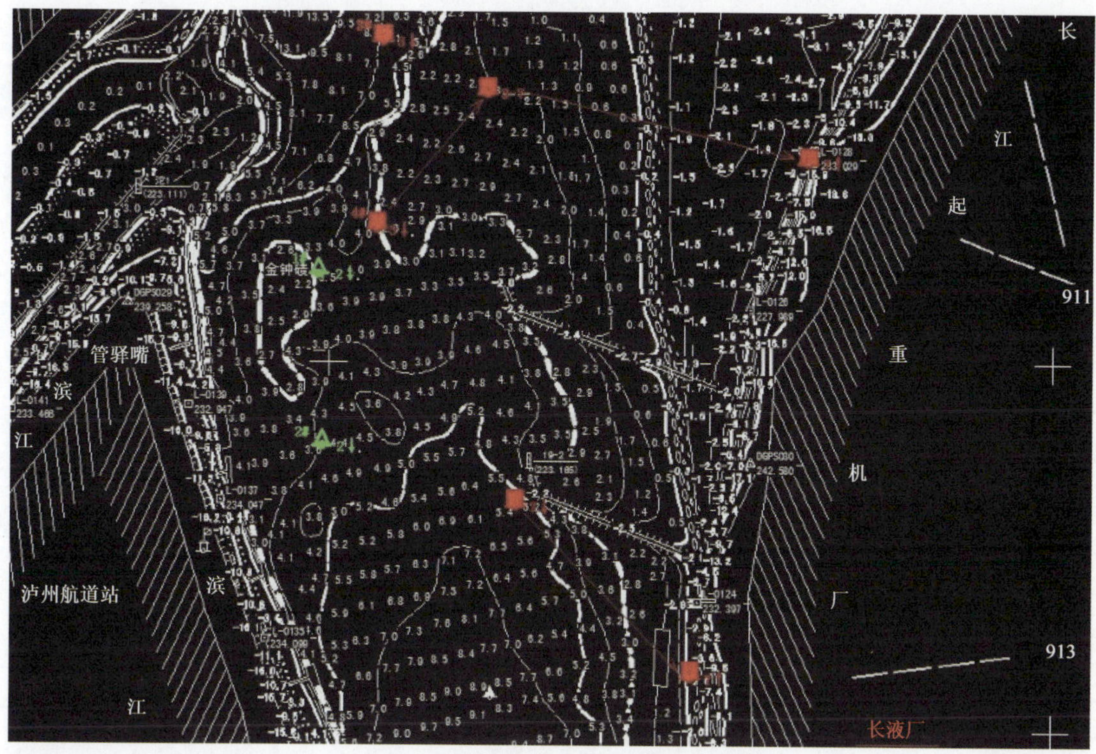

图 7-9 金钟碛水域天然状态下航标配布

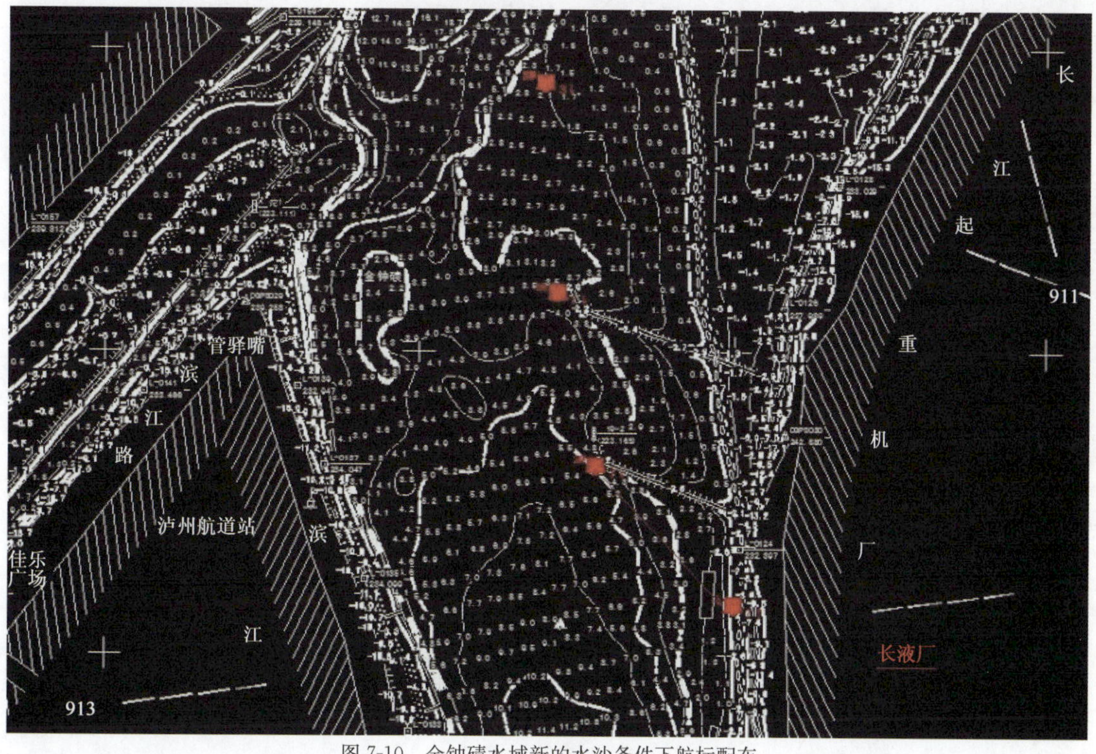

图 7-10 金钟碛水域新的水沙条件下航标配布

参考文献

[1] Kobus H. 模型试验的理论与方法[M]. 北京:清华大学出版社,1988.

[2] 李昌华. 河工模型试验[M]. 北京:人民交通出版社,1981.

[3] 窦国仁. 全沙河工模型试验的研究[J]. 科学通报,1981, 14:14-21.

[4] 左东启. 模型试验的理论与方法[M]. 北京:水利电力出版社,1984.

[5] 常福田. 航道整治[M]. 北京:人民交通出版社,1995.

[6] 许光祥,程昌华,邓伯强. 航道整治工程水力计算的数学模拟与程序设计[J]. 水运工程,1995(3): 34-38.

[7] 高凯春,韩飞. 三峡建库后土脑子河段航道整治方案数值模拟的初步研究[J]. 泥沙研究,1998(12): 65-72.

[8] 陆永军,谢凌峰,王义安. 一维泥沙数学模型在北江下游航道整治工程中的应用[J]. 水利水运工程学报,2001(2): 16-20.

[9] 王义安,陆永军. 一维泥沙数学模型在松花江五股流航道整治中的应用[J]. 水利水运工程学报,2002(6): 61-65.

[10] Rouse H. Dlffusion in the lee of a 2-D Jet. 9th inter Cong. of Applied Mech[C]. 1957, 307-315.

[11] Strazsar A,et al. The effects of bottom friction on river entrance flow with crossflows Proc 16th Conf. Great Laker Res[C]. 1973,615-625.

[12] Carter H H. A preliminary report on the characteristics of a heated jet dischanged horizontally into a transverse current Tech Rept. No. 61,Johns Hopkins Univ. ,Baltimore, Maryland,1969.

[13] Mikhall R,et al. The reattachment of a 2-D turbulent jet in a confined.

[14] Cross-flow 6th IAHR Cong. Sanpolo[C]. 1975(3):414-419.

[15] Anestis I D,et al. Entrapment characteristics in a recirculating eddy[J]. Mc-Gill Univ. Tech. Rep No 79-1,Montrea,Canada,1979.

[16] McGuirk J J ,Rodi W. A depthaveraged mathematical model for the near field of the side discharge into open channel flow[J]. Journal of Fluid Mechanice, 1978,86(4): 761-781.

[17] Best J L,et al. Separation zone at open-channel junctions[J]. Journal of the HydrDiv. ASCE,1984,10(11):1588-1594.

[18] Taylor E H. Flow characteristics at rectangular open-channel junctions [J]. Trans, ASCE,1944,109(2):893-902.

[19] Webber N B,Greated C A. An investigation of flow behavior at the junction of rectangular channels[J],Proc. of the Institution of civil Engineers,1966,34(8):321-334.

[20] Mosely M P. An experimental study of channel confluences[J],Journal of Geology,

1976,84(7):538-562.

[21] Modi P N, Dandekar M M, Ariel P D. Conformal mapping for channel junction flow [J]. Hydr. Div. , ASCE, 1981, 107(12):1713-1733.

[22] Best J L, Reid L. Separation zone at open-channel junctions[J]. Journal of Hydraulic Engineering, ASCE, 1984, 110(11):1588-1594.

[23] Best J L. Sediment transport and bed morphology at river channel confluences [J]. Sediment technology, 1988, 35(5):481-498.

[24] Gaudet J M, Roy A G. Effect of bed morphology on flow mixing length at river confluence[J]. Nature, 1995, 373(2):138-139.

[25] Brion. Effect of bed discordance on flow dynamics at open channel confluence [J]. Journal of hydraulic engineering, 1996, 122(10): 994-1002.

[26] Biron P, Best J L. Effect of bed discordance on flow dynamics at river confluences [J]. Journal of Hydraulic Engineering, ASCE, 1996, 122(12):676-682.

[27] Hsu C C, Lee W L. Flow at 90°equal-width open-channel junction[J]. Journal of Hydraulic Engineering, ASCE, 1998, 124(2):186-191.

[28] Bradbook. Role of bed discordance at asymmetrical river confluence[J]. Journal of hydraulic engineering, 2001, 127(5):351-368.

[29] Ettema R. Laboratory observations of ice jams at channel confluences[J]. Journal of Cold Regions Engineering, 2001, 15(l):34-58.

[30] Huang J, Weber L J, Lai Y G. Three-Dimensional Numerical Simulation of Flow in an Open-Channel junction[J]. Journal of hydraulic engineering, 2002(3):25-33.

[31] 罗保平.汇流河段干支流分界线的实验研究[J].水运工程,1994(11):13-16.

[32] 周华君,王绍成.长江嘉陵江汇合口水力特征研究[J].水运工程,1994(12):24-29.

[33] 刘建新,程昌华.山区河流干支流汇流特性研究[J].重庆交通学院学报,1996,15(4): 23-26.

[34] 兰波,汪勇.干支流交汇水面形态特征分析[J].重庆交通学院学报,1997(12):109-114.

[35] 陈德明,王兆印,何耘.泥石流入汇对河流影响的实验研究[J].泥沙研究,2002(3): 22-28.

[36] 奚斌,黄才安,熊亚南,朱积庆.T型河道汇合口模型试验研究[J].灌溉排水学报,2003(22):54-58.

[37] 茅泽育,赵升伟,张磊,等.明渠汇合口二维水力特性试验研究[J].水利学报,2004(2):1-7.

[38] 郭志学,余斌,曹叔尤,方铎,等.泥石流入汇主河情况下汇合口附近变化规律的试验研究[J].水利学报,2004(1):33-37.

[39] 敖汝庄,郭志学,曹叔尤.泥石流入汇主河淤积规律的水槽试验研究[J].水土保持学报,2004,18(4):196-199.

[40] 茅泽育,赵升伟,罗焊,等.明渠汇合口水流分离区研究[J].水科学进展,2005,16(1): 7-12.

[41] 郭维东,王晓刚,曹继文,等."Y"型汇合口水流水力特性试验研究[J].水电能源科学,2005,23(3):53-56.

[42] 王晓刚,郭维东,严忠民,冯亚辉,杨天恩.河床高差对"Y"型汇合口水流水力特性的影响[J].中国农村水利水电,2005(12):16-19.

[43] 王协康,王宪业,卢伟真,刘同宦.明渠水流交汇区流动特征试验研究[J].四川大学学报,2006,38(2):1-5.

[44] 刘同宦,郭炜,王协康,王宪业.入汇角为30°时交汇区水流结构试验研究[J].长江科学院院报,2007,24(4):75-78.

[45] 冯亚辉,郭维东.明渠交汇水流的螺旋度分析[J].人民长江,2007,38(1):119-121.

[46] 吴迪,郭维东,刘卓也.复式断面河道"Y"型交汇河口水流水力特性[J].水利水电科技进展,2007,27(3):21-23.

[47] 范平,李家春,刘青泉.交汇,分流河道洪水演进模型及其应用[J].应用数学和力学,2004,25(12):1220-1229.

[48] 茅泽育,罗焊,赵升伟,等.等宽明渠汇合口水流一维数学模型[J].水利学报,2004(8):26-32.

[49] 赵升伟,茅泽育,等.宽明渠交汇水流数值计算[J].河海大学学报,2005,33(5):494-499.

[50] 张革联,徐剑秋,梅军亚,张潮.二维水沙数学模型及其在汉江入汇河段的应用[J].人民长江,2006,37(12):108-111.

[51] 冯亚辉,郭维东.Y型明渠交汇水流数值计算[J].水利水运工程学报,2006(4):34-40.

[52] 朱木兰,西本直史.干支流汇合处的二维河床变形数值模拟[J].应用基础与工程科学学报,2007,15(4):450-456.

[53] 茅泽育,赵雪峰,许昕,赵升伟.交汇水流三维数值模型[J].科学技术与工程,2007,7(5):800-805.

[54] 王晓刚.汇合口水流水力特性研究综述[J].中国农村水利水电,2007(10):82-86.

[55] 徐孝平,彭文启.直角交汇河段流场特性分析[J].水利学报,1993(2):22-31.

[56] 钱宁,张仁,等.河床演变学[M].北京:科学出版社,1987.

[57] 余文畴,卢金友,等.长江河道演变与治理[M].北京:中国水利水电出版社,2005.

[58] 兰波.山区河流交汇河口的综合特性分析[J].重庆交通学院学报,1998(12):91-96.

[59] 张强,王平义,刘倩颖.山区河流干支流交汇形式的重新划分[J].重庆交通大学学报,2010.

[60] 杨胜发,赵志舟,杨斌.支流入汇干流交界面数值模拟方法研究[J].重庆交通学院学报,2002(6):115-118.

[61] 王晓刚."Y"型汇合口水流水力特性试验研究[D].沈阳:沈阳农业大学,2004.

[62] 钱宁,万兆惠.泥沙运动力学[M].北京:科学出版社,1983.

[63] 惠遇甲,张国生.交汇河段水沙运动和冲淤特性的试验研究[J].水力发电学报,1990(3):33-42.

[64] 陈月华.干支流交汇河段水流特性计算研究[D].南京:南京水利科学研究院,2007.

[65] 王协康,刘同宦,等.受支流入汇作用主河推移质运动演化特征试验研究[J].四川大学学

报(工程科学版),2005(6):6-9.
[66] 王平义.弯曲河道动力学[M].成都:成都科技大学出版社,1995.
[67] 长江干线泸渝段纳溪至娄溪沟航道图测量工程项目部.沱江汇合口航道图[R].2007.
[68] 吴宋仁,陈永宽.港口及航道工程模型试验[M].北京:人民交通出版社,1993.
[69] 交通部.内河航道与港口水流泥沙模拟技术规程[S].北京:人民交通出版社,1999.
[70] 中华人民共和国行业标准.JTJ 232—1998 内河航道与港口水流泥沙模拟技术规程[S] 北京:人民交通出版社,1998.
[71] 重庆西南水运工程科学研究所.长江上游金钟碛险滩航道整治初步设计阶段模型试验研究报告[R].2004.
[72] 王平义,等.长江上游干支流汇合口通航水流条件及整治技术研究报告[R].重庆交通大学,2010.
[73] 余文畴,卢金友.长江河道演变与治理[M].北京:中国水利水电出版社,2005.
[74] 张华庆.河道及河口海岸水流泥沙数学模型研究与应用[D]:[博士学位论文].南京:河海大学.
[75] 张华庆,等.漓江旅游航运枢纽非恒定通航调节研究[R],交通部天津水运工程科学研究所,1994.
[76] 王益良.支流河口的航道治理经验技术总结[R],交通部天津水运工程科学研究所,2004.
[77] 向家坝枢纽下泄非恒定流一维数值模拟[R],南京水利科学研究院,2007.
[78] 长江宜宾至重庆段航道治理关键技术研究[R],长江航道局,2009.
[79] 长江干线(水富至宜宾)航道建设工程工程可行性研究报告[R],四川省交通厅交通勘察设计研究院,2006.
[80] 交通部规划研究院,四川省交通厅勘察设计院,泸州航务管理局.泸州港总体规划[R],2005.
[81] 长江航道局.川江航道整治[M],北京:人民交通出版社,1997.
[82] 程昌华,等.航道工程学[M].北京:人民交通出版社,2001.
[83] 中华人民共和国行业标准.JTJ 312—2003 航道整治工程技术规程[S].北京:人民交通出版社,2003.
[84] 中华人民共和国行业标准.SL 104—1995 水利工程水利计算规范[S].北京:中国水利水电出版社,1995.
[85] 中华人民共和国国家标准.GB 50139—2004 内河通航标准[S].北京:中国计划出版社,2004.
[86] 长江航务管理局,长江航道局.长江干线发展规划[R],2003.
[87] 交通部.西部地区内河航运发展规划纲要[R],2000.
[88] 交通部长江航务管理局.内河航道技术等级评定材料[R],1998.

索　引

注：按首字汉语拼音排序。